新文科·大数据管理与应用专业系列教材

大数据
技术基础

主　编　唐九阳　赵　翔

副主编　李欣奕　谭　真

　　　　胡艳丽　徐　浩

中国教育出版传媒集团

高等教育出版社·北京

内容提要　　　本书系统、全面地介绍了大数据的概念、基本原理、平台技术和分析技术。

　　全书共分 11 章，分别为大数据概述、大数据系统生态、大数据存储与管理、计算与处理、数据获取技术、数据预处理、大数据分析技术、可视化展现以及《西游记》文本分析案例、旅游网站大数据分析案例、在线用户行为分析案例。

　　本书既可以满足大数据管理与应用、数据科学与大数据技术、计算机科学与技术、大数据技术与应用等多个专业老师、学生的教学与自学需要，也可作为大数据科学家、分析员及工程师的参考书。

大数据管理与应用专业系列教材编委会

序言

信息技术与经济社会的交汇融合引发了数据迅猛增长，数据已成为国家基础性战略资源，大数据正日益对全球生产、流通、分配、消费活动以及经济运行机制、社会生活方式和国家治理能力产生重要影响。大数据作为互联网、云计算、物联网、移动计算之后 IT 产业又一次颠覆性的技术变革，正在重新定义国家战略决策、社会与经济管理、企业管理、业务流程组织、个人决策的基本过程和方式。

大数据是一类能够反映物质世界和精神世界运动状态和状态变化的信息资源，它具有复杂性、决策有用性、高速增长性、价值稀疏性、可重复开采性和功能多样性等特征。基于管理的视角，当大数据被看作是一类"资源"时，为了有效地开发、管理和利用这种资源，就不可忽视其获取问题、加工问题、应用问题、产权问题、产业问题和法规问题等相关的管理问题。

大数据的获取问题。正如自然资源开发和利用之前需要探测，大数据资源开发和应用的前提也是有效地获取。大数据的获取能力一定意义上反映了对大数据的开发和利用能力，大数据的获取是大数据研究面临的首要管理问题。制定大数据获取的发展战略，建立大数据获取的管理机制、业务模式和服务框架等是这一方向中需要研究和解决的重要管理问题。

大数据的处理方法问题。大数据资源的开发和利用主要基于传统的计算机科学、统计学、应用数学和经济学等领域的方法和技术。除了大数据的基础处理方法外，基于不同的开发和应用目的，如市场营销、商务智能、公共安全和舆情监控等，还需要特定的大数据资源开采技术和处理方法，称为应用驱动的大数据处理方法。大数据的处理方法是大数据发展中重要的基础性管理问题。

大数据的应用方式问题。大数据资源的应用需要考虑的重要问题是如何将大数据科学与领域科学相结合。大数据资源的应用方式可以分为 3 大类，首先是在领域科学的框架内来研究和应用大数据资源，称为嵌入式应用；其次是将大数据资源的开发和利用与领域科学相结合，二者相互作用，这种方式称为合作式应用；最后，大数据资源的开发应用还可能引起领域科学的变革，称作主导式应用。为了更好地发挥大数据的决策支持功能，其应用方式问题是不可忽视的重要管理问题。

大数据的所有权和使用权问题。通过有效的管理机制来界定大数据资源的所有权和使用权是至关重要的管理问题。需要建立产业界和学术界协作和数据共享的稳健模型，从而在促进科学研究的同时保护用户的隐私。解决大数据的产权问题需要回答以下几方面的问题：谁应该享有大数据资源的所有权或使用权？哪些大数据资源应该由社会公众共享？如何有效管理共享的大数据资源，以实现在保障安全和隐私的同时，提高使用效率？

大数据产业发展问题。大数据的完整产业链包括数据的采集、存储、挖掘、管理、交易、应用和服务等。大数据资源产业链的发展会促进原有相关产业的发展，同时还会催生新的产业，如大数据资源的交易会促使以大数据资源经营为主营业务的大数据资源中间商和供应商的出现。此外，还有可能出现以提供基于大数据的信息服务为主要经营业务的大数据信息服务提供商。这些都是需要关注的重要问题。

大数据的相关政策和法规问题。大数据资源的发展还必须有完善的政策和法规支撑。例如通过对大数据资源的所有权界定，有效维护大数据所有者的权利，促进大数据产业的健康发展。数据的安全与隐私保护问题是大数据资源开发和利用面临的最为严峻的问题之一，除了在安全和隐私保护技术方面不断突破外，还需要相关法律法规对大数据资源的开发和利用进行严格有效的规范。全国人大近期通过的《中华人民共和国个人信息保护法》，将为信息资源利用和隐私保护提供相关的法律保障。

显然，大数据所涉及的复杂的技术、管理与应用问题，决定了其具有知识密集的特点，人力资本将成为国家在大数据时代的核心竞争力。国务院在《促进大数据发展行动纲要》中指出：要创新人才培养模式，建立健全多层次、多类型的大数据人才培养体系。正是在此背景下，2018 年教育部批准新开设"大数据管理与应用"专业，为近年重点扶持的新型专业之一。该专业的发展定位是以互联网＋和大数据时代为背景，适应国民经济和社会发展需要，培养从事大数据管理、分析与应用的具有国际视野的复合型人才。学生毕业后能够胜任金融、商务、工业、医疗与政务等领域的大数据分析、量化决策和综合管理等工作岗位，并有潜力成长为具有系统化思维和战略眼光的高级管理人才。

新专业的建设面临着一系列艰巨的任务，其中教材编写就是一项基础和关键性的挑战。为此，2019 年高等教育出版社开始组织调研和专家论证，2020年初成立了"大数据管理与应用"系列教材编委会，邀请先期设立"大数据管理与应用"专业且具有较好的教学和研究基础的哈尔滨工业大学、合肥工业大学、国防科技大学、东北财经大学、大连理工大学和浙江大学的骨干教师，论证编写教材的选题，并对教材大纲和内容开展多轮研讨。在论证研讨中大家形成了一些基本共识，包括大数据管理与应用的基本概念一定要准确、清晰，既要符合中国国情，又要与国际接轨；教材内容既要符合本科生课程设置的要求，又要紧跟技术发展的前沿，及时地把新理论、新方法、新技术反映在教材中；教材还必须体现理论与实践的结合，要特别注意选取具有中国特色的成功案例和应用实例，达到帮助学生学以致用的目的；等等。

经过两年多的编写和严格审稿，即将陆续出版的教材包括《大数据管理与应用概论》《大数据技术基础》《大数据智能分析理论与方法》《大数据计量经济分析》《非结构化数据分析与应用》。我衷心期望，系列教材的出版和使用能对"大数据管理与应用"新专业建设和教学水平提高有所裨益，对推动我国大数据管理与应用人才培养有所贡献。同时，我也衷心期望，使用系列教材的教师和学生能够不吝赐教，帮助教材编委会和作者不断提高教材质量。

中国工程院院士　杨善林
2022 年 1 月

前言

数据自古有之，它既是对万事万物的精确刻画，也是对客观世界的普遍记录。随着信息爆炸与技术革新，大数据正以排山倒海之势席卷世界，影响着社会生产生活的方方面面，不断被赋予新的时代使命。

大数据采集、存储、分析、可视化技术和方法的普及，使得对数量巨大、来源分散、格式众多的大数据进行分析成为可能。因此，大数据首先是一种技术进步，这种进步继而推动了人类认识世界和改造世界的能力，带来了大知识，创造了大价值。

本书主要介绍了大数据的基本概念、原理、方法和技术。全书共分 11 章，第 1 章为大数据概述；第 2 章介绍大数据系统生态；第 3 章论述大数据存储与管理；第 4 章论述大数据计算与处理技术；第 5、6、7、8 章分别介绍大数据获取技术、预处理技术、分析技术、可视化展现技术；第 9、10、11 章介绍了三个典型案例。

全书坚持系统性与重点突出并重、理论与实践相结合的原则。不仅给出了大数据技术的知识体系，还重点介绍了一些关键性知识；一方面通过实例，讲解每个技术的原理，另一方面提供面向实际应用的综合实例，带领读者完成数据采集、数据存储、数据分析等重要环节，提升读者运用数据方法解决实际问题的能力。

全书由唐九阳、赵翔、李欣奕、谭真、胡艳丽、徐浩编写，谭跃进教授为本书的顺利出版付出了大量的心血，进行了细致的审校工作，在此表示衷心的感谢！

由于作者水平有限，书中难免存在一些疏漏和不足之处，恳切希望广大读者批评指正。

编著者

2022 年 1 月

目录

第1章

第2章

第3章

第4章

第5章

第6章

第7章

第8章

第9章

第10章

第11章

1

第 1 章
大数据概述

■ 人类正处于一个前所未见的大数据时代。社交媒体、移动互联网和物联网的发展让人类经历了空前的数据爆炸，而数据处理和分析技术的进步更让人类使用海量数据的能力得到了极大的提高。借此，人类可以更好地发现知识、提升能力、创造价值，教育、金融、医疗等各大领域都出现了新的发展机遇。

■ 本章首先探讨数据的含义，其次介绍大数据的成因、内涵、特征及结构类型，再次讲解大数据时代的新理念，接着进行大数据应用场景分析，在此基础上讨论典型的企业大数据解决方案，最后介绍大数据平台技术和大数据分析技术。

1.1 数据

传统意义上的"数据"（Data），是指"有根据的数字"。数字之所以产生，是因为人类在实践中发现，仅仅用语言、文字和图形来描述这个世界不精确，也远远不够。例如，有人问"张三多高？"，如果回答"很高""非常高""最高"，别人听了，只能得到一个抽象的印象，因为每个人对"很""非常"有不同的理解，"最"也是相对的，但如果回答"1.86 米"，就一清二楚了。除了描述世界，数据还是人类改造世界的工具。人类的一切生产、交换活动可以说都是以数据为基础展开的，如度量衡、货币的背后都是数据，它们的发明和出现都极大地推动了人类文明的进步。

DIKW 金字塔（DIKW Pyramid）模型揭示了数据与信息（Information）、知识（Knowledge）、智慧（Wisdom）之间的区别和联系，如图 1-1 所示。"从数据到智慧"不仅是人们的认识程度的提升过程，而且也是"从认识部分到理解整体、从描述过去（或现在）到预测未来"的过程。

图 1-1
DIKW 金字塔

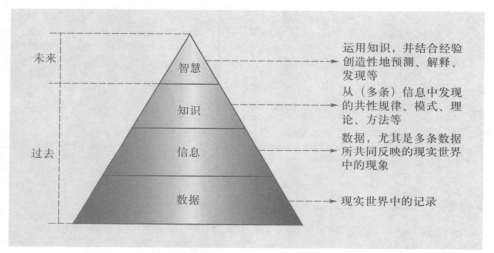

(1) **信息。** 与材料、能源是一个层次的概念，是客观存在的资源，通常被认为是人类社会赖以生存和发展的三大资源之一。

(2) **数据。** 对信息进行计量和记录之后形成的文字、语音、图形、图像、动画、视频、多媒体、富媒体等多种形式的记录。

(3) **知识。** 人们从数据、信息中发现的共性规律、认识、经验与常识。通常根据能否清晰地表述和有效地转移，将知识分为两种：显性知识（Explicit Knowledge）和隐性知识（Tacit Knowledge）。

(4) **智慧。** 人类的感知、记忆、理解、联想、情感、逻辑、辨别、计算、分析、判断、包容、决策等多种能力中超出知识的那一部分，是人类的创造性设计、批判性思考和好奇性提问的结果。

1.2 大数据的成因

大数据的成因，不仅是人类信息技术的进步，而且是不同时期多个信息技术领域进步交互作用的结果。下面主要从数据的产生、信息的存储、传输的技术和信息的处理四个角度来分析大数据形成的技术条件。

1.2.1 数据的产生

大数据的第一个来源是计算机本身。全球数字化让几乎每一台使用电的设备都有一个"电脑"，这些电脑或者设备中内置的处理器、传感器和控制器一直在产生数据，如记录设备状态的日志。

大数据的第二个来源是传感器。传感器技术的进步使得收集数据变得非常容易。无源的射频视频芯片（Radio Frequency Identification，RFID）就是一种可以收集数据的传感器。今天无所不在的摄像头，其作用与收集数据的传感器也有着相似之处。类似于 RFID 这样的传感器很多，如可穿戴式设备中，一个核心的传感器是感知加速度的芯片，它根据加速度的积分计算出速度，这样就可以追踪人身体的各种活动。另外，在物联网中，需要大量使用各种传感器，它们在不断地提供各种各样的数据。

数据的第三个来源是将那些过去已经存在的、以非数字化形式存储的信息数字化，这个过程开始于 2000 年左右。非数字化的数据包括语音、图片、设计图纸、视频、档案、古稀图书和医学影像等，这些信息过去都是以各种各样的形式存储的，由于积累的时间很长，因此数量巨大。

1.2.2 信息的存储

摩尔定律导致各种存储器的容量增加，同时价格迅速下降，使得原本不得不丢弃的一些数据现在有条件存起来以供使用，只是存储的容量还不够，因为随着数据量剧增，查找和使用数据的时间会变得相当长，所以存储设备的读写速度也必须随着容量的增加而大幅度提高。早期海量存储设备采用的是顺序访问数据的磁带，这使大数据的使用不太可能，人们连存储数据的兴趣都不大。直到硬磁盘取代了磁带成为海量存储设备，数据访问的时间缩短到大约原来的 1/1 000，这时批处理数据不再是问题，人们开始重视收集和存储数据。但是随机存储和访问数据依然很缓慢，而且由于硬盘的速度取决于机械运动，不可能大幅度提高，因此数据的使用受到限制。当半导体的固态存储器（Solid State Drives，SSD）容量增加、成本下降时，人们才能够很方便地使用数据，这时从存储技术上讲，使用大数据的时机才成熟。在能够产生大量的数据，也能够存储这些数据之后，还有一个问题必须解决，那就是这些数据怎样才能从采集端传到存储设备上，这就要求数据传输技术有所突破了。

1.2.3　传输的技术

由于数据的来源和采集点分布在不同的地点，可能是许多不同的设备，也可能在每个人身上、各个物件上，因此在互联网发展的早期阶段，人们还想不到把这些东西通过互联网来连接，那时互联网首先要解决的是把当时已有的计算机连接到一起。在那样的通信环境里，即便产生了大量的数据，也收集不到一起，因此人们也不会去考虑大数据的问题。

到了移动互联网时代，这个情况发生了根本性的改变，相比第二代移动通信系统GSM（Global System for Mobile Communication，全球移动通信系统）只有不超过 100 KB/s 的数据传输率，今天的第四代 LTE（Long Term Evolution，通用移动通信技术的长期演进）的有效数据传输率达到 2 ~ 10 MB/s，增长了几十到上百倍。同时，Wi-Fi 在主要城市的覆盖率已经非常高，蓝牙也成为很多设备的标准配置，这使得数据在产生后可以迅速传到服务器上。

1.2.4　信息的处理

当海量的数据被传到服务器上之后，能否用得好就要看是否有足够强大的数据处理能力，因此信息处理的速度也是大数据的一个先决技术条件。虽然计算机处理器的速度可以按照摩尔定律规定的速度每 18 个月翻一番，但是仅仅靠单一处理器性能的提升依然无法应对增长更快的数据量，这不仅是因为数据量太大，单机处理不了，而且因为当数据量提高一万倍时，计算量通常不是成线性增加的，大部分情况下，它会增加几十万倍乃至上亿倍。虽然有少量的超级计算机有能力处理这样海量的数据，但是这些计算机价格动辄上亿元，远不是一般公司和机构可以用得起的。

因此，应用大数据的一个前提就是能够将一个大的计算任务分到很多台便宜的服务器上去做并行计算。单一维度数据的处理不是一件难事，但是大数据有多维度的特点，有时并行化是非常困难的。没有相应的软件支持，很难将一个复杂的大问题拆成很多小问题分配到多台服务器上去做并行计算。并行计算的另一个必要的技术条件是交换机和网络速度得非常快，否则网络就成为计算的瓶颈，服务器的处理器使用效率会非常低下。事实上，市面上能够买到的最快的交换机可能也达不到无传输障碍的海量并行计算的要求。

上述计算问题直到 2002 年之后才被 Google 等公司陆续解决，也就是在那个时期，云计算开始兴起，通过互联网、廉价服务器及比较成熟的并行计算工具实现了大规模并行计算，大数据的处理才成为可能。

由于这些技术条件在 10 多年前逐渐成熟，因此大数据出现井喷式的爆发。大数据实际上是对计算机科学、电机工程、通信、应用数学和认知科学发展的一种综合。

1.3 大数据的内涵与特征

1.3.1 大数据的内涵

大数据的定义有很多种，不同领域专家学者给出了不同的定义。

（1）**计算机科学与技术**。当数据量、数据的复杂程度和数据处理的任务要求等超出传统数据存储与计算能力时，称为"大数据"。可见，计算机科学与技术中从存储和计算能力视角理解"大数据"——大数据不仅是"数据存量"的问题，还与数据增量、复杂度和处理要求（如实时分析）有关。

（2）**统计学**。当能够收集足够的全部（总体中的绝大部分）个体的数据，且计算能力足够强，可以不用抽样，直接在总体上就可以进行统计分析时，称为"大数据"。可见，统计学主要从所处理的问题和"总体"的规模之间的相对关系视角理解"大数据"。例如，当"总体"含有 1 000 个"个体"时，由 960 个样本组成的样本空间就可以称为"大数据"——大数据不是"绝对概念"，而是相对于总体规模和统计分析方法的选择的"相对概念"。

（3）**机器学习**。当训练集足够大，且计算能力足够强，只需要通过对已有的实例进行简单查询即可达到"智能计算的效果"时，称为"大数据"。可见，机器学习主要从"智能的实现方式"理解大数据——智能的实现可以通过简单的实例学习和机械学习的方式实现。

（4）**社会科学家**。当多数人的大部分社会行为可以被记录下来时，称为"大数据"。可见，社会科学家眼里的"大数据"主要是从"数据规模与价值密度角度"谈的——数据规模过大会导致价值密度过低。

1.3.2 大数据的特征

通常，用 4V 来表示大数据的基本特征。

（1）Volume（数据量大）。"数据量大"是一个相对于计算和存储能力的说法，就目前而言，当数据量达到 PB 级以上时，一般称为"大"的数据。

（2）Variety（类型多）。数据类型多是指大数据存在多种类型的数据，不仅包括结构化数据，还包括非结构化数据和半结构化数据。有统计显示，在未来，非结构化数据的占比将达到 90% 以上。非结构化数据包括的数据类型很多，如网络日志、音频、视频、图片、地理位置信息等。数据类型的多样性往往导致数据的异构性，进而加大了数据处理的复杂性，对数据处理能力提出了更高要求。

（3）Value（价值密度低）。在大数据中，价值密度的高低与数据总量的大小之间并不存在线性关系，有价值的数据往往被淹没在海量无用数据之中。例如，一段长达 120 分钟连续不间断的监控视频中，有用数据可能仅有几秒。因此，如何在海量数据中洞见有价值的数据成为数据科学的重要课题。

（4） Velocity（**速度快**）。大数据中所说的"速度"包括两种——增长速度和处理速度。一方面大数据增长速度快，有统计显示，2009—2020 年间数字宇宙的年均增长率达到 41%；另一方面，人们对大数据处理的时间（计算速度）要求也越来越高，"大数据的实时分析"成为热门话题。

1.4 大数据的结构类型

大数据不仅体现在数据容量方面，还体现在其结构方面。大数据的数据类型不再仅局限于传统的以二维表形式表示的规范化存储结构。

按照数据的结构特点分类，可以将数据分为结构化数据、半结构化数据和非结构化数据。在现有大数据的存储中，结构化数据仅有 20%，其余 80% 则是存在于物联网、电子商务、社交网络等领域的半结构化数据和非结构化数据。

1.4.1 结构化数据

所谓结构化数据，是指行数据，此类数据一般存储在关系数据库中，并用二维表结构通过逻辑表达实现。结构化数据的特点是每一列数据具有相同的数据类型，且不可再进行细分。这些数据库基本能够满足高速存储的应用需求和数据备份、数据共享及数据容灾等需求。

所有的关系型数据库，如 SQL Server、DB2、MySQL、Oracle 中的数据都是结构化数据。结构化数据如表 1-1 所示。

表 1-1
结构化数据表

学号	姓名	班级号	课程号	成绩	…
20161001	张明	1601	031002	90	…
20161002	李四	1602	054021	95	…
…	…	…	…	…	…

1.4.2 半结构化数据

所谓半结构化数据，就是介于完全结构化数据和完全非结构化数据之间的数据，如邮件、HTML、报表、具有定义模式的 XML 文档等。典型应用场景有邮件系统、档案系统、教学资源库等。

半结构化数据的格式一般为纯文本数据，其数据格式较为规范，可以通过某种方式解析得到其中的每一项数据，常见的有日志文件、HTML、XML 文档、JSON 等格式的数据。此种数据中的每条记录可能会有预定义的规范，但是其包含的信息可能具有不同的字段数、字段名或者包含着不同的嵌套格式。此类数据通过解析进行输出，输出形式一般是纯文本形式，便于管理和维护。下面给出相关的半结构化数据示例。

（1）　XML 文档。

```
<?xml version="1.0" encoding="UTF-8"?>
<School>
        <Student xmlns="http://education">
                <StuNum>201601001</StuNum>
                <StuName> 张三 </StuName>
        </Student>
</School>
```

（2）　JSON (JavaScript Object Notation)。

JSON 是一种基于 JavaScript 的轻量级数据交换格式，解析之后的格式以键—值成组或者值的有序列表（Array）的形式输出数据。

```
{"Student ": [
{"StuName": " 张三 ", "StuNum": "202101001"},
{"StuName": " 李四 ", "StuNum": "202101002"},
{"StuName": " 王五 ", "StuNum": "202101003"};
]}
```

（3）　日志文件。

日志文件是用于记录系统操作事件的记录文件，如计算机系统中的日志文件，记录了系统的日常事件与误操作的日期和时间戳等信息。常见的日志文件类型还有数据库日志、Web 日志等，其中较为典型的日志文件如点击流（Click-Stream Data）已被广泛应用。企业利用内部网络服务器来记录客户对企业网站的每一次点击或者操作从而形成日志，并由此产生了点击流数据。

1.4.3　非结构化数据

随着网络技术的不断发展，非结构化数据的数据量日趋增大，用于管理结构化数据的传统基于关系的二维表数据库的局限性更加明显，因此非结构化数据库的概念应运而生。

非结构化数据库中字段长度可变，且每个字段的记录可以由可重复或不可重复的子字段构成，不仅可以处理结构化数据，如数字、符号等信息，更适合处理非结构化数据，如全文本、声音、图像、超媒体等。非结构化数据是指非纯文本类数据，没有标准格式，无法直接解析出相应的值。此类数据不易收集和管理，且难以直接进行查询和分析。在现实生活中，非结构化数据无处不在，常见的包括 Web 网页、富文本文档（Rich Text Format，RTF）、富媒体文件（Rich media）、实时多媒体数据（如各种视频、音频、图像文件）、即时消息或者事件数据（如微博、微信、Twitter等数据）、包含社交网络在内的图数据及语义 Web。

1.5 大数据时代的新理念

大数据时代的到来改变了人们的认知理念、方法论和研究范式。

（1）**数据重要性——从"数据资源"到"数据资产"。**

数据资源不同于传统物质性资源，数据资源具有独特的性质。首先，数据是一种可再生资源，它的价值不会随着它的使用而减少，不会因为使用而折旧和贬值，可以不断地被处理；其次，数据价值并不仅仅限于特定的用途，它可以为了同一目的而被多次使用，也可以用于其他目的；最后，数据价值在应用中实现增值，用得越多，价值越凸显，也就是数据价值是其所有可能用途的总和。在大数据时代，数据不仅是一种"资源"，更是一种重要的"资产"。也就是说，与其他类型的资产相似，数据也具有财务价值，要作为独立实体进行组织与管理，且应明确其权属界定。

（2）**理念拓展——"从局部到全体""从单纯到繁杂""从因果到关联"。**

"从局部到全体"的理念，这主要区别于以往以采样为主的统计数据处理方法。过去如果要统计某个数据，首先就必须进行采样，然后利用这些采样数据，计算得出符合全体的结果，这是以往统计学的主要工作。随着数据获取、存储与计算能力的提升，人们可以很容易地获得统计学中所指的"总体"中的全部数据，且可以在总体上直接进行计算，不再需要进行"抽样操作"。

"从单纯到繁杂"的理念，就是要接受数据的繁杂和不精确。人们常用的数据库一般要求数据非常精确，也就是非常"干净"，不"干净"还要加以"清洗"。但是描绘一个人，如果仅用姓名、年龄、身高、工资等精确数字，实际上并不能准确地描绘一个人的真实信息，只有把这个人的照片、图像、做过的事情、出现的地方等模糊的、不完全一致的、似是而非的各种信息都结合在一起，才是这个人本来的面貌。通过这种"以多博精"的方式，可以避免某些局部数据的失效。这就像有时候，与其花费很大力气去造一个精度极高的仪器，还不如利用精度稍低但仪器数量更多的方法，这样得到的数据反而可能会更准确也更全面一些。也就是说，更多的数据来源可能会更准确地反映实际。

"从因果到关联"的理念，就是要利用相关性去补充因果性，这是大数据最重要的一个理念。简单地说，就是有时候可以放弃对事情原委的追究，通过相关性去获取答案，因为在复杂系统中，因果关系往往很难找。例如疑难病治疗，经常是知道怎么治，却不知为什么能治好，Google 公司通过搜索词进行流感预测也是如此。因此，在这种情况下，它更适合于回答"是什么"，而不是回答"为什么"。也就是说，即使"知其然而不知其所以然"，也是可以得到结果的。但是，注重相关性并不是排斥因果性，在相关性的基础上进一步探究因果性仍然是解决问题最好的方式。

（3）**方法论——从"基于知识解决问题"到"基于数据解决问题"。**

人类传统的方法论往往是"基于知识"的，即从"大量实践（数据）"中总结和提炼出一般性知识（定理、模式、模型、函数等）之后，用知识去解决（或解释）问题。因此，传统的问题解决思路是"问题—知识—问题"，即根据问题找"知识"，并用"知识"解决"问题"。然而，大数据的出现支撑另一种方法论——"问题—数据—问题"，即根据"问题"找"数据"，并直接用"数据"（在不需要把"数据"转换成"知识"的前提下）解决"问题"，这实际上是从"数据视角"提出问题、在"数据层次"分析问题、"以数据为中心"解决问题。机器翻译是传统自然语言技术领域的难点，虽曾提出过很多种"算法"，但应用效果并不理想。近年来，Google 翻译等翻译工具改变了"实现策略"，不再仅靠复杂算法进行翻译，而且还对之前收集的跨语言语料库进行简单查询，提升了机器翻译的效果和效率。

（4）**研究范式——从"第三范式"到"第四范式"。**

2007 年，图灵奖获得者 Jim Gray 提出了科学研究的第四范式——数据密集型科学发现（Data-Intensive Scientific Discovery）范式。在他看来，人类科学研究活动已经历了三种不同范式的演变过程（传统的"实验科学范式"、以模型和归纳为特征的"理论科学范式"和以模拟仿真为特征的"计算科学范式"），目前正在从"计算科学范式"转向"数据密集型科学发现范式"。第四范式即数据密集型科学发现范式的主要特点是科学研究人员只需要从大数据中查找和挖掘所需要的信息和知识，无须直接面对所研究的物理对象。例如，在大数据时代，天文学家的研究方式发生了新的变化，其主要研究任务变为从海量数据库中发现所需的物体或现象的照片，而不再需要亲自进行太空拍照。这是在数据达到一定规模之后，大数据可以独立于基于数学模型的科研形式，单独成为一种新的科研范式，也就是"科学始于数据"。

1.6 大数据应用场景

大数据应用是从数据洞察到业务创新的重要支撑。随着数据与业务场景的不断交融，业务场景将逐步实现通过数据的网络化连接和快速流转，推动企业进入智能化的阶段。

1. 零售行业大数据应用

零售行业大数据应用有两个层面：一个层面是零售行业可以了解客户的消费趋势，进行商品的精准营销，降低营销成本，如记录客户的购买习惯，将一些日常的必备生活用品，在客户即将用完之前，通过精准广告的方式提醒客户进行购买，或者定期通过网上商城进行送货，既帮助客户解决了问题，又提高了客户体验；另一个层面是依据客户购买的产品，为客户提供可能购买的其他产品，扩大销售额，也属于精准营销范畴，如通过客户购买记录，了解客户关联产品购买喜好，将与洗衣服相关的产品如洗衣粉、消毒液、衣领净等放到一起进行销售，提高相关产品销售额。另外，零售行业可以通过大数据掌握未来的消费趋势，有利于热销商品的进货管理和过季商品的处理。

电商是最早利用大数据进行精准营销的行业，电商网站内推荐引擎会依据客户历史购买行为和同类人群购买行为进行产品推荐，推荐的产品转化率一般为 6% ~ 8%。电商的数据量足够大，数据较为集中，数据种类较多，其商业应用具有较大的想象空间，包括预测流行趋势、消费趋势、地域消费特点、客户消费习惯、消费行为的相关度、消费热点等。依托大数据分析，电商可帮助企业进行产品设计、库存管理、计划生产、资源配置等，有利于精细化大生产，提高生产效率，优化资源配置。

2. 金融行业大数据应用

金融行业拥有丰富的数据，并且数据维度和数据质量都很好，因此应用场景较为广泛。典型的应用场景有银行、保险、证券等。

（1）银行数据应用场景。

银行的数据应用场景比较丰富，基本集中在用户经营、风险控制、产品设计和决策支持等方面，而其数据可以分为交易数据、客户数据、信用数据、资产数据等，大部分数据都集中在数据仓库，属于结构化数据，可以利用数据挖掘来分析这些数据背后的商业价值。例如，高端财富人群具有典型的高端消费习惯，银行可以参考 POS 机的消费记录定位这些高端财富人群，为其提供定制的财富管理方案，吸收其成为财富管理客户，增加存款和理财产品销售。

（2）保险数据应用场景。

保险数据应用场景主要是围绕产品和客户进行的，典型的有利用用户行为数据来制定车险价格，利用客户外部行为数据来了解客户需求，向目标用户推荐产品。例如，依据个人数据和外部养车 App 数据为保险公司找到车险客户；依据个人数据和移动设备位置数据为保险企业找到商旅人群，推销意外险和保障险；依据家庭数据、个人数据和人生阶段信息为用户推荐财产险和寿险等。用数据提升保险产品的精算水平，提高利润水平和投资收益。

（3）证券数据应用场景。

证券行业拥有的数据类型有个人属性数据（含姓名、联系方式、家庭地址等）、资产数据、交易数据、收益数据等，证券公司可以利用这些数据建立业务场景，筛选目标客户，为用户提供适合的产品，提高单个客户收入。例如，借助于数据分析，如果客户平均年收益低于 5%，交易频率很低，可建议其购买公司提供的理财产品；如果客户交易频繁，收益又较高，可以主动推送融资服务；如果客户交易不频繁，但是资金量较大，可以为客户提供投资咨询等。对客户交易习惯和行为进行分析可以帮助证券公司获得更多的收益。

3. **医疗行业大数据应用**

医疗行业拥有大量的病例、病理报告、治愈方案、药物报告等，对这些数据进行整理和分析将会极大地辅助医生提出好的治疗方案，帮助病人早日康复。可以通过构建大数据平台来收集不同病例、治疗方案及病人的基本特征，建立针对疾病特点的数据库，帮助医生进行疾病诊断。

随着基因技术的发展成熟，可以根据病人的基因序列特点进行分类，建立医疗行业的病人分类数据库。医生在诊断病人时可以参考病人的疾病特征、化验报告、检测报告和疾病数据库来快速确诊病人病情。在制定治疗方案时，医生可以依据病人的基因特点，调取相似基因、年龄、人种、身体情况的病例的有效治疗方案，制定出适合病人的治疗方案。同时，基因及治疗数据也有利于医药行业开发出更加有效的药物和医疗器械。例如，乔布斯从患胰腺癌到离世时间长达 8 年之久，在人类的历史上也算是奇迹。乔布斯为治疗自己的疾病支付了高昂的费用，获得包括自身的整个基因密码信息在内的数据文档，医生凭借这份数据文档，基于乔布斯的特定基因组成及大数据按所需效果制定用药计划，并调整医疗方案。

4. **教育行业大数据应用**

信息技术已在教育领域有了越来越广泛的应用，如教学、考试、校园安全、家校关系等，技术达到的各个环节都被数据包裹。在我国，尤其是北京、上海、广州等城市，大数据在教育领域已有非常多的应用，如在线课程、翻转课堂等就应用了大量的大数据工具。

毫无疑问，在不远的将来，无论是教育管理部门，还是校长、教师、学生和家长，都可以得到针对不同应用的个性化分析报告，通过大数据的分析来优化教育机制，做出更科学的决策，这将带来潜在的教育革命。个性化学习终端将会更多地融入学习资源云平台，根据每个学生的不同兴趣爱好和特长，推送相关领域的前沿技术、资讯、资源乃至未来职业发展方向等，并贯穿每个人终身学习的全过程。

5. **农业大数据应用**

大数据在农业上的应用主要是指依据对未来商业需求的预测来进行产品生产，因为农产品不容易保存，合理种植和养殖农产品对农民非常重要。借助于大数据提供的消费能力和趋势报告，政府可为农业生产进行合理引导，依据需求进行生产，避免产能过剩造成不必要的资源浪费。

农业生产面临的危险因素很多，但这些危险因素很大程度上可以通过除草剂、杀菌剂、杀虫剂等技术产品进行消除，天气成为影响农业非常大的决定因素。大数据分析将会更精确地预测未来的天气，帮助农民做好自然灾害的预防工作，帮助政府实现农业的精细化管理和科学决策。

例如，Climate 公司曾使用政府开放的气象和土地数据建立模型，告诉农民哪些土地哪些时间可以耕种、哪些土地哪些时间需要喷雾并完成耕种、哪些土地哪些时间需要施肥，体现了大数据帮助农业创造的巨大商业价值。

6.　智慧城市大数据应用

如今，全球超过一半的人口生活在城市，到 2050 年，这一比例会达到 75%。城市公共交通规划、教育资源配置、医疗资源配置、商业中心建设、房地产规划、产业规划等都可以借助于大数据技术进行良好的规划和动态调整，使城市的资源得到良好配置，既不出现因资源配置不平衡而导致的效率低下及骚乱，又可避免因不必要的资源浪费而导致的财政支出过大，能有效帮助政府实现资源科学配置，精细化运营城市，打造智慧城市。

城市道路交通的大数据应用主要在两个方面：一方面，可以利用大数据传感器来了解车辆通行密度，合理进行道路规划，包括单行线路规划；另一方面，可以利用大数据来实现即时信号灯调度，提高已有线路运行能力。科学地安排信号灯是一个复杂的系统工程，必须利用大数据计算平台才能计算出一个较为合理的方案，科学的信号灯安排将会提高 30% 左右已有道路的通行能力。

大数据技术可以了解经济发展情况、各产业发展情况、消费支出和产品销售情况等，依据分析结果科学地制定宏观政策，平衡各产业发展，避免产能过剩，有效利用自然资源和社会资源，提高社会生产效率。大数据技术也能帮助政府进行支出管理，透明合理的财政支出将有利于提高公信力和监督财政支出。大数据及大数据技术带给政府的不仅是效率提升、科学决策、精细管理，更重要的是数据治国、科学管理的意识改变。未来大数据将会从各个方面帮助政府实施高效和精细化管理，具有极大的发展潜力。

1.7　典型企业大数据解决方案

随着云计算、大数据、人工智能等技术的迅速发展，以及这些技术与传统行业的快速融合，企业数字化、智能化转型步伐逐渐加快。如何有效进行数据治理、提升数据质量、打破数据孤岛、充分发挥数据的业务价值，成为企业数字化转型的重点，企业也相继提出了一些典型大数据解决方案，如图 1-2 所示。

图 1-2

典型大数据解决
方案

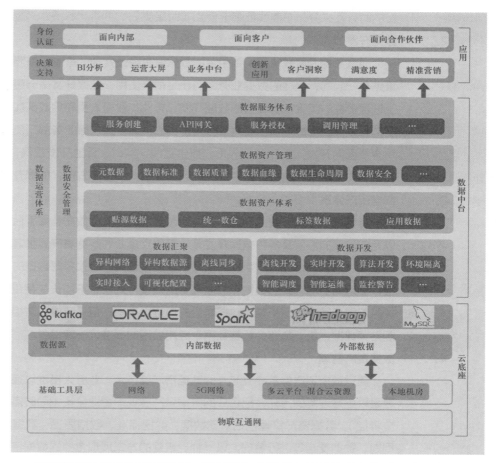

下层的云底座由基础工具层、数据源和大数据存储计算平台构成。数据中台是位于底层存储计算平台与上层的数据应用之间的一整套体系。数据中台的目标是让数据持续用起来，通过数据中台提供的工具、方法和运行机制，把数据变为一种服务能力，让数据更方便地被业务使用。数据中台屏蔽掉底层存储计算平台的计算技术复杂性，降低对技术人才的需求，让数据的使用成本更低。数据中台通过数据汇聚、数据开发模块建立企业数据资产，又通过数据资产管理、数据服务体系把数据资产变为数据服务能力，服务上层应用。数据安全管理、数据运营体系保障数据中台可以长期健康、持续运转。

在典型企业大数据解决方案中，数据中台是核心，其主要包含以下模块。

1. 数据汇聚

数据汇聚是数据中台数据接入的入口。数据中台本身几乎不产生数据，所有数据都来自业务系统、日志、文件、网络等，这些数据分散在不同的网络环境和存储平台中，难以利用，很难产生业务价值。数据汇聚是数据中台必须提供的核心工具，把各种异构网络、异构数据源的数据方便地采集到数据中台进行集中存储，为后续的加工建模做准备。数据汇聚方式一般有数据库同步、埋点、网络爬虫、消息队列等，从汇聚的时效性来分，有离线批量汇聚和实时采集。

2. 数据开发

通过数据汇聚模块汇聚到中台的数据没有经过处理，基本是按照数据的原始状态堆砌在一起的，这样的数据业务部门还是很难使用。数据开发是一整套数据加工及加工过程管控的工具，有经验的数据开发、算法、建模人员利用数据加工模块提供的功能，可以快速把数据加工成对业务有价值的形式，提供给业务部门使用。数据开发模块主要面向开发人员和分析人员，提供离线、实时、算法开发工具，以及任务管理、代码发布、运维、监控、报警等一系列集成工具，使用方便，能提升工作效率。

3. 数据资产体系

有了数据汇聚、数据开发模块，中台已经具备传统数据仓库平台的基本能力，可以完成数据的汇聚及各种数据开发，从而建立企业的数据资产体系。大数据时代，数据量大，增长快，业务对数据的依赖也会越来越高，必须考虑数据的一致性和可复用性，垂直的、烟囱式的数据和数据服务的建设方式注定不能长久存在。不同的企业因业务不同而导致数据不同，数据建设的内容也不同，但是建设方法相似，数据可以按照贴源数据、统一数仓、标签数据、应用数据的标准统一建设。

4. 数据资产管理

通过数据资产体系建立起来的数据资产偏技术，业务人员难以理解。数据资产管理是以更好理解的方式，把企业的数据资产展现给企业全员（同时需要考虑权限和安全管控）。数据资产管理包括对元数据、数据标准、数据质量、数据血缘、数据生命周期、数据安全等进行管理，以一种更直观的方式展现企业的数据资产，提升企业的数据意识。

5. 数据服务体系

前面利用数据汇聚、数据开发建设企业的数据资产，利用数据资产管理展现企业的数据资产，但是并没有发挥数据的价值。数据服务体系就是把数据变为一种服务能力，通过数据服务让数据参与到业务中，激活整个数据中台。数据服务体系是数据中台存在的价值所在。企业的数据服务千变万化，中台产品可以带有一些标准服务，大部分服务需要通过中台快速定制。数据中台的服务模块并没有自带很多服务，而是提供快速的服务生成能力以及服务的管控、鉴权、计量等功能。

6. 数据运营体系和数据安全管理

通过前面的数据汇聚、数据开发、数据资产体系、数据资产管理、数据服务体系，已经完成了整个数据中台的搭建和建设，也已经在业务中发挥了一定的价值。数据运营体系和数据安全管理是数据中台得以健康、持续运转的基础，如果没有它们，数据中台很可能会在搭建起平台、建设部分数据、尝试一两个应用场景之后就止步，无法正常地持续运营，不能持续发挥数据的应用价值。

1.8　大数据平台技术

大数据平台技术主要包括大数据系统生态、大数据存储与管理技术和大数据计算与处理技术。

（1）　**大数据系统生态。**

随着大数据处理与分析的需求不断增长，并行化、高性能和分布式等计算理念逐步深入大数据计算领域。由于并行计算的特殊性，直接进行编程实现并行计算是十分困难的，因此通常需要大量的编程库的支持。近年来，以 Hadoop 和 Spark 为代表的大数据生态系统逐步在开源社区发展起来，为大数据计算提供了有效的组件和编程库方面的支撑，大大降低了使用大数据的门槛。Hadoop 和 Spark 是以 Linux 平台为主设计开发的两大生态系统，其主要特点是生态完备、组件丰富、部署简便、使用门槛低，已成为解决大规模数据处理的事实性标准。

（2）　**大数据存储与管理技术。**

大数据的存储与管理是进行大数据挖掘与分析的基础。为妥善保存海量数据，分布式文件系统采取了统一名字空间、锁管理机制、副本管理机制等技术，实现了对大数据的高效存储。HDFS 是一种流行于大数据存储的文件系统。在数据存储的基础上，数据管理方法与技术发生了根本性的改变——不仅包括传统关系型数据库，还出现了一些新兴数据管理技术，如 NoSQL、NewSQL 技术，以及列式数据库、键值数据库、文档数据库和图数据库等技术。

（3）　**大数据计算与处理技术。**

大数据时代除了需要解决大规模数据的高效存储问题外，还需要解决大规模数据的高效处理问题。大数据包括静态数据和动态数据（流数据），静态数据适合采用批处理方式，动态数据需要进行实时计算。分布式编程框架 MapReduce 可以大幅提高程序性能，实现高效的批量数据处理。基于内存的分布式计算框架 Spark 是一个可应用于大规模数据处理的快速、通用引擎，正以其结构一体化、功能多元化的优势逐渐成为大数据领域热门的大数据计算平台。流计算框架 Storm 是一个低延迟、可扩展、高可靠的处理引擎，可以有效解决流数据的实时计算问题。此外，针对超大规模数据的查询分析，可以通过交互式分析模式提供实时或准实时的响应。

1.9　大数据分析技术

大数据分析周期是指从数据采集、预处理到挖掘和分析，进而从各种各样类型的巨量数据中快速获得有价值信息的过程。一般来说，可以概括为四个步骤：大数据获取、大数据预处理、大数据分析与挖掘、结果解释。

1. 大数据获取

大数据获取是指利用各种数据库接收发自 Web、App 或传感器等客户端的数据，并且用户可以通过这些数据库来进行简单的查询和处理工作。大数据获取的主要特点是并发率高、数据量巨大，因为可能有成千上万的用户同时访问和操作数据库系统。

2. 大数据预处理

大数据预处理是指在对数据进行正式处理（计算）之前，根据后续数据计算的需求对原始数据集进行审计、清洗、变换、集成、脱敏、规约和标注等一系列处理活动，提升数据质量，并使数据形态更加符合某一算法需求，进而达到提升数据计算的效果和降低其复杂度的目的。通过预处理过程，可以获得高质量的低冗余大数据，进而为大数据的分析与挖掘奠定基础。

3. 大数据分析与挖掘

可以利用分布式计算集群对存储的大数据进行分析，以满足大多数常见的分析需求。分析方法主要包括相关分析、方差分析、回归分析、聚类分析、主成分分析、因子分析、判别分析、对应分析等。

数据挖掘完成的是高级数据分析的需求，一般没有预先设定的主题，主要是在现有数据上进行基于各种算法的计算，起到预测的效果。数据挖掘主要进行分类、估计、预测、相关性分组或关联规则、聚类、描述和可视化、复杂数据类型挖掘等工作。比较典型的算法有 k-means 聚类算法、深度学习算法、SVM 统计学习算法和朴素贝叶斯分类算法。该过程的主要特点是挖掘的算法复杂，并且计算所涉及的数据量和计算量大。

数据挖掘算法选择主要有两个考虑因素：一是不同的数据有不同的特点，因此需要用与之相关的算法来挖掘；二是用户或实际运行系统的要求，如有的用户希望获取描述型的、容易理解的知识，而有的用户只是希望获取预测准确度尽可能高的预测型知识，并不在意获取的知识是否易于理解。

数据挖掘阶段使用的模式，经过评估，可能存在冗余或无关的模式，这时需要将其删除；也有可能模式不满足用户要求，这时则需要整个发现过程回退到前续阶段，如重新选取数据、采用新的数据变换方法、设定新的参数值，甚至更换算法等。

4. 结果解释

由于知识发现最终是面向人类用户的，因此需要对发现的模式进行可视化，或者把结果转换为用户易于理解的表示，采用数据可视化、故事描述等方法将数据分析的结果展示给最终用户，提供"决策支持"。也就是说，仅能够分析大数据，但却无法使得用户理解分析的结果，这样的结果价值不大。如果用户无法理解分析结果，那么需要分析者对数据分析结果进行解释。解释通常包括检查所提出的假设并对分析过程进行追踪，采用可视化模型展现大数据分析结果，如利用云计算、标签云、关系图等呈现。

关键术语

- 大数据
- 结构化数据
- 半结构化数据
- 非结构化数据
- 第四范式
- 数据中台

本章小结

　　本章介绍了大数据的成因、概念、特征、数据结构类型，阐述了大数据时代的新理念，描绘了大数据的应用场景及典型解决方案，并对大数据平台技术和大数据分析技术做了概述，帮助读者从整体上掌握大数据技术的架构，并为后续章节的学习打下良好的基础。

即测即评

2

第 2 章
大数据系统生态

■　大数据时代，人类思维方式的重要变革之一体现在人们逐渐意识到大数据的简单算法常常会比小数据的复杂算法更有效。例如，在文本数据处理领域，2000 年前后，微软寻求改进其办公软件 Word 中的语法检查功能，研究人员通过实验发现：有一种简单的方法在小数据上表现不尽如人意，但是在十亿个单词量级上的表现却是最好的；相反，在少量数据情况下表现尚佳的方法，在加入更多的数据后反而没有很大的提升。或许，这就是大数据的能量。

■　从计算机系统与技术实现的角度看，大数据指的是那些规模大到采用传统数据系统技术很难甚至无法处理的数据，这类数据的存储、计算与管理都需要在大数据系统技术的支持下才能得以实现。数据规模的爆炸性增长给数据处理系统的设计和实现提出了巨大的挑战，为进行高效的计算与分析，大数据系统衍生出了一整套新的技术和生态。

■　为帮助读者从系统构成的角度理解大数据技术，本章将介绍大数据系统的基础支撑技术，并介绍两个具有代表性的大数据系统生态项目（也称大数据系统软件栈），使读者初步具备针对任务的特点选取合适的大数据系统组件的能力。

2.1 并行计算技术

数据的获取、存储、传输、分析、检索等过程一直是人类生产和生活中每时每刻都在进行的环节。随着科技的进步，尤其是互联网的飞速发展，要面临的问题规模不断增长。以科学领域为例，人类的 DNA 约有 30 亿个碱基对，每个碱基对可以用 2 bit 来表示，4 个碱基对就是 1 B，每个人的基因就约有 0.75 GB 的数据量。作为世界上最大、最灵敏的射电望远镜，"中国天眼" FAST 每天能收集到 10 TB 数据，每年就可以累积 3.5 PB 以上的数据。

随着问题规模和数据体量的增长，传统计算机在大规模数据处理上逐渐显得捉襟见肘，原因是单处理器系统上运行的串行算法，单位时间内处理的数据是有限的，当这种串行计算的思路无法满足计算需求时，并行的思想就应运而生了。经过多年发展，并行俨然已经成为处理大规模数据的一种主流途径。

2.1.1 并行计算的思想

从内涵上来说，并行计算是指同时运用多种计算资源解决计算问题的过程，是提高计算机系统计算速度和处理能力的一种有效计算模式。并行计算的理念一般认为起源于经典的"分治"思想，即将一个大问题进行划分，通过分别解决划分后的子问题，再将子问题的答案进行合并，从而得到最终的答案。按照这个思路，并行计算考虑采用多个处理器来协同求解一个问题，即将待处理的问题划分成若干个部分（一般这些子问题的输入和输出是相同的），各部分均由一个独立的处理器分别同时进行计算，然后将处理的每一个部分的结果合并后返回给用户。值得注意的是，这里合并的步骤可能涉及额外的计算操作，而不一定是单纯的合并。

按照并行的维度不同，并行计算可分为时间上的并行和空间上的并行。时间上的并行主要是指流水线技术。例如，餐馆炒菜的步骤分为：①洗，将食物原材料冲洗干净；②切，将原材料切成需要的小块；③炒，将切块的原材料进行翻炒；④盛，将炒好的菜品盛盘端出。如果不采用流水线，则一个菜品完成上述四个步骤后，下一个菜品才能开始，耗时且影响效率；如果采用流水线技术，就可以同时处理四个菜品（由于每个步骤的耗时不一致，因此可能存在等待的情况）。对应到计算问题中，这就是并行计算中的时间并行，是指在同一时间启动两个或两个以上的操作，这可大大提高计算性能。

空间上的并行是指多个处理机并发地执行计算，即通过网络将两个以上的处理机连接起来，同时计算同一个任务的不同部分，或者单个处理机无法解决的大型问题。还是拿炒菜的例子来说，假设有一个家庭聚会要求参加聚会的家庭成员在没有他人协助的情况下各出一个菜品，此时假设有足够的场地进行烹饪，每个家庭成员可以方便地完成炒菜的四个步骤，5 个人将最终完成 5 个菜品。对应到计算问题中，并行算法中的空间并行，是指将一个大任务分割成多个相同的子任务，来加快问题解决速度。

　　按照参与计算任务的单元的不同，并行计算系统既可以是专门设计的、含有多个处理器的超级计算机（又称高性能计算系统），也可以是以某种方式互连的若干台独立计算机构成的集群（又称分布式计算系统）。下面分别进行简要介绍。

2.1.2　高性能计算系统

　　从世界上第一台计算机 ENIAC 于 1946 年诞生开始，在一系列大型应用（如导弹弹道轨迹模拟、核爆模拟、天气预报、油气勘探等）的驱动下，高性能计算技术一直是计算科学与技术发展的前沿方向。目前，全世界高性能计算领域形成一个被称为 TOP500 的公开排行榜[①]，每半年公布一次全球最快的高性能计算机排名。2016 年 6 月，中国首次在上榜总数上超过美国，上榜数量全球第一。由于这些计算机系统的性能相比于日常使用的个人计算机要高出很多个数量级（以每秒进行浮点运算的次数为评价指标，位居 2019 年 11 月榜单榜首的成绩是 14.86 亿亿次，目前个人计算机的成绩约为 200 亿次），因此也称为超级计算机。目前国内性能最强的计算系统是由国家并行计算机工程技术研究中心研制的、安装在国家超级计算无锡中心的神威·太湖之光超级计算机，其外观如图 2-1 所示。

图 2-1
神威·太湖之光
超级计算机的外观

　　早期的多处理器高性能计算机出现在 20 世纪 80 年代。现在的高性能计算机通常具有上万个处理器，通过复杂的高速网络连接起来。这些通过网络连接起来的处理器会构成一个个计算节点，每个节点对应了物理上的机器。因此，从这个角度来说，所谓的高性能计算机其实并不是指一台具体的机器，而是指一套完整的系统，包括所有节点及它们之间互联的网络设备，以及为保障这些设备正常运行而配置的电源和冷却装置等。

　　目前的主流高性能计算系统中，绝大多数采用的是 x86 体系架构的节点。以天河二号为例，它由 16 000 个计算节点组成，每个节点有两颗 Xeon E5-2692 处

---

① 　Top500 网站。

理器和三块 Xeon Phi 加速卡，总计 312 万个核，每个计算节点配置 64 GB内存，每块 Xeon Phi 加速卡有 8 GB 内存，总计 88 GB。全部 16 000 个计算节点共有 1.408 PB 内存，而存储方面则共有 12.4 PB 的空间。节点之间采用自主研发的 Express-2 内部互联网络，传输速率为 6.36 GB/s，延迟 85 μs。这样的系统功耗也非常高，加上冷却系统的功耗，天河二号的系统整体功耗为 24 MW。由此可见，如何控制功耗是高性能计算系统的一个待攻克的难点。

所有的这些组成高性能计算系统的节点通常可分为计算、存储和管理三类。

（1）　计算节点主要负责计算，一般会配置多个多核处理器和较大的内存，还会配置 GPU、FPGA 等计算加速器，一般会带一些本地磁盘，用于存储计算中间结果。

（2）　存储节点负责数据的存储，包括原始数据和最终的计算结果，也有可能包含一部分计算中间结果。

（3）　管理节点用于节点和用户的管理，负责对所有节点的运行状态进行监控，发生异常时会向管理员发出警告信息。同时，需要做计算的用户也会登录到管理节点上，通过任务调度系统提交计算任务，这一功能有时也会由单独的登录节点来承担。

2.1.3　分布式计算系统

分布式计算是一种和集中式计算相对的计算模式。上面谈到的超级计算机通常是集中式配置的，并且造价十分昂贵，而分布式计算系统则是在地域上分布但通过计算机网络进行互连配置的计算系统，其单点的计算性能通常比高性能计算机弱，因此造价也相对便宜。随着互联网技术的不断发展，分布式计算的思想已经被用来利用世界各地成千上万位志愿者的计算机的闲置计算能力，去分析来自外太空的电信号和寻找地外生命，寻找超过 1 000 万位数字的梅森质数，发现对抗艾滋病病毒的特效药。

可以说，分布式计算系统已经成为越来越多的大数据计算任务的首要实现形式，这其中就包括后文要介绍的基于 Hadoop 和基于 Spark 的大数据计算系统（详见本书 2.2 节和 2.3 节）。实现上述分布式计算的物理机器的总和称为集群，一个集群是一系列的服务器（或称节点）。一个集群中的机器通常是同质的，即具有相同的硬件规格和配置，且每个节点都有自己的专用资源，如中央处理器、内存和硬盘等。集群中的机器也可以是异质的，即各节点的硬件规格和配置不尽相同。机器之间通过计算机网络进行连接，形成工作单元。

按照分布式计算的思想，分布式计算系统的核心就是如何将一个计算任务进行划分，然后分发到这些集群中的节点上执行计算，再返回结果。值得注意的是，要完成一个分布式计算的任务，不一定需要集群中的所有机器都参与其中，这意味着分布式计算系统中可以同时并发地运行多个任务。

2.1.4　并行计算的系统支持

要在并行计算系统中完成一个计算任务，编写并行计算的程序是必不可少的，重点需要处理线程创建、共享资源的竞争保护、多机之间的通信等问题。为方便应用层的程序员编写此类程序，操作系统和第三方的软件库提供了这些功能。常见的并行编程组件有 Pthreads、OpenMP 和 MPI 等。值得一提的是，即使在这些并行编程组件的帮助下，要实现一个稍微具备一些复杂功能的并行计算任务也还是需要相当专业的编程技能，这不是一般编程人员可以胜任的。

除计算框架外，超级计算机还需要任务调度软件，用于管理节点，接受用户提交的计算任务，并将计算任务分配到可用的计算节点上运行。同时，调度软件还要负责控制用户的权限和配额、记账等功能。常见的任务调度软件有 SLURM、OpenPBS 等。另外，超级计算机在执行任务时会遇到高并发的 I/O 操作，需并行文件系统的支持。常见的并行文件系统有 PVFS、Lustre 等，它们可以安装在多个存储节点上，向计算节点提供全局一致的名字空间，用于存储计算任务的输入、输出文件和中间结果。

虚拟化技术是指创建虚拟的事物，包括计算机硬件平台、操作系统、存储设备、计算机网络等，是云计算的支撑技术，这些虚拟的事物具有与真实的、物理上存在的事物相同的外部表现。例如，虚拟机可以像真实的计算机一样安装操作系统、运行应用程序，虚拟存储设备可以像真实的硬盘一样保存数据。早在 20 世纪 60 年代，当时的大型计算机比较稀少，就产生了虚拟化技术，能够将一台大型计算机的资源在逻辑上划分为多台虚拟机，分别运行不同的应用程序，提高资源的利用效率。现代的硬件虚拟化技术早期完全由软件来实现，虚拟机在遇到系统相关的特权指令时要通过特殊的指令转换过程来处理。后来，Intel 和 AMD 都推出了支持虚拟化的专用指令，使得这些工作可以由处理器直接完成，提升了虚拟机的执行效率。虚拟化技术可以把物理硬件资源的一部分抽取出来并封装成逻辑上独立的虚拟机，来满足客户不同的需求，实现云计算所要求的资源灵活配置。

传统的硬件虚拟化会在物理机（或主机、宿主，Host）上运行虚拟机管理器（Hypervisor 或 Virtual Machine Manager），负责虚拟机的创建、调度和管理。虚拟机（或客户机，Guest）创建之后，需要像实际的机器一样安装操作系统，或者使用已经准备好的系统镜像。由于虚拟化的是一台完整的机器，因此虚拟机上安装的系统只受物理硬件架构的限制，而与主机操作系统无关。例如，在 Linux 的机器上创建运行 Windows 的虚拟机，或者在 Windows 的机器上创建运行 Linux 的虚拟机。常见的商用硬件虚拟化软件有 VMware 等，开源的有 Xen、KVM、VirtualBox 等，其中 Xen 和 KVM 侧重服务器领域的虚拟化，而 VirtualBox 主要是桌面领域的虚拟化。

硬件虚拟化技术中主机和客户机运行不同的操作系统，提供了非常好的灵活性，然而对于很多应用场景，这样的灵活性用处不大，客户机的操作系统需要占用独立的硬件资源，反而带来了额外的开销。操作系统虚拟化可以更好地应对这样的应用场景。在操作系统虚拟化中，客户机（又称容器，Container）和主机共享同一个操作系统，在操作系统内把所需的资源封装成容器，用于运行应用程序。常用的操作系统虚拟化软件有 LXC 等，而 Docker 则是在此基础上又进行了一次封装，使得其能够正常运行特定应用程序的环境，包括系统库、第三方库等，它以容器镜像（Container Image）的形式发布，供用户直接下载使用，很好地解决了现在大型软件依赖关系复杂、配置烦琐的问题。

云计算服务大大降低了一般开发者和用户的时间及经济成本。在云计算服务出现以前，用户架设网站需要自己购买服务器，并联系有良好电气和网络条件的机房。把服务器放入机房后，如果出现远程无法解决的问题，还需要亲自去机房现场。服务器的购置费和机房的托管费都是一笔不小的开销。有了云计算服务之后，用户通过直观的 Web 界面或简洁的 API 就能创建和使用虚拟机，根据应用的负载，用户可以随时调整虚拟机的配置，提供商按照资源的使用量和使用时间收取服务费。

常见的 IaaS 云计算服务有亚马逊的 AWS（Amazon Web Services）、微软的 Azure、阿里巴巴的阿里云等。以 AWS 为例，它提供了计算、网络、存储等多种不同的服务，配合起来可以构成应用所需的运行环境。AWS 提供的服务主要如下。

（1）　Amazon Elastic Compute Cloud（EC2）。虚拟云主机服务。

（2）　Amazon Simple Storage Service（S3）。基于 Web 服务的存储。

（3）　Amazon Elastic Block Store（EBS）。为 EC2 提供的持久化的块存储。

（4）　Amazon DynamoDB。可扩展、低延迟的 NoSQL 数据库服务。

（5）　Amazon Relational Database Service（RDS）。关系型数据库服务。

（6）　Amazon Route 53。高可靠的域名系统（DNS）服务。

（7）　Amazon Cloud Front。内容分发网络（CDN）服务。

（8）　Amazon Elastic MapReduce（EMR）。在 EC2 和 S3 的基础上用 Hadoop 搭建的 MapReduce 服务。

其中，最为核心的虚拟机服务 EC2 有多种不同的虚拟机类型，根据常见的应用需求，有不同的处理器核数、内存大小，对科学计算任务还专门配置了 CPU 的类型。其他 IaaS 云计算服务提供商也提供了与 AWS 类似的服务。

Google App Engine（GAE）是一个典型的 PaaS 云计算服务平台。GAE 给开发者提供了包括 Python、Java、Go、PHP 等多种语言的开发和运行环境，用于编写 Web 应用程序。开发者只需专注于应用程序的功能实现，在部署到 GAE 上之后，应用程序的性能将由平台来保证。在 GAE 上的应用程序有各方面资源的配额限制（Quota），如每天的 HTTP 请求数量、数据库操作数量等。在配额限制以内，服务是免费的，当资源超过配额限制时，会根据规则收取一定的费用。与 IaaS

服务不同，开发者在使用 PaaS 服务时并不知道自己的应用程序在哪台机器上执行，PaaS 平台可以根据平台自身的状况进行调度，可能是一台虚拟机，或者是一个操作系统虚拟化容器，甚至是多台物理服务器。类似的 PaaS 服务还有新浪 App Engine、RedHat 的 OpenShift 等。

使用云计算服务的另外一大好处是服务提供商已经对平台采取了必需的安全措施，可以在很大程度上避免恶意攻击和系统漏洞对应用产生的破坏。

2.2　Hadoop 生态系统

Google 虽然通过论文发布了公司处理大数据的方法，但没有开源他们的软件系统。从 2005 年开始，Doug Cutting 和 Mike Cafarella 等人根据 Google 发表的论文和他们自己的实践经验开发了 Hadoop，Hadoop 成为主流的开源分布式大数据处理软件。Hadoop 主要用 Java 语言编写，具有较好的平台移植性，能够在 Linux、Windows、Mac OS X 等常见的操作系统下运行。经过十多年的发展，Hadoop 已经成为 Apache 开源软件基金会旗下的重要项目，并演化出了一个较为完整的生态系统。

2.2.1　系统概述

Hadoop 是一个由 Apache 基金会开发的分布式系统基础架构，其标志如图 2-2 所示。用户可以在不了解分布式底层细节的情况下开发分布式程序，充分利用集群的威力进行高速运算和存储。Hadoop 实现了一个分布式文件系统（Hadoop Distributed File System，HDFS）。HDFS 有高容错性的特点，设计用来部署在低廉的硬件上，而且它提供高吞吐量（High Throughput）来访问应用程序的数据，适合那些有着超大数据集（Large Data Set）的应用程序。HDFS 放宽（Relax）

图 2-2
Hadoop 架构标志

了 POSIX 的要求，可以以流的形式访问（Streaming Access）文件系统中的数据。Hadoop 的框架最核心的设计就是 HDFS 和 MapReduce。HDFS 为海量的数据提供了存储，而 MapReduce 则为海量的数据提供了计算。

Hadoop 起源于 Apache Nutch 项目，始于 2002 年，是 Apache Lucene 的子项目之一。2004 年，Google 在"操作系统设计与实现"（Operating System Design and Implementation，OSDI）会议上公开发表了题为 MapReduce：Simplified Data Processing on Large Clusters（MapReduce：简化大规模集群上的数据处理）的论文之后，受到启发的 Doug Cutting 等人开始尝试实现 MapReduce 计算框架，并将它与 NDFS（Nutch Distributed File System）结合，用以支持 Nutch 引擎的主要算法。由于 NDFS 和 MapReduce 在 Nutch 引擎中有着良好的应用，因此它们于 2006 年 2 月被分离出来，成为一套完整而独立的软件，并被命名为 Hadoop。到 2008 年初，Hadoop 已成为 Apache 的顶级项目，包含众多子项目，被应用到包括 Yahoo 在内的很多互联网公司。Hadoop 得以在大数据处理中广泛应用得益于其自身在数据提取、转换和加载（Extraction-Transformation-Loading，ETL）方面的天然优势。Hadoop 的分布式架构，将大数据处理引擎尽可能地靠近存储，对于像 ETL 这样的批处理操作相对合适，因为类似这样操作的批处理结果可以直接走向存储。Hadoop 的 MapReduce 功能实现了将单个任务打碎，并将碎片任务（Map）发送到多个节点上，然后再以单个数据集的形式加载（Reduce）到数据仓库里。Hadoop 分布式计算平台的分布式文件系统 HDFS（其架构图如图 2-3 所示）、MapReduce 处理过程，以及数据仓库工具 Hive 和分布式数据库 HBase 基本涵盖了 Hadoop 分布式平台的所有技术核心。

Hadoop 设计之初的目标就定位于高可靠性、高可拓展性、高容错性和高效性，正是这些设计上与生俱来的优点，才使得 Hadoop 一出现就受到众多大公司的青睐，

图 2-3
HDFS 架构图

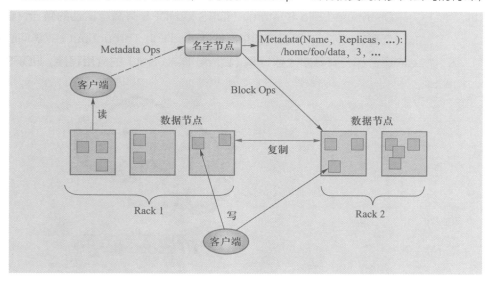

同时也引起了研究界的普遍关注。Hadoop 技术在互联网领域已经得到了广泛的运用。例如，Yahoo 使用 4 000 个节点的 Hadoop 集群来支持广告系统和 Web 搜索的研究；Facebook 使用 1 000 个节点的集群运行 Hadoop，存储日志数据，支持其上的数据分析和机器学习；百度用 Hadoop 处理每周 200 TB 的数据，从而进行搜索日志分析和网页数据挖掘工作；中国移动研究院基于 Hadoop 开发了"大云"（Big Cloud）系统，不仅用于相关数据分析，还对外提供服务；淘宝的 Hadoop 系统用于存储并处理电子商务交易的相关数据。国内的高校和科研院所基于 Hadoop 在数据存储、资源管理、作业调度、性能优化、系统高可用性和安全性方面进行研究，相关研究成果多以开源形式贡献给 Hadoop 社区。

除上述大型企业将 Hadoop 技术运用在自身的服务中外，一些提供 Hadoop 解决方案的商业型公司也纷纷跟进，利用自身技术对 Hadoop 进行优化、改进、二次开发等，然后以公司自有产品形式对外提供 Hadoop 的商业服务。比较知名的公司有创办于 2008 年的 Cloudera 公司，它是一家专业从事基于 Apache Hadoop 的数据管理软件销售和服务的公司，它希望充当大数据领域中类似 RedHat 在 Linux 世界中的角色。该公司基于 Apache Hadoop 发行了相应的商业版本 Cloudera Enterprise，还提供 Hadoop 相关的支持、咨询、培训等服务。2009 年，Cloudera 聘请了 Doug Cutting（Hadoop 的创始人）担任公司的首席架构师，从而进一步加强了 Cloudera 公司在 Hadoop 生态系统中的影响和地位。最近，Oracle 也表示已经将 Cloudera 的 Hadoop 发行版和 Cloudera Manager 整合到 Oracle Big Data Appliance 中。同样，Intel 也基于 Hadoop 发行了自己的版本 IDH。可以看出，越来越多的企业将 Hadoop 技术作为进入大数据领域的必备技术。

2.2.2 Hadoop 的核心组件

Hadoop 由许多元素构成，最底部是 Hadoop Distributed File System（HDFS），它存储 Hadoop 集群中所有存储节点上的文件。HDFS 的上一层是 MapReduce 引擎，该引擎由 JobTrackers 和 TaskTrackers 组成。

图 2-4 所示为 Hadoop 生态系统中的各部分子系统，部分核心组件详情如下。

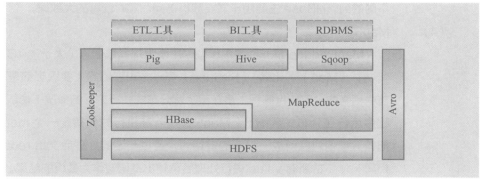

图 2-4
Hadoop 生态系统
中的各部分子系统

（1）　Avro。

　　　Avro 是用于数据序列化的系统。它提供了丰富的数据结构类型、快速可压缩的二进制数据格式、存储持久性数据的文件集、远程调用 RPC 的功能和简单的动态语言集成功能。其中，代码生成器既不需要读写文件数据，也不需要使用或实现 RPC 协议，它只是一个可选的对静态类型语言的实现。Avro 系统依赖于模式（Schema），Avro 数据的读和写是在模式之下完成的。这样就可以减少写入数据的开销，提高序列化的速度并缩减其大小，同时也可以方便动态脚本语言的使用，因为数据连同其模式都是自描述的。在 RPC 中，Avro 系统的客户端和服务端通过握手协议进行模式的交换。因此，当客户端和服务端拥有彼此全部的模式时，不同模式下的相同命名字段、丢失字段和附加字段等信息的一致性问题就得到了很好的解决。

（2）　HDFS。

　　　HDFS 是一种分布式文件系统，运行于大型商用机集群，HDFS 为 HBase 提供了高可靠性的底层存储支持。由于 HDFS 具有高容错性（Fault-Tolerant）的特点，因此可以设计部署在低廉的硬件上。它可以以很高的吞吐率（High Throughput）来访问应用程序的数据，适合那些有着超大数据集的应用程序。HDFS 放宽了可移植操作系统接口（Portable Operating System Interface，POSIX）的要求，可以实现以流的形式访问文件系统中的数据。HDFS 原本是开源的 Apache 项目 Nutch 的基础结构，最后成为 Hadoop 的基础架构之一。

（3）　HBase。

　　　HBase 位于结构化存储层，是一个分布式的列存储数据库。该技术来源于 Google 的论文"Bigtable：一个结构化数据的分布式存储系统"。如同 Bigtable 利用了 Google 文件系统（Google File System）提供的分布式数据存储方式，HBase 在 Hadoop 之上提供了类似于 Bigtable 的能力。HBase 是 Hadoop 项目的子项目。HBase 不同于一般的关系数据库：其一，HBase 是一个适合于存储非结构化数据的数据库；其二，HBase 是基于列而不是基于行的模式。HBase 和 Bigtable 使用相同的数据模型。用户将数据存储在一个表中，一个数据行拥有一个可选择的键和任意数量的列。由于 HBase 表是疏松的，因此用户可以给行定义各种不同的列。HBase 主要用于需要随机访问、实时读写的大数据。

（4）　MapReduce。

　　　MapReduce 是一种编程模型，用于大规模数据集（大于 1 TB）的并行运算。"映射"（Map）、"化简"（Reduce）等概念和它们的主要思想都是从函数式编程语言中借来的，它使得编程人员在不了解分布式并行编程的情况下也能方便地将自己的程序运行在分布式系统上。MapReduce 在执行时先指定一个 map（映射）函数，把输入键值对映射成一组新的键值对，经过一定的处理后交给 reduce，reduce 对相同 key 下的所有 value 进行处理后再输出键值对作为最终的结果。

（5）　Hive。

Hive 最早是由 Facebook 设计的，是一个建立在 Hadoop 基础之上的数据仓库，它提供了一些对存储在 Hadoop 文件中的数据集进行数据整理、特殊查询和分析的工具。Hive 提供的是一种结构化数据的机制，它支持类似于传统 RDBMS 中的 SQL 语言来帮助那些熟悉 SQL 的用户查询 Hadoop 中的数据，该查询语言称为 HiveQL。与此同时，传统的 MapReduce 编程人员也可以在 Mapper 或 Reducer 中通过 HiveQL 查询数据。Hive 编译器会把 HiveQL 编译成一组 MapReduce 任务，从而方便 MapReduce 编程人员进行 Hadoop 应用的开发。

（6）　Pig。

Pig 是一种数据流语言和运行环境，用以检索非常大的数据集，大大简化了 Hadoop 常见的工作任务。Pig 可以加载数据、表达转换数据及存储最终结果。Pig 内置的操作使得半结构化数据变得有意义（如日志文件）。Pig 和 Hive 都为 HBase 提供了高层语言支持，使得在 HBase 上进行数据统计处理变得非常简单，但是二者还是有所区别的。Hive 在 Hadoop 中扮演数据仓库的角色，允许使用类似 SQL 的语法进行数据查询。Hive 更适合于数据仓库的任务，主要用于静态的结构以及需要经常分析的工作。Hive 与 SQL 相似，这一点使其成为 Hadoop 与其他 BI 工具结合的理想交集。Pig 赋予开发人员在大数据集领域更多的灵活性，并允许开发简洁的脚本用于转换数据流以便嵌入较大的应用程序。与 Hive 相比，Pig 属于较轻量级，它主要的优势是，相比于直接使用 Hadoop Java APIs 而言，使用 Pig 可以大幅削减代码量。

2.2.3　Hadoop 的部署

Hadoop 系统有三种安装模式，分别为单机模式、伪分布式模式和全分布式模式。在单机模式下，服务一般只启动一个进程，提供与分布式环境相同的接口，可用于 Hadoop 应用程序开发和正确性调试。伪分布式模式在同一台机器上启动多个进程，代表服务的不同角色，这些进程之间的通信在本地完成，不通过网络，一般用于调试系统在分布式配置下的正确性。全分布式模式则在不同的机器上启动多个进程，进程之间的通信要通过网络，一般用于产品环境的部署。本节主要介绍 Hadoop 的单机模式安装，使用的 Hadoop 版本号为 3.1.2。

1.　确保jdk8已经安装

本书不详细演示 jdk8 的安装，jdk8 安装路径为 /opt/jdk1.8.0_191/，如图 2-5 所示，并且已配好了 jdk 的环境变量，这里也不详细演示。验证 jdk 安装成功如图 2-6 所示。

图 2-5
jdk8 安装路径

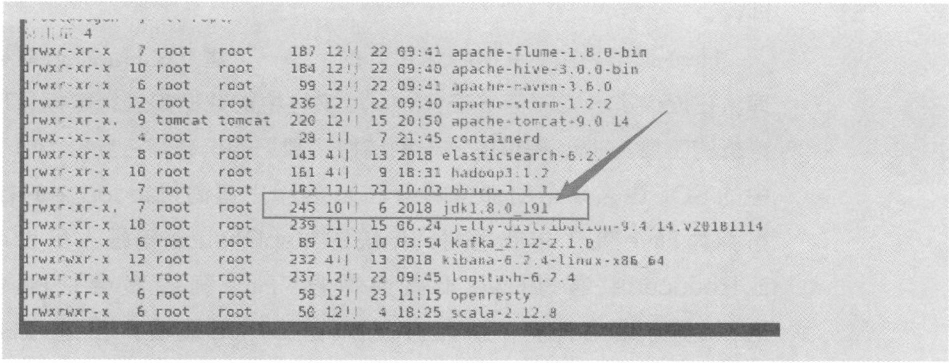

图 2-6
验证 jdk 安装成功

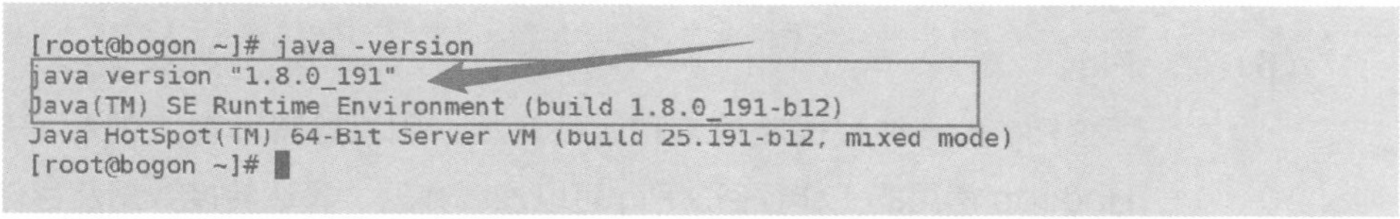

2. 前期准备

创建 Hadoop 账号。避免采用 root 账号操作 Hadoop，引起安全问题。输入命令：

useradd –r hadoop；usermod –G hadoop hadoop；id hadoop。

可以看到，Hadoop 账号已经创建，并且加到 Hadoop 组（图 2-7、图 2-8）。

图 2-7
使用 useradd-r
hadoop 命令

图 2-8
使用 usermod-G
hadoop hadoop；
id hadoop 命令

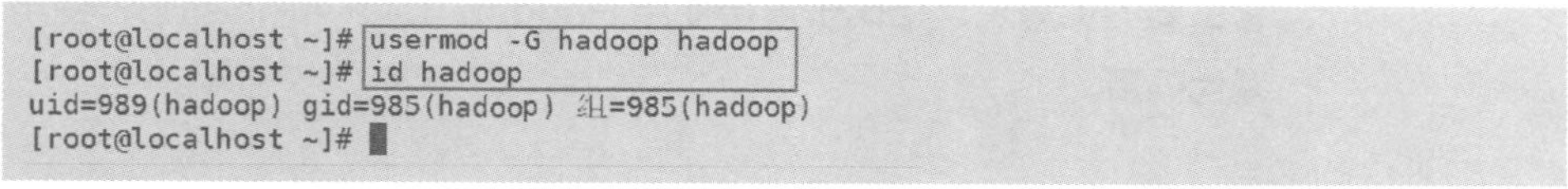

创建 Hadoop 文件目录（图 2-9）。把 Hadoop 的数据和日志都放在 /home/hadoop/ 目录下。一共创建四个文件目录，输入以下命令：

mkdir –p /home/hadoop/tmp；mkdir –p /home/hadoop/hdfs/name

mkdir –p /home/hadoop/hdfs/data；mkdir –p /home/hadoop/log

图 2-9
创建四个文件目录
存放 Hadoop
数据和日志

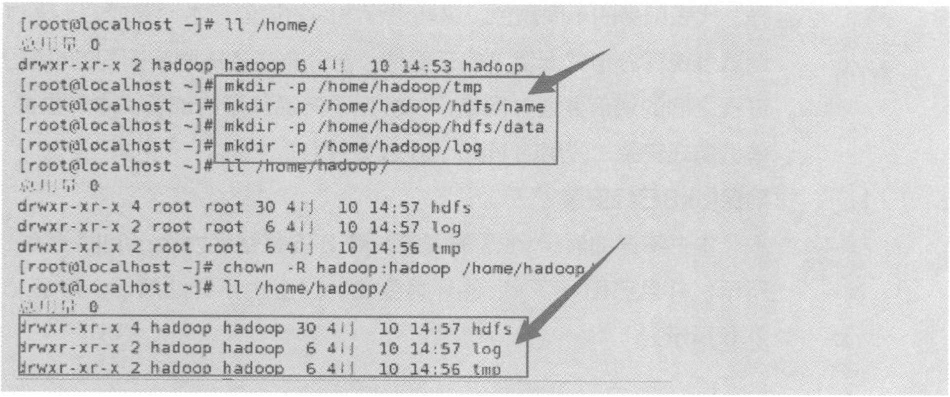

下载 Hadoop 3.1.2。在 Hadoop 官网 http://hadoop.apache.org 中下载 Hadoop 3.1.2 的二进制包（见图 2-10、图 2-11）。

图 2-10
Hadoop 官网下载

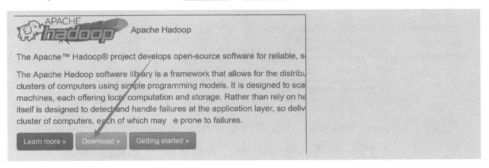

图 2-11
下载 Hadoop
3.1.2 的二进制
安装包

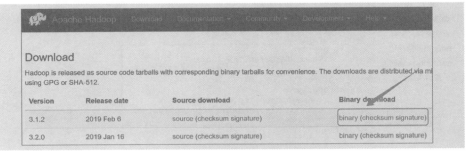

3.   安装与配置

下载完成后，上传到服务器。本教程服务器是 centos7。二进制包无须编译，直接解压即安装完成。本教程安装路径为 /opt/hadoop3.1.2/ 目录下。Hadoop 的配置文件都在 etc/hadoop 目录下（图 2-12）。配置文件有很多，最主要是要修改三个文件：hadoop-env.sh、core-site.xml、hdfs-site.xml（图 2-13）。下面分别讲述这三个文件如何配置。

图 2-12
Hadoop 配置
文件位置

```
[root@bogon ~]# ls /opt/hadoop3.1.2/etc/hadoop/
capacity-scheduler.xml      hadoop-metrics2.properties
configuration.xsl           hadoop-policy.xml
container-executor.cfg      hadoop-user-functions.sh.example
core-site.xml               hdfs-site.xml
hadoop-env.cmd              httpfs-env.sh
hadoop-env.sh               httpfs-log4j.properties
[root@bogon ~]#
```

图 2-13
需要修改的三个
基本配置文件

```
[root@localhost ~]# ll /opt/hadoop3.1.2/etc/hadoop/
总用量 168
-rw-r--r-- 1 hadoop hadoop  7861 4月  14 2018 capacity-scheduler.xml
-rw-r--r-- 1 hadoop hadoop  1335 4月  14 2018 configuration.xsl
-rw-r--r-- 1 hadoop hadoop  1211 4月  14 2018 container-executor.cfg
-rw-r--r-- 1 hadoop hadoop   965 4月   9 18:42 core-site.xml
-rw-r--r-- 1 hadoop hadoop  3999 4月  14 2018 hadoop-env.cmd
-rw-r--r-- 1 hadoop hadoop 16397 4月   9 17:45 hadoop-env.sh
-rw-r--r-- 1 hadoop hadoop  3323 4月  14 2018 hadoop-metrics2.properties
-rw-r--r-- 1 hadoop hadoop 10206 4月  14 2018 hadoop-policy.xml
-rw-r--r-- 1 hadoop hadoop  3414 4月  14 2018 hadoop-user-functions.sh.example
-rw-r--r-- 1 hadoop hadoop  1071 4月   9 18:42 hdfs-site.xml
-rw-r--r-- 1 hadoop hadoop  1484 4月  14 2018 httpfs-env.sh
-rw-r--r-- 1 hadoop hadoop  1657 4月  14 2018 httpfs-log4j.properties
-rw-r--r-- 1 hadoop hadoop    21 4月  14 2018 httpfs-signature.secret
-rw-r--r-- 1 hadoop hadoop   620 4月  14 2018 httpfs-site.xml
-rw-r--r-- 1 hadoop hadoop  3518 4月  14 2018 kms-acls.xml
-rw-r--r-- 1 hadoop hadoop  1351 4月  14 2018 kms-env.sh
```

（1） hadoop-env.sh。该文件主要是配置 jdk 的路径（图 2-14），编辑 hadoop-env.
sh 文件，找到 "export JAVA_Home="，去掉注释，填写 jdk 路径。

图 2-14
编辑 hadoop-
env.sh 文件，
填写 jdk 路径

```
# The java implementation to use. By default, this environment
# variable is REQUIRED on ALL platforms except OS X!
export JAVA_HOME=/opt/jdk1.8.0_191/

# Location of Hadoop.  By default, Hadoop will attempt to determine
# this location based upon its execution path
# export HADOOP_HOME=
```

（2） core-site.xml。该文件是配置 hdfs 访问路径和 namenode 临时文件夹路径（图
2-15），编辑 core-site.xml，添加图 2-15 方框的内容。

图 2-15
编辑 core-site.
xml 文件，配置
hdfs 访问路径和
namenode 临时
文件夹路径

```
<!-- Put site-specific property overrides in this file. -->

<configuration>
    <property>
        <name>fs.defaultFS</name>
        <value>hdfs://localhost:9000</value>
    </property>
    <property>
        <name>hadoop.tmp.dir</name>
        <value>file:/home/hadoop/tmp</value>
    </property>
</configuration>
```

（3） hdfs-site.xml。该文件是配置元数据和 datanode 数据的存放路径（图 2-16），编
辑 hds-site.xml，添加图 2-16 中方框的内容。

图 2-16
编辑 hdfs-site.
xml 文件，配
置元数据和
datanode
数据存放路径

```
<!-- Put site-specific property overrides in this file. -->

<configuration>
    <property>
        <name>dfs.namenode.name.dir</name>
        <value>file:/home/hadoop/hdfs/name</value>
    </property>
    <property>
        <name>dfs.datanode.data.dir</name>
        <value>file:/home/hadoop/hdfs/data</value>
    </property>

    <property>
        <name>dfs.replication</name>
        <value>1</value>
    </property>
</configuration>
```

4. 初始化与验证

（1） 初始化。切换到 Hadoop 账户（图 2-17），输入以下命令：hdfs namenode -
format，可以看到输出的日志显示安装成功（图 2-18）。

至此，Hadoop 单机版已经安装成功，接下来就是启动 Hadoop。分别启动

图 2-17
切换到 Hadoop
账户

```
-rwxr-xr-x 1 hadoop hadoop 2328 4/1  14 2018 yarn-daemons.sh
-bash-4.2$ clear
-bash-4.2$ /opt/hadoop3.1.2/bin/hdfs namenode -format
2019-04-10 15:22:38.874 INFO namenode.NameNode: STARTUP_MSG:
/************************************************************
STARTUP_MSG: Starting NameNode
STARTUP_MSG:   host = localhost/127.0.0.1
```

图 2-18

hdfs
namenode-
format 命令验证
安装成功

```
320 INFO snapshot.SnapshotManager: SkipList is disabled
322 INFO util.GSet: Computing capacity for map cachedBlocks
322 INFO util.GSet: VM type        = 64-bit
322 INFO util.GSet: 0.25% max memory 30.0 GB = 76.7 MB
323 INFO util.GSet: capacity        = 2^23 = 8388608 entries
333 INFO metrics.TopMetrics: NNTop conf: dfs.namenode.top.window.num.buckets = 10
333 INFO metrics.TopMetrics: NNTop conf: dfs.namenode.top.num.users = 10
333 INFO metrics.TopMetrics: NNTop conf: dfs.namenode.top.windows.minutes = 1,5,25
334 INFO namenode.FSNamesystem: Retry cache on namenode is enabled
334 INFO namenode.FSNamesystem: Retry cache will use 0.03 of total heap and retry cache entry expir
335 INFO util.GSet: Computing capacity for map NameNodeRetryCache
335 INFO util.GSet: VM type        = 64-bit
335 INFO util.GSet: 0.029999999329447746% max memory 30.0 GB = 9.2 MB
335 INFO util.GSet: capacity        = 2^20 = 1048576 entries
346 INFO namenode.FSImage: Allocated new BlockPoolId: BP-1557334970-127.0.1.1-1650344992343
352 INFO common.Storage: Storage directory /home/hadoop/hdfs/name has been successfully formatted.
357 INFO namenode.FSImageFormatProtobuf: Saving image file /home/hadoop/hdfs/name/current/fsimage.
419 INFO namenode.FSImageFormatProtobuf: Image file /home/hadoop/hdfs/name/current/fsimage.ckpt_000
426 INFO namenode.NNStorageRetentionManager: Going to retain 1 images with txid >= 0
433 INFO namenode.NameNode: SHUTDOWN_MSG:
```

namenode、secondarynamenode、datanode（图 2-19），输入以下命令：

/opt/hadoop3.1.2/sbin/hadoop-daemon.sh start namenode

/opt/hadoop3.1.2/sbin/hadoop-daemon.sh start secondarynamenode

/opt/hadoop3.1.2/sbin/hadoop-daemon.sh start datanode

再输入 jps，可以看到 namenode、secondarynamenode、datanode 这三个服务已经启动。

图 2-19

启动 hadoop
namenode、
second-
arynamenode、
datanode

```
-bash-4.2$ /opt/hadoop3.1.2/sbin/hadoop-daemon.sh start namenode
WARNING: Use of this script to start HDFS daemons is deprecated.
WARNING: Attempting to execute replacement "hdfs --daemon start" instead.
-bash-4.2$ /opt/hadoop3.1.2/sbin/hadoop-daemon.sh start secondarynamenode
WARNING: Use of this script to start HDFS daemons is deprecated.
WARNING: Attempting to execute replacement "hdfs --daemon start" instead.
-bash-4.2$ /opt/hadoop3.1.2/sbin/hadoop-daemon.sh start datanode
WARNING: Use of this script to start HDFS daemons is deprecated.
WARNING: Attempting to execute replacement "hdfs --daemon start" instead.
-bash-4.2$ jps
7984 SecondaryNameNode
8072 DataNode
7865 NameNode
8094 Jps
```

（2） 验证。输入命令 /opt/hadoop3.1.2/bin/hadoop fs -ls /。若没有报错，则 Hadoop 单机版安装成功。

2.3 Spark 生态系统

当前，MapReduce 编程模型已经成为主流的分布式编程模型，它极大地方便了编程人员在不会分布式并行编程的情况下，将自己的程序运行在分布式系统上。实际上，MapReduce 给用户提供了简单的编程接口，用户只需要按照接口编写串行版本的代码，Hadoop 框架就会自动把程序运行到很多机器组成的集群上，并能处理某些机器在运行过程中出现故障的情况。然而，由于 MapReduce 程序运行过程中，中间结果会写入磁盘，而且很多应用需要多个 MapReduce 任务来完成，任务之间的数据也要通过磁盘来交换，因此 MapReduce 没有充分利用机器的内存，从而出现高延迟、计算效率低等问题。为此，美国加州大学伯克利分校的 AMPLab 设计实现了 Spark 计算框架，充分利用现有机器的大内存资源，使得大数据计算的性能得到了很大的提升。

本节首先简要介绍 Spark 的发展历程以及其优点，然后描述 Spark 核心和附属组件，最后对 Spark 的安装和配置进行图文讲解。

2.3.1　Spark 简介

Spark 最初于 2009 年由 Matei Zaharia 在加州大学伯克利分校 AMPLab 开创，属于伯克利大学的研究性项目。2010 年，Spark 通过 BSD 许可协议正式对外开源发布。2012 年，Spark 第一篇论文发布，第一个正式版（Spark 0.6.0）发布。2013 年 6 月，该项目被捐赠给 Apache 软件基金会并切换许可协议至 Apache 2.0。2014 年，Spark 成为 Apache 的顶级项目，并不断有新的版本被发布。2014 年 11 月，Databricks 团队使用 Spark 刷新数据排序世界纪录，极大地提高了 Spark 的影响力和知名度。随后，Spark 在国内 IT 行业变得愈发火爆，大量的公司开始重点部署或使用 Spark 来替代 MapReduce、Hive、Storm 等传统的大数据计算框架。时至今日，Spark 已经发展到了 2.2.0 版本。作为一个完整的技术栈和 Hadoop 生态中重要的一员，Spark 发展速度为业界所感叹。

Spark 是专为大规模数据处理而设计的快速通用的计算引擎，是一个开源的类似 Hadoop MapReduce 的通用并行框架。Spark 不仅拥有 Hadoop MapReduce 的优点，还具有运行速度快、编写程序容易的特点。相对于 Hadoop 的 MapReduce 会在运行完工作后将中介数据存放到磁盘中，Spark 使用了内存内运算技术，能在数据尚未写入硬盘时即在内存内分析运算，避免了 HDFS 的读写，从而减少了计算的开销，极大地提高了运算速度。Spark 在内存内运行程序的运算速度能做到比 Hadoop MapReduce 的运算速度快 100 倍，即便是运行程序于硬盘时，Spark 的运行速度也能快 10 倍。Spark 允许用户将数据加载至内存，并多次对其进行查询，非常适合用于迭代式的机器学习。另一方面，Spark 使用 Scala 语言实现，它将 Scala 用作其应用程序框架，做到了与 Scala 的紧密集成。Scala 是一种基于 Java 虚拟机的多范式编程语言，平滑地集成了面向对象和函数式语言的特性。从写单一的小程序到建立项目系统的复杂编程任务，Scala 都能胜任。它还具有很多独特的优点：强大的并发性、简洁优雅的 API、快速的运算、广泛的兼容性等。借助于 Scala 语言突出的优势，Spark 以交互式编程的形式给用户营造了一个简洁轻松的开发环境。用户可以即时查看程序运行的中间结果并进行修改，而不用等待整个程序运行完毕，这在很大程度上提高了开发效率。

Spark 中最主要的数据结构是弹性分布式数据集（Resilient Distributed Datasets，RDD），可以直观地认为 RDD 就是要处理的数据集。RDD 是分布式的数据集，每个 RDD 都支持 MapReduce 类操作，经过 MapReduce 操作后会产生新的 RDD，而不会修改原有 RDD。RDD 的数据集是分区的，因此可以把每个数据放到不同的分区上进行计算，而实际上大多数 MapReduce 操作都是在分区上进行计算的。Spark 不会对每一个 MapReduce 操作都发起运算，而是尽量把操作累积起来一起计算。Spark 把操作划分为转换和动作，对 RDD 进行的转换操作会叠加起来，直到对 RDD 进行动作操作时才会发起计算。这种特性也使 Spark 可以减少中间结果的吞吐，快速地进行多次迭代计算。

Spark 如今已经吸引了国内外各大公司的注意，腾讯、百度、谷歌、亚马逊等公司均不同程度地使用了 Spark 构建大数据分析框架，并应用到实际的生产环境中。相信在将来，Spark 会在更多的场景中发挥更广泛的作用。

2.3.2 Spark 的核心组件

相对于第一代的大数据生态系统 Hadoop 中的 MapReduce，Spark 无论是在性能还是在方案的统一性方面都有着极大的优势。Spark 框架包含了多个紧密集成的组件，Spark 的核心构成组件如图 2-20 所示。

图 2-20
Spark 的核心
构成组件

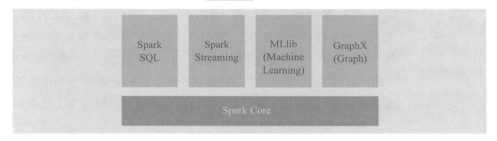

1. Spark Core

位于底层的是 Spark Core，其实现了 Spark 的作业调度、内存管理、容错、与存储系统交互等基本功能，并针对弹性分布式数据集提供了丰富的操作。Spark Core 主要依托于 RDD 的数据结构。一个 RDD 是一组数据项的集合，可以是普通的列表，也可以是由键值对构成的字典。在 Spark 中，一个 RDD 可以分布式地保存在多台机器上，可以保存在磁盘上，也可以保存在内存中。对 RDD 的操作分为动作（Action）和变换（Transformation）。与 MapReduce 不同，Spark 的操作都是对 RDD 整体进行的，而不是对具体的每一个数据项。动作操作会直接生效，产生新的 RDD，而变换操作的执行则是懒惰的（Lazy），操作会被记录下来，直到遇到下一个动作时才产生一个完整的执行计划。Spark 中的 RDD 可以由框架自动或开发者人为地指定缓存在内存中，在内存足够的情况下对于某些应用可以获得比 MapReduce 快 100 倍以上的性能。

Spark 对于 RDD 的设计是其精髓所在。RDD 背后是大规模的数据集，可以通过调用 Spark 内置的 API 函数来方便地对这些数据进行转换。这主要归功于以下特性。

（1）　RDD 把不同来源、不同类型的数据进行了统一，使得在面对 RDD 时就会产生一种信心，认为这是某种类型的 RDD，从而可以进行 RDD 的所有操作。

（2）　对 RDD 的操作可以叠加到一起计算，不必担心中间结果吞吐对性能的影响。

（3）　RDD 提供了更丰富的数据集操作函数，这些函数大都是在 MapReduce 基础上扩充的，使用起来很方便。

（4）　RDD 为用户提供了一个简洁的编程界面，背后复杂的分布式计算过程对开发者是透明的，从而能够把关注点更多地放在业务上。

Spark 可以独立运行，也可以在 Hadoop 系统上运行，由 YARN 来调度。Spark 支持对 HDFS 的读／写，因此 MapReduce 程序可以很容易地改写成 Spark 程序，并在相同的环境下运行。在 Spark Core 的基础上，Spark 提供了一系列面向不同应用需求的组件，主要有 Spark SQL、Spark Streaming、MLlib、GraphX。

2.　Spark SQL

Spark SQL 是 Spark 用来操作结构化数据的组件。通过 Spark SQL，用户可以使用 SQL 或者 Apache Hive 版本的 SQL 语言（HQL）来查询数据。Spark SQL 支持多种数据源类型，如 Hive 表、Parquet 和 JSON 等。Spark SQL 不仅为 Spark 提供了一个 SQL 接口，还支持开发者将 SQL 语句融入 Spark 应用程序开发过程中，无论是使用 Python、Java 还是 Scala，用户都可以在单个的应用中同时进行 SQL 查询和复杂的数据分析。由于能够与 Spark 提供的丰富的计算环境紧密结合，因此 Spark SQL 得以从众多开源数据仓库工具中脱颖而出。Spark SQL 在 Spark 1.0 中被首次引入。在 Spark SQL 之前，美国加州大学伯克利分校曾经尝试修改 Apache Hive 以使其运行在 Spark 上，进而提出了组件 Shark。然而，随着 Spark SQL 的提出与发展，其与 Spark 引擎和 API 结合得更加紧密，使得 Shark 已经被 Spark SQL 取代。

3.　Spark Streaming

众多应用领域对实时数据的流式计算有着强烈的需求，如网络环境中的网页服务器日志或由用户提交的状态更新组成的消息队列等，这些都是实时数据流。Spark Streaming 是 Spark 平台上针对实时数据进行流式计算的组件，提供了丰富的处理数据流的 API。由于这些 API 与 Spark Core 中的基本操作相对应，因此开发者在熟知 Spark 核心概念与编程方法之后，编写 Spark Streaming 应用程序会更加得心应手。从底层设计来看，Spark Streaming 支持与 Spark Core 同级别的容错性、吞吐量及可伸缩性。

4.　MLlib

MLlib 是 Spark 提供的一个机器学习算法库，其中包含了多种经典、常见的机器学习算法，主要有分类、回归、聚类、协同过滤等。MLlib 不仅提供了模型评估、数据导入等额外的功能，还提供了一些更底层的机器学习原语，包括一个通用的梯度下降优化基础算法。所有这些方法都被设计为可以在集群上轻松伸缩的架构。

5.　GraphX

GraphX 是 Spark 面向图计算提供的框架与算法库。GraphX 中提出了弹性分布式属性图的概念，并在此基础上实现了图视图与表视图的有机结合与统一，同时针对图数据处理提供了丰富的操作，如取子图操作 subgraph、顶点属性操作 mapVertices、边属性操作 mapEdges 等。GraphX 还实现了与 Pregel 的结合，可以直接使用一些常用图算法，如 PageRank、三角形计数等。

上述这些 Spark 核心组件都以 jar 包的形式提供给用户，这意味着在使用这些组件时，与 MapReduce 上的 Hive、Mahout、Pig 等组件不同，无须进行复杂烦琐的学习、部署、维护和测试等一系列工作，用户只要搭建好 Spark 平台便可以直接使用这些组件，从而节省了大量的系统开发与运维成本。将这些组件放在一起，就构成了一个 Spark 软件栈，基于这个软件栈，Spark 提出并实现了大数据处理的一种理念——"一栈式解决方案"（One Stack to Rule Them All），即 Spark 可同时对大数据进行批处理、流式处理和交互式查询。借助于这一软件栈，用户可以简单而低耗地把各种处理流程综合在一起，充分体现了 Spark 的通用性。总的来说，目前 Spark 已经发展到比较成熟的阶段，其核心功能涵盖了 Hadoop 的大部分内容，并且可以在 Hadoop 生态系统内使用，具有性能上的优势，正在获得越来越广泛的应用。

2.3.3　Spark 的部署

1.　Spark的三种部署方式

目前，Spark 支持三种不同类型的部署方式，包括 Standalone、Spark on Mesos 和 Spark on YARN。

（1）　Standalone 模式。

与 MapReduce 1.0 框架类似，Spark 框架本身也自带了完整的资源调度管理服务，可以独立部署到一个集群中，而不需要依赖其他系统来为其提供资源管理调度服务。在架构的设计上，Spark 与 MapReduce 1.0 完全一致，都是由一个 Master 和若干个 Slave 构成，并且以槽（Slot）作为资源分配单位。不同的是，Spark 中的槽不再像 MapReduce 1.0 那样分为 Map 槽和 Reduce 槽，而是只设计了统一的一种槽提供给各种任务来使用。

（2）　Spark on Mesos 模式。

Mesos 是一种资源调度管理框架，可以为运行在它上面的 Spark 提供服务。由于 Mesos 和 Spark 存在一定的血缘关系，因此 Spark 框架在进行设计开发时就充分考虑到了对 Mesos 的充分支持。相对而言，Spark 运行在 Mesos 上要比运行在 YARN 上更加灵活、自然。目前，Spark 官方推荐采用这种模式，所以许多公司在实际应用中也采用这种模式。

（3）Spark on YARN 模式。

Spark 可运行于 YARN 之上，与 Hadoop 进行统一部署，即 "Spark on YARN"。资源管理和调度依赖 YARN，分布式存储则依赖 HDFS。

2. 三种部署模式的区别

在这三种部署模式中，Standalone 作为 Spark 自带的分布式部署模式，是最简单也是最基本的 Spark 应用程序部署模式，这里就不再赘述。下面讲一下 YARN 和 Mesos 的区别。

（1）就两种框架本身而言，Mesos 上可部署 YARN 框架。而 YARN 是更通用的一种部署框架，而且技术较成熟。

（2）Mesos 双层调度机制能支持多种调度模式，而 YARN 通过 Resource Manager 管理集群资源，只能使用一种调度模式。Mesos 的双层调度机制为：Mesos 可接入如 YARN 一般的分布式部署框架，但 Mesos 要求可接入的框架必须有一个调度器模块，该调度器负责框架内部的任务调度。当一个 Framework 想要接入 Mesos 时，需要修改自己的调度器，以便向 Mesos 注册，并获取 Mesos 分配给自己的资源，再由自己的调度器将这些资源分配给框架中的任务。也就是说，整个 Mesos 系统采用了双层调度框架：第一层，由 Mesos 将资源分配给框架；第二层，框架自己的调度器将资源分配给自己内部的任务。

（3）Mesos 可实现粗、细粒度资源调度，可动态分配资源，而 YARN 只能实现静态资源分配。其中，粗粒度和细粒度调度定义如下。

① 粗粒度模式（Coarse-Grained Mode）。程序运行之前就要把所需要的各种资源（每个 executor 占用多少资源，内部可运行多少个 executor）申请好，运行过程中不能改变。

② 细粒度模式（Fine-Grained Mode）。为防止资源浪费，对资源进行按需分配。与粗粒度模式一样，应用程序启动时，先会启动 executor，但每个 executor 占用资源只是自己运行所需的资源，不需要考虑将来要运行的任务。然后，Mesos 会为每个 executor 动态分配资源，每分配一些，便可以运行一个新任务，单个 Task 运行完之后可以马上释放对应的资源。每个 Task 会汇报状态给 Mesos slave 和 Mesos Master，便于更细粒度管理和容错，这种调度模式类似于 MapReduce 调度模式，每个 Task 完全独立，优点是便于资源控制和隔离，但缺点也很明显，短作业运行延迟大。

从 YARN 和 Mesos 的区别可看出，它们各自有优缺点。因此，在实际使用中，选择哪种框架要根据具体的实际需要而定，可考虑现有的大数据生态环境。下面主要以 YARN 模式来详细讲解 Spark 的安装和部署。

3.　Spark的YARN模式部署

（1）　安装环境。

　　Ubuntu 16.04、Java JDK 1.7、Scala 2.10.6、Hadoop 2.6.5、下载好的 Spark 安装包（本书使用的版本为 Spark 1.6.2）。

　　集群服务器：master、slave01、slave02。

（2）　Spark 的上传和安装。

　　首先上传 Spark 包至 /opt/software 目录，然后解压和拷贝 Spark 至 /usr/local/Spark。具体命令如下：

```
cd /opt/software
tar –zxvf Spark–1.6.2–bin–hadoop2.6.tgz
cp –r Spark–1.6.2–bin–hadoop2.6 /usr/local/Spark
```

（3）　Spark 的文件配置。

①　系统文件 profile 配置。

　　配置系统环境变量：vi /etc/profile（图 2–21）。

图 2–21
系统文件 profile
配置

```
#spark
export SPARK_HOME=/usr/local/spark
#mongodb
export MONGODB_HOME=/usr/local/mongodb
#hive
export HIVE_HOME=/usr/local/hive
#path
export PATH=$PATH:$JAVA_HOME/bin:$HADOOP_HOME/bin:$HADOOP/sbin:$SCALA_HOME/bin:$SPARK_HOME/bin:$SPARK_HOME/sbin:$MONGODB_HOME/bin:$HIVE_HOME/bin
```

　　退出保存，重启配置：source /etc/profile。

②　配置文件的复制。

　　定位：cd /usr/local/Spark/conf。

　　默认文件：log4j.properties.template、Spark-env.sh.template、slaves.template、Spark-defaults.conf.template。

　　默认文件分别复制为 log4j.properties、Spark-env.sh, slaves、Spark-defaults.conf（图 2–22）。

图 2–22
配置文件的复制

```
[root@master conf]# ls
docker.properties.template   metrics.properties.template   spark-env.sh.template
fairscheduler.xml.template   slaves.template
log4j.properties.template    spark-defaults.conf.template
[root@master conf]#
[root@master conf]# cp log4j.properties.template log4j.properties
[root@master conf]#
[root@master conf]# cp spark-env.sh.template spark-env.sh
[root@master conf]#
[root@master conf]# cp slaves.template slaves
[root@master conf]#
[root@master conf]# cp spark-defaults.conf.template spark-defaults.conf
[root@master conf]#
[root@master conf]# ls
docker.properties.template   slaves.template
fairscheduler.xml.template   spark-defaults.conf
log4j.properties             spark-defaults.conf.template
log4j.properties.template    spark-env.sh
metrics.properties.template  spark-env.sh.template
slaves
[root@master conf]#
```

③ 　 修改 Spark-env.sh 文件。

　　 命令：vi Spark-env.sh（图 2-23）。

图 2-23
修改 Spark-env.sh
文件

```
# - SPARK_IDENT_STRING  A string representing this instance of spark. (De
$USER)
# - SPARK_NICENESS        The scheduling priority for daemons. (Default: 0)

export JAVA_HOME=/usr/local/jdk
export SCALA_HOME=/usr/local/scala
export HADOOP_HOME=/usr/local/hadoop
export HADOOP_CONF_DIR=/usr/local/hadoop/etc/hadoop
export SPARK_MASTER_IP=master
export SPARK_WORKER_MEMORY=1G
export SPARK_EXECUTOR_MEMORY=1G
export SPARK_DRIVER_MEMORY=1G
export SPARK_WORKER_CORES=6
#export SPARK_LOCAL_IP=master
```

　　 退出保存，重启配置：source Spark-env.sh。

④ 　 修改 Spark-defaults.conf 文件。

　　 命令：vi Spark-defaults.conf（图 2-24）。

图 2-24
修改 Spark-
defaults.conf
文件

```
# spark.executor.extraJavaOptions  -XX:+PrintGCDetails -Dkey=value -Dnumbers="on
e two three"

spark.eventLog.enabled            true
spark.eventLog.dir                hdfs://master:9000/historyserverforspark
spark.executor.extraJavaOptions   -XX:+PrintGCDetails -Dkey=value -Dnumbers="one
two three"
spark.yarn.historyServer.address  master:18080
spark.history.fs.logDirectory     hdfs://master:9000/historyserverforspark
-- INSERT --
```

　　 退出保存，重启配置：source Spark-defaults.conf。

⑤ 　 修改 slaves 文件。

　　 命令：vi slaves（图 2-25）。

图 2-25
修改 slaves 文件

```
# A Spark worker will be started on each of the machines listed below.
master
slave01
slave02
~
```

　　 退出保存，重启配置：source slaves。

（4）　 Hadoop 新建 historyserverforSpark 目录，完成安装（图 2-26）。

　　 命令：

　　 hadoop fs –mkdir /historyserverforSpark。

　　 hadoop fs –ls /

图 2-26
新建 history-
serverforSpark
目录

```
[root@master spark]#
[root@master spark]#
[root@master spark]# hadoop fs -ls /
Found 1 items
drwxr-xr-x  - root supergroup      0 2017-04-24 18:50 /historyserverforspark

[root@master spark]#
[root@master spark]#
```

（5）　 slave01 和 slave02 服务器修改。

　　 之前的操作都是在服务器 master 上进行的，现在复制 master 中 spark 文件
到 slave01 和 slave02 服务器的 /usr/local 目录：

　　 scp –r /usr/local/sparkroot@slave01:/usr/local/spark

scp −r /usr/local/sparkroot@slave012:/usr/local/spark

然后，配置 salve01 和 slave02 的系统文件 profile（同 master 服务器）。

（6）　Spark 集群测试。

命令：

定位：/usr/local/Spark。

启动节点：sbin/start-all.sh（图 2-27）。

图 2-27
Spark 集群测试

```
[root@master spark]#
[root@master spark]# sbin/start-all.sh
starting org.apache.spark.deploy.master.Master, logging to /usr/local/spar
root-org.apache.spark.deploy.master.Master-1-master.out
slave02: starting org.apache.spark.deploy.worker.Worker, logging to /usr/
gs/spark-root-org.apache.spark.deploy.worker.worker-1-slave02.out
slave01: starting org.apache.spark.deploy.worker.Worker, logging to /usr/
gs/spark-root-org.apache.spark.deploy.worker.worker-1-slave01.out
master: starting org.apache.spark.deploy.worker.Worker, logging to /usr/lo
s/spark-root-org.apache.spark.deploy.worker.worker-1-master.out
[root@master spark]#
```

Spark 成功开启所有节点，通过测试。至此，Spark 的分布式集群搭建完毕。

关键术语

■ 并行计算　　■ 高性能计算　　■ 分布式计算　　■ Hadoop
■ Spark　　　　■ 生态系统　　　■ 系统部署方式

本章小结

随着大数据处理与分析的需求不断增长，并行化、高性能和分布式等计算理念逐步深入大数据计算领域。由于并行计算的特殊性，直接进行编程实现并行计算是十分困难的，通常需要大量编程库的支持。近年来，以 Hadoop 和 Spark 为代表的大数据生态系统逐步在开源社区发展起来，为大数据计算提供了有效的组件和编程库方面的支撑，大大降低了使用大数据的门槛。Hadoop 和 Spark 是以 Linux 平台为主设计开发的两大生态系统，其主要特点是生态完备、组件丰富、部署简便、使用门槛低，已成为解决大规模数据处理与分析的事实性标准。

即测即评

第 3 章

大数据存储与管理

■ 大数据首要特点是体量大，而正是体量大的特点对数据存储与管理的信息基础设施提出了前所未有的挑战。大数据系统中的数据存储与管理子系统将收集的信息以适当的格式组织、存放和管理，以待分析和价值提取。为实现这个目标，存储基础设施应能持久和可靠地容纳信息，同时提供可伸缩的访问接口供用户查询和分析巨量数据。从功能上分，大数据存储与管理可以分为基础设施、文件系统和数据管理软件。首先，传统物理存储设备通过网络化实现对大规模数据存储的支撑，云化和数据中心存储是当前大数据存储的重要实现途径；其次，为满足横向可扩展性的需求，分布式文件系统作为一种允许文件透过网络在多台主机上分享的文件系统，可让多机器上的多用户共享文件和存储空间，成为大数据系统的必备组件之一；最后，为提高数据管理的效率，满足不同数据应用业务需求的大数据管理系统应运而生，为以示与传统关系型数据管理系统的区别，它们统称为 NoSQL。

■ 本章将从数据存储和数据管理两个方面向读者介绍大数据是如何在计算机系统上被组织和管理起来的，以及为实现上述目标有哪些相应的大数据系统组件。通过本章的学习，读者将能够了解到大数据物理上如何保存、概念上如何建模，以及典型的大数据存储与管理组件如何运行。

3.1 大数据物理存储

     大数据的存储依赖于底层的系统运行环境，硬件基础设施实现了大数据的物理存储。从不同的角度理解和审视存储的基础设施，可以帮助加深对大数据物理存储的认识。

3.1.1 物理存储技术

     物理存储设备可以根据存储技术分类。当前，典型的存储技术如下。

（1） **随机存取存储器（Random Access Memory, RAM）**。RAM 是计算机数据的一种存储形式，其速度很快，通常直接与 CPU 交换数据，存储操作系统及其他程序，并保存运行相关的临时数据，在断电时将丢失存储信息。现代 RAM 包括动态 RAM（Dynamic Random Access Memory, DRAM）和静态 RAM（Static Random Access Memory, SRAM）。DRAM 采用电容保存数据，为防止电容内电荷泄漏导致信息丢失，需要定期进行刷新。SRAM 依靠静态触发器记录数据，其内容在不断电的情况下不易改变，故不需要刷新，但其基础电路的晶体管数较多，集成度较低。相比之下，SRAM 速度比 DRAM 更快，功耗更高，通常用于 cache，而 DRAM 通常用作主存。

（2） **磁盘和磁盘阵列**。磁盘（如硬盘驱动器 HDD）是现代存储系统的主要部件。例如，HDD 由一个或多个快速旋转的碟片构成，通过移动驱动臂上的磁头，从碟片表面完成数据的读写。与 RAM 不同，断电后硬盘仍能保留数据信息，并且具有更低的单位容量成本，但是硬盘的读写速度比 RAM 要慢得多。由于单个高容量磁盘的成本较高，因此磁盘阵列（Redundant Arrays of Independent Disks，RAID）将大量磁盘整合以提升整个存储设备的容量和吞吐率。另外，RAID 还可以通过数据的冗余进行数据纠错甚至数据备份，从而提升存储系统的可用性和稳定性。

（3） **闪存**。闪存是一种非易失的存储器，不同于磁盘，其读写类似于 DRAM，是通过操纵存储单元的电荷量来实现的，而闪存的存储单元为防止电荷泄漏而进行了绝缘保护，故能够实现长期存储，即使断电也不会丢失数据。当前闪存主要有 NAND、NOR 两种类型。NOR 闪存随机读写能力强，并能进行位（bit）级别的操作，程序可以直接在 NOR 闪存中运行。NAND 闪存连续读写很快，但随机读写能力差，适合存储文件，通常用于构建固态驱动器 SSD，它没有类似 HDD 的机械部件，运行安静，并且具有更小的访问时间和延迟。但是，SSD 的单位存储成本要高于 HDD。

（4） **存储级存储器（Storage-Class Memory, SCM）**。存储级存储器是一种速度比肩 DRAM，能够随机读写，同时像闪存一样具有大容量、非易失性特点的存储器，有望在将来取代闪存成为首选的高速存储器。最典型的 SCM 是相变 RAM，其存储介质为一种相变材料，通过不同强度的焦耳热下呈现出不同的电阻值实现数据的记录。

上述存储设备具有不同的性能指标，均可以用来构建可扩展、高性能的大数据存储子系统。

3.1.2 网络化存储

由于单机的性能有限，因此并行化网络互联实现成为大数据存储的不二选择。进一步，可以从网络体系的观点出发理解网络化存储基础设施。具体地，根据不同的组织构建方式，网络化存储可分为以下几种。

（1） **直接附加存储**（Direct Attached Storage，DAS）。存储设备通过主机总线直接连接到计算机，设备和计算机之间没有存储网络，因此是对已有服务器存储的最简单的扩展。但由于接口有限，通过直接附加存储进行存储扩展的能力是十分有限的，因此进行拓展时必须停止应用，且往往无法进行横向扩展，只能通过更换更大的存储设备实现扩容。DAS 的基础结构如图 3-1 所示。

图 3-1
DAS 的基础结构

（2） **网络附件存储**（Network Attached Storage, NAS）。NAS 是文件级别的存储技术，包含许多硬盘驱动器，这些硬盘驱动器组织为逻辑冗余的存储容器，具有一定的容错性。NAS 设备不是作为某台服务器的附加存储，而是与主机连接在同一个局域网中，从而可以作为该网络中的一块网络磁盘，实现数据在该网络中的共享与中转。NAS 的结构如图 3-2 所示。

图 3-2
NAS 的结构

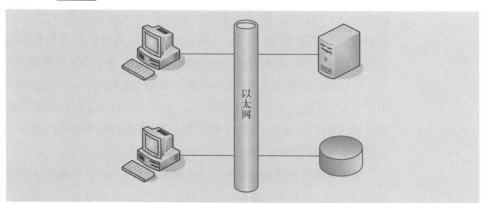

NAS 可以同时提供存储以及专门的文件系统，并能作为一个文件服务器，它基于可移植操作系统接口（Portable Operating System Interface，POSIX）传输文件。目前主流操作系统都已经实现了这个接口，所以 NAS 经过简单的设置基本可以实现即插即用。

（3） **存储区域网络**（Storage Area Network, SAN）。SAN 将服务器和存储设备通过专

用的存储网络连接起来，在一组计算机中提供文件块级别的数据存储。SAN 能够合并多个存储设备，如磁盘和磁盘阵列，使得它们能够通过计算机直接访问，就好像它们直接连接在计算机上一样。相较而言，SAN 具有最复杂的网络架构，并依赖于特定的存储网络设备。SAN 的结构如图 3-3 所示。

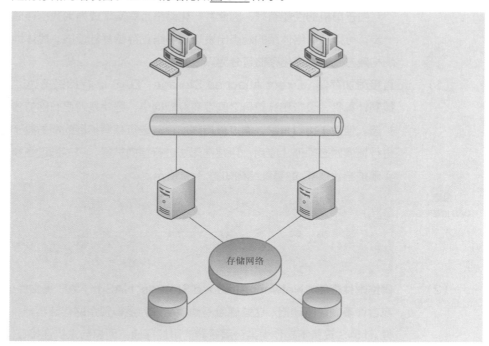

图 3-3
SAN 的结构

　　SAN 分为 FCSAN 和 IPSAN 两种形式，两种形式的区别主要体现在存储网络的不同。早期的 SAN 采用小型计算机系统接口（Small Computer System Interface，SCSI），存储设备之间的专用存储网络需要通过光纤链路连接，采用这种存储网络的 SAN 属于 FCSAN 形式；互联网小型计算机系统接口（Internet Small Computer System Interface，ISCSI）将 SCSI 数据块封装为 IP 协议的报文，故目前已经可以采用 TCP/IP 链路连接存储网络，这种形式的 SAN 是 IPSAN。由于 SAN 可通过 TCP/IP 网络实现，因此其对存储设备的物理位置要求较低，可以在广域网中部署，而不局限于局域网。由于不同存储设备直接接入存储网络中，因此 SAN 的扩展能力很强，可以灵活添加存储设备。

　　传统存储技术将数据集中存储在固定的中心节点，存储系统的性能往往受到中心节点的限制，不能实现横向扩展，很难满足大规模存储应用的需求。相比于传统的集中式存储，分布式存储具有更好的横向扩展能力、更强的数据处理能力和更高的系统可靠性。分布式存储将数据分散存储在多个独立的节点，这些存储节点通过虚拟化软件整合成一个巨大的存储资源池。

　　在分布式存储系统中，每新增一个存储节点，不仅扩大了系统的总容量，而且提升了系统整体的 I/O 性能。分布式存储系统通常采用副本或者纠删码技术实现数据在其他存储节点中的冗余或校验，当一个存储节点发生故障时，整个系统仍然可以正常运行。由于体系架构上的明显优势，因此分布式存储克服了集中式存储在性能和容量方面的不足，能够满足数据中心对海量数据存储业务的需求。

3.1.3 云存储和数据中心

基于云计算的思想，通过网络互联，将物理上分布的存储基础设施联合起来，以提供低成本、高扩展性的大数据存储方案，这就是存储的云化。在网络基础设施上，有规划地建立大规模存储和计算集群，就形成了数据中心。数据中心是当前大数据存储的重要实现形式。

为适应大数据的"4V"特性，存储基础设施应该能够向上和向外扩展，以动态配置适应不同的应用。云存储是指通过虚拟化、分布式、集群应用、负载均衡等技术，将网络中大量的存储设备通过软件集合起来，高效协同工作，共同对外提供低成本、高扩展性的数据存储服务。存储虚拟化技术既可以对存储资源进行统一分配管理，又可以屏蔽存储实体间的物理位置以及异构特性，实现资源对用户的透明性，并降低构建、管理和维护存储资源的成本，从而提升云存储的资源利用率。

云存储实现了存储资源管理的自动化和智能化，所有的存储资源被整合在一起，用户看到的是单一存储空间。云存储能够实现规模效应和弹性扩展，降低了运营成本，避免了资源浪费。云存储按共享方式分为公共云存储、私有云存储和混合云存储，按其存储格式分为块存储、文件存储和对象存储。块存储将磁盘划分逻辑卷，并通过服务器统一管理。这种存储形式速度快，便于提供数据容错服务，但是存储设备上是不提供文件系统的，难以直接通过存储设备实现文件的网络共享。文件存储在格式化的磁盘上进行，可以按照路径直接寻取所需文件。文件存储的文件系统由存储设备提供，能够直接提供网络共享。对象存储将文件定制为灵活的存储单元，并通过元数据服务器提供寻址，在保证传输速度的基础上提供网络共享能力。

数据中心是一个范畴更广的概念。数据中心的核心是一种协同工作的特定设备网络，用来在网络基础设施上传递、加速、展示、计算、存储数据信息。数据中心通常由基础环境、硬件设备、基础软件和应用支撑平台组成。根据所有性质或服务的对象，数据中心可以分为互联网数据中心和企业数据中心。

软件定义存储（Software Defined Storage，SDS）是近年流行起来的面向数据中心存储的技术。SDS 是一种将存储软件与硬件解耦合的存储架构，在传统的存储框架中，存储的卷管理、RAID、数据保护和恢复等功能往往是通过硬件层面的存储控制器来实现的，如果使用的存储设备的控制器不支持所需的特定功能，则需要直接进行设备更换。与传统的 SAN 存储或 NAS 存储不同的是，SDS 将数据存储与存储控制硬件解耦，通过软件来实现控制过程的可编程化定义，从而使得存储设备的功能更加灵活，可以通过软件按需实现更改硬件控制器没有实现的功能，而不需要更换设备。SDS 一般运行在 x86 或者行业标准服务器上，从而消除存储系统对专有硬件的依赖。

在完成存储与硬件解耦的基础上，SDS 进一步实现池化及自动化。池化将存储资源原子化，从而使软件能够更加充分、灵活地按需分配资源，避免浪费并提高效率。池化进一步提升了 SDS 的可扩展性，使得大型存储系统的使用更加灵活。自动化是指软件能够自动分配和管理池化后的存储资源。

3.2 分布式文件系统

3.2.1 概述

1. 基本概念

分布式文件系统（Distributed File System，DFS）是一种允许文件透过网络在多台主机上分享的文件系统，可让多机器上的多用户分享文件和存储空间，即文件系统管理的物理存储资源不仅存储在本地节点上，还可以通过网络连接存储在非本地节点上。在这样的文件系统中，客户端并非直接访问底层的资料存储区块，而是透过网络，以特定的通信协议和服务器沟通。借由通信协议的设计，可以让客户端和服务端都能根据访问控制清单或是授权，来限制对于文件系统的访问。分布式文件系统具有备份、安全、可扩展等数据存储和管理的优点，将固定于某个节点的文件系统扩展到多个节点，众多的节点组成一个文件系统网络，每个节点可以分布在不同的地点，通过网络进行节点间的通信和数据传输。用户无须关心数据是存储在哪个节点上，可以如同使用本地文件系统一样管理和存储文件系统中的数据。

通常基于以下三个因素评价一个分布式文件系统的好坏。

（1）数据的存储方式，即文件数据在各节点之间的分布策略。例如，有 1 000 万个数据文件，可以在一个节点存储全部数据文件，在其他 N 个节点上每个节点存储 1 000/N 万个数据文件作为备份；或者平均分配到 N 个节点上存储，每个节点上存储 1 000/N 万个数据文件。无论采取何种存储方式，目的都是保证数据的存储安全和方便获取。

（2）数据的读取速率，包括响应用户读取数据文件的请求、定位数据文件所在的节点、读取物理存储介质中数据文件的时间、不同节点间的数据传输时间及一部分处理器的处理时间等。分布式文件系统中数据的读取速率不能与本地文件系统中数据的读取速率相差太大，否则在本地文件系统中打开一个文件需要 2 s，而在分布式文件系统中各种因素的影响下用时超过 10 s，就会严重影响用户的使用体验。

（3）数据的安全机制。由于数据分散在各个节点中，因此必须要采取冗余、备份、镜像等方式，保证在节点出现故障的情况下，能够进行数据的恢复，确保数据安全。

2. 常见的分布式文件系统

常见的分布式文件系统有 GFS、HDFS、Ceph、Lustre、MogileFS、FastDFS、TFS、GridFS 等，它们都是应用级的分布式文件存储服务，而非系统级的分布式文件系统，分别适用于不同的领域。

（1） GFS。

Google 的 GFS（Google File System）是分布式文件系统中的先驱和典型代表，由早期的 BigFiles 发展而来。在 2003 年发表的论文中详细阐述了它的设计理念和细节，对业界影响非常大，后来很多分布式文件系统都参照它的设计。GFS 是基于 Linux 的专有分布式文件系统。尽管 Google 公布了该系统的一些技术细节，但 Google 并没有将该系统的软件部分作为开源软件发布。

（2） HDFS。

HDFS（Hadoop Distributed File System）作为 GFS 的实现，是 Hadoop 项目的核心子项目，是分布式计算中数据存储管理的基础，是基于流数据模式访问和处理超大文件的需求而开发的，可以运行于廉价的商用服务器上。它所具有的高容错性、高可靠性、高可扩展性、高获得性、高吞吐率等特征为海量数据提供了不怕故障的存储，为超大数据集（Large Data Set）的应用处理带来了很多便利。HDFS 数据文件被分成大小相同的数据块，作为独立的存储单元。默认块大小为 64 MB。

（3） Ceph。

CephFS 始于 Sage Weil 的博士论文研究，目标是实现分布式的元数据管理以支持 EB 级别的数据规模。Ceph 是一个分层的架构，底层是一个基于 CRUSH（哈希）的分布式对象存储，上层提供对象存储（RADOSGW）、块存储（RDB）和文件系统（CephFS）三个 API。Ceph 作为开源的分布式存储项目，在中国的发展非常迅速，随着国内各行业越来越多的用户的使用，当前中国 Ceph 形势对比前几年已经发生了决定性的变化，Ceph 中国用户生态已逐步形成。典型应用包括国内一线互联网公司及运营商、政府、金融、广电、能源、游戏、直播等行业，足以证明它的稳定性可靠性。

（4） Lustre。

Lustre 是一个开源、分布式并行文件系统软件平台，具有大规模、安全可靠、高可扩展、高性能、高可用等特点。Lustre 的构造目标是为大规模计算系统提供一个全局一致的 POSIX 兼容的命名空间，这些计算系统包括世界上最强大的高性能计算系统。它支持数百 PB 数据存储空间，支持数百 GB/s 乃至数 TB/s 并发聚合带宽。目前 Lustre 已经运用在一些领域，如 HP SFS 产品等。

（5） MogileFS。

MogileFS 是由 Danga Interactive 公司开发的一款轻量级分布式存储系统，由 server 端、工具集 utils、客户端 API 三个部分组成。目前使用 MogileFS 的公司非常多，如日本排名靠前的几个互联网公司以及国内的 Yupoo（又拍）、豆瓣、大众点评、搜狗等，分别为所在的组织或公司管理着海量的图片。以大众点评为例，用户全部图片均由 MogileFS 存储，数据量已经达到 500 TB 以上。

（6）　FastDFS。

　　FastDFS 是一个类似 GFS 的开源的轻量级高性能的分布式文件系统，是用纯 C 语言开发的。FastDFS 对文件进行管理，功能包括文件存储、文件同步、文件访问等，解决了大容量存储和负载均衡的问题。FastDFS 适合用来做文件相关的网站，如图片分享、视频分享等。

（7）　TFS。

　　TFS（Taobao File System）是一个高可扩展、高可用、高性能、面向互联网服务的分布式文件系统，其设计目标是支持海量的非结构化数据的存储。TFS 使用 C++ 语言开发，需要运行在 64 bit Linux OS 上，TFS 为淘宝提供海量小文件存储，通常文件大小不超过 1 MB，满足了淘宝对小文件存储的需求，被广泛地应用在淘宝各项应用中。它采用了 HA 架构和平滑扩容，保证了整个文件系统的可用性和扩展性。同时，扁平化的数据组织结构可将文件名映射到文件的物理地址，简化了文件的访问流程，一定程度上为 TFS 提供了良好的读写性能。

（8）　GridFS。

　　GridFS 是 MongoDB 提供的用于持久化存储文件的模块，CMS 使用 MongoDB 存储数据，使用 GridFS 可以快速集成开发。它的工作原理是：在 GridFS 中存储文件是将文件分块存储，文件会按照 256 KB 的大小分割成多个块进行存储。GridFS 使用两个集合（Collection）存储文件：一个集合是 chunks，用于存储文件的二进制数据；一个集合是 files，用于存储文件的元数据信息（文件名称、块大小、上传时间等信息）。从 GridFS 中读取文件要对文件的各块进行组装、合并。

3.　分布式文件系统的关键技术

　　分布式文件系统的关键技术包括统一名字空间、锁管理机制、副本管理机制、数据存取方式、安全机制、可扩展性等。

（1）　统一名字空间。

　　为维护名字空间，需要存储一些辅助的元数据，如文件（块）到数据服务器的映射关系、文件之间的关系等。为提升效率，很多文件系统采取将元数据全部内存化（元数据通常较小）的方式，如 GFS、TFS 等，有些系统则借助数据库来存储元数据如 DBFS，还有些系统则采用本地文件来存储元数据，如 MooseFS。

　　一般的分布式文件系统都是按统一名字空间实现的。统一名字空间是指服务器上的每一个目录和文件在该文件系统中都有一个统一、唯一的名字。统一名字空间实现简单，便于管理。对于名字空间服务器也就是元数据服务器来讲，要实现统一名字空间，必须有相应的固化数据，使得系统每次启动，服务器都能获得整个文件系统的目录树。这通常会在名字空间服务器的本地使用文件中进行存储。该文件按一定的格式记录了整个系统的目录树，也就是文件系统存储了哪些文件和这些文件的属性信息，最重要的是这些文件的存储服务器的位置。这样，系统每次启动就读取该配置文件，使用一定的算法在内存中形成名字空间的目录树，而每一个文件就是这棵树的一个叶节点，这样就可以保证名字空间的一致性。这也是众多分布式文件实现的方式，如GFS、FastDFS、KFS 等。

（2）　锁管理机制。

分布式并行文件系统用于为多进程并行访问提供高速 I/O。这些进程往往分布在组成并行计算机或集群的大量节点或计算机上。由于涉及多个应用（客户端）对文件系统的访问，因此分布式文件系统的锁管理机制更为复杂，而且这些客户端来自不同的地址，它们之间的连接必须通过网络传输，因此锁管理的实现对数据的一致性十分重要。为保证一致性，系统必须同步多个节点对共享文件数据的访问。分布式锁管理（Distributed Lock Manager，DLM）为实现这种同步提供了一种有效手段。关于 DLM 已经有很多研究。很多商业应用中也都集成了分布式锁管理，如 RHGFS、GPFS、Lustre 等。

（3）　副本管理机制。

为保证数据的安全性，分布式文件系统中的文件会存储多个副本到 DS 上，写多个副本的方式，主要分为三种。最简单的方式是客户端分别向多个 DS 写同一份数据，如 DNFS 就采用这种方式；第二种方式是客户端向主 DS 写数据，主 DS 向其他 DS 转发数据，如 TFS 就采用这种方式；第三种方式采用流水复制的方式，client 向某个 DS 写数据，该 DS 向副本链中下一个 DS 转发数据，依此类推，如 HDFS、GFS 就采用这种方式。

副本机制是分布式文件系统的核心技术，作为商用的文件系统，必须具备良好的容错性。在实际应用环境中，一旦出现软硬件的差错，导致数据丢失后，就应该有针对性的处理措施。目前通常采用 RAID 进行数据备份，这不仅对硬件要求较高，并且对系统运行的性能也会产生一定影响。因此，在分布式文件系统中实行副本机制来实现容错。此时，文件被划分成多个块，而对于每一块，文件系统可以根据用户的需要存储一块数据的多个副本。如果一个副本丢失，还可以使用其他副本代替，进而达到容错的效果。

副本机制中对于副本的管理是一个难点。一个良好的副本管理算法将有助于系统性能和可靠性的提高。副本的创建策略通常有两种：一是通过经验值实现确定文件的副本创建参数，这需要较多的运行数据作为参考；二是使用智能副本创建策略，当某文件访问频率过大，造成系统热点时，系统能够自动运行创建程序。

副本创建在什么地方也是一个难点。文件块的几个副本应该尽量存储在不同的服务器上，从概率上减小该文件块丢失的可能性。考虑到客户端的读取方便，副本应尽量分布在不同的数据中心。此外，副本复制的地点还应考虑服务器当时的运行状况和存储器的负载情况。同时，副本的创建还要考虑时机的问题：当系统十分繁忙时，显然应该首先满足应用的访问需求，而降低副本复制的优先级；当系统空闲下来时，就可以考虑进行副本复制。

副本的读机制是副本机制的优势所在，在读其他节点上的文件时，如果本节点上有副本，则直接从副本中读取，从而减少网络传送的开销，也分担文件访问的负载。Google 的分布式计算框架 MapReduce 中，将计算向数据迁徙就是读重定向的一个很好体现。

（4）　数据存取方式。

数据的存取主要涉及两个方面：一是文件的分块；二是文件放置地点的选择。分布式文件系统文件数据存储所关心的问题是高效的数据分片技术和高效的数据放置方法。高效的数据分片技术可以提高文件数据存取的并发度，而高效的数据放置方法可以提高文件数据的高可靠性、I/O 服务器的负载平衡能力。多数文件系统采用简单的分块技术，将文件均分为大小相等的块，然后循环地放置在所有服务器上，或者根据用户配额放置在指定的服务器上；高效的数据放置方法涉及数据访问的"距离"，一个好的数据放置方法能够加快应用对数据的访问速度。

（5）　安全机制。

在传统的分布式文件系统中，所有对文件系统的操作都必须经过元数据服务器，因此整个文件系统的访问权限控制都在元数据服务器中实现。在这样的情况下，安全性比较容易实现，一般采用简单的身份验证和访问授权的形式。

（6）　可扩展性。

实际应用对分布式文件系统的性能要求在不断地提高。分布式文件系统通过扩充系统规模来取得更好的性能和更大的容量。不过，分布式文件系统的扩充性也是有限的，这主要取决于系统的设计，采用单点服务器就容易限制系统的扩展性，如HDFS 等。

除此之外，文件系统的快照和备份技术、热点文件处理技术、元数据集群的负载平衡技术、数据的缓冲和预取技术等也是分布式文件系统领域的研究热点和难点。

3.2.2　HDFS 的概念

1.　HDFS体系结构

HDFS 将一个文件分成多个块，分别存储（拷贝）到不同的节点上，它是Hadoop 体系中数据存储管理的基础。HDFS 体系结构是为了设计一个高容错、能部署在廉价硬件上的分布式系统，这种体系结构具有支持高吞吐量、适合大规模数据集应用、支持流式传输等特点。满足系统的质量属性是这种设计的主要目的，这些属性包括如何保证分布式存储的可靠性、如何很好地支持硬件的水平扩展、如何支持对大数据处理的高性能及客户端请求的高吞吐量。

　　HDFS 原本是为 Apache Butch 的搜索引擎设计的，现在是 Apache Hadoop
项目的子项目。HDFS 以流式数据访问模式（一次写入、多次读取）来存储超大文
件，运行于商用硬件集群上。HDFS 采用了主从式（Master/Slave）的体系结构，
其中 Name Node（NN）、Data Node（DN）和 Client 是 HDFS 中的三个重要角
色。HDFS 也在社区的努力下不断演进，包括支持文件追加、Federation、HA 的
引入等。HDFS 的高层设计主要包含名节点（Name Node，或称主节点）与数据
节点（Data Node），它们之间的通信，包括客户端与 HDFS 名节点服务器的通信，
则基于 TCP/IP。客户端通过一个可配置的 TCP 端口连接到名节点，通过客户端协
议（Client Protocol）与名节点交互。而数据节点使用数据节点协议（Data Node
Protocol）与名节点交互。一个远程过程调用（Remote Procedure Call，RPC）
模型被抽象出来封装客户端协议和数据节点协议。

　　通常，一个 HDFS 集群（Cluster）由一个名节点和多个数据节点组成，且在
大多数情况下，会由一台专门的机器运行名节点实例。图 3-4 所示为 HDFS 的高层
体系结构。

图 3-4
HDFS 的高层
体系结构

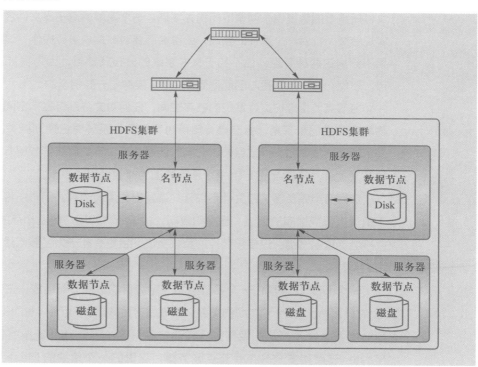

　　图 3-4 中，名节点是 HDFS 主从结构中主节点上运行的主要进程，它负责管理
从节点（DN），可以视为数据节点的管理者或仲裁者，它维护着整个文件系统的文
件目录树、文件目录的元信息和文件的数据块索引。但由于数据节点的数量通常很
多，且都是分布式部署在不同的节点上，若名节点需要主动发起对各个数据节点的请

求，会导致名节点的负载过大，且对于网络的要求也极高，因此在设计上，名节点不会主动发起远程过程调用，而是响应来自客户端或数据节点的远程过程调用请求。如果名节点需要获得指定数据节点的信息，则是通过数据节点调用函数后的一个简单返回值获得。每个数据节点都会维护一个开放的套接字（Socket），以支持客户端代码或其他数据节点的读写请求。名节点知道该套接字的主机（Host）与端口（Port）。

2. HDFS体系结构的设计原则

HDFS 体系结构有许多值得借鉴或参考的设计决策，它所遵循的体系结构的设计原则对 HDFS 满足设计目标起到了决定性的作用，这些原则包括元数据与数据分离、主/从结构、一次写入多次读写、移动计算比移动数据更划算。

（1）元数据与数据分离。

元数据与数据分离即文件本身的属性（即元数据）与文件所持有的数据分离，主要体现在名节点与数据节点的分离，这种分离是 HDFS 最关键的设计决策。在 HDFS 中存放数据时，文件本身的属性是存放在名节点上的，而文件所持有的数据是存放在数据节点上的，这样可以对大量的数据进行一个统一的管理。这两种节点的分离意味着关注点的分离。对于一个文件系统而言，文件本身的属性（即元数据）与文件所持有的数据属于两个不同的关注点。一个简单的例子是文件名的更改。如果不实现分离，针对一个属性的修改，就可能需要对数据块进行操作，这是不合理的。如果不分离这两种节点，也不利于文件系统的分布式部署，因为很难找到一个主入口点。显然，这一原则是与后面提到的主/从架构是一脉相承的。

名节点负责维护文件系统的名字空间，任何对文件系统名字空间或属性的修改都将被名节点记录下来。名节点会负责执行与文件系统命名空间相关的操作，包括打开、关闭、重命名文件或目录。它同时还要负责决定数据块到数据节点的映射。从某种意义上讲，名节点是所有 HDFS 元数据的仲裁者和资源库。

数据节点则负责响应文件系统客户端发出的读写请求，同时还将在名节点的指导下负责执行数据库的创建、删除和复制。由于所有的用户数据都存放在数据节点中，而不会流过名节点，这使名节点的负载变小，且更有利于为名节点建立副本。

（2）主/从结构。

一个 HDFS 集群由一个名节点和一定数目的数据节点组成。主从结构表现的是组件（Component）之间的关系，即由主组件控制从组件。HDFS 采用的是基于 Master/Slave（主从）架构的分布式文件系统，一个 HDFS 集群包含一个单独的 Master 节点和多个 Slave 节点服务器，这里的一个单独的 Master 节点的含义是 HDFS 系统中只存在一个逻辑上的 Master 组件。一个逻辑上的 Master 节点可以包括两台物理主机，即两台 Master 服务器、多台 Slave 服务器。一台 Master 服务器组成单名节点集群，两台 Master 服务器组成双名节点集群，并且同时被多个客户端访问，所有的这些机器通常都是普通的 Linux 机器，运行着用户级别（User–

Level）的服务进程。

（3）　**一次写入多次读取。**

一次写入多次读取（Write Once Read Many）是 HDFS 针对文件访问采取的访问模型。HDFS 中的文件只能写一次，且在任何时间只能有一个写入程序（Writer）。当文件被创建时，接着写入数据，最后一旦文件被关闭，就不能再修改。这种模型可以有效地保证数据一致性，且避免了复杂的并发同步处理，很好地支持了对数据访问的高吞吐量。正因为如此，HDFS 适合用来做大数据分析的底层存储服务，并不适合做网盘等应用，因为修改不方便、延迟大、网络开销大、成本太高。

（4）　**移动计算比移动数据更划算。**

移动计算比移动数据更划算。对于数据运算而言，越靠近数据，执行运算的性能就越好，尤其是当数据量非常大时更是如此。由于分布式文件系统的数据并不一定存储在一台机器上，因此运算的数据常常与执行运算的位置不相同。如果直接去远程访问数据，则可能需要发起多次网络请求，且传输数据的成本也相当大。因此，最好的方式是保证数据与运算离得最近，这就带来两种不同的策略：一种是移动数据；另一种是移动运算。显然，移动数据，尤其是大数据的成本非常高。要让网络的消耗最低，并提高系统的吞吐量，最佳方式是将运算的执行移到离它要处理的数据更近的地方，而不是移动数据。

HDFS 在改善吞吐量与数据访问性能上还做出了一个更好的设计决策，就是数据块的分段缓存（Staging）。客户端创建文件的请求不会立即到达名节点。实际上，HDFS 客户端会先缓存文件数据在本地临时文件中。当本地临时文件收集的数据大小达到了数据块的大小时，客户端才会联系名节点。名节点将文件名插入 HDFS 文件系统结构中，并为此数据块分配块空间。然后，名节点将数据块所属的标识和数据块目标返回给客户端，客户端将本地临时文件中存储的数据写入对应数据节点的数据块上。当文件关闭时，客户端将剩下没有腾空的数据写到数据块上之后，再通知名节点文件已经关闭了，这时，名节点才会提交文件创建的操作到事务日志（EditLog）文件中。因此，如果名节点在文件关闭前宕机了，那么这个文件信息就丢失了（虽然数据已经写到了数据节点上）。

实现移动计算程序到数据所在的位置进行计算的步骤如下。

①　将待处理的数据存储在服务器集群的所有服务器上，主要使用 HDFS 分布式文件存储系统，将文件分成很多块（Block），以块为单位将数据存储在集群的服务器上。

②　大数据引擎根据集群不同服务器的计算能力，在每台服务器上启动若干分布式任务执行进程，这些进程会等待引擎给它们分配执行任务。

③　使用大数据计算框架支持的模型进行编程，如 Hadoop 的 MapReduce 编程模型或者 Spark 的 RDD 编程模型。应用程序编写好以后，将其打包。MapReduce 和 Spark 都是在 JVM 环境中运行的，所以打包出来是一个 jar 包。

④ 用 Hadoop 或 Spark 的启动命令执行这个应用程序的 jar 包，首先执行引擎会解析程序要处理的数据的输入路径，根据数据量的大小将数据分成若干片（Split），每个数据片都分配一个任务执行进程去处理。

⑤ 任务执行进程收到分配的任务后，检查自己是否有任务对应的程序包，如果没有就去下载，下载以后通过反射的方式加载程序。

⑥ 加载程序后，任务执行程序根据分配的数据片的文件地址和数据在文件内的偏移量读取数据，并将数据输入给应用程序从而实现分布式服务器集群中的移动计算程序。

数据块分段缓存操作的时序关系如图 3-5 所示。

图 3-5
数据块分段缓存
操作的时序关系

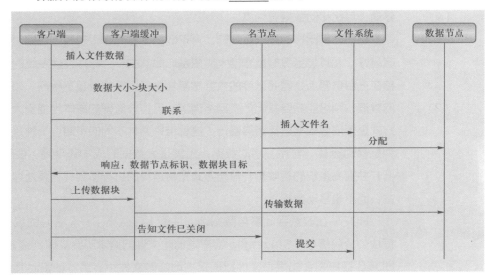

采用这种客户端缓存的方式，可以有效地减少网络请求，避免大数据的写入造成网络堵塞，进而提高网络吞吐量。

3.2.3 HDFS 的工作原理

1. HDFS存储原理

HDFS 以文件分块的形式实现对大文件、超大文件安全、可靠、快速访问的分布式存储。那么，HDFS 是基于什么样的原理将文件分块存储到分布式环境中的各个设备上的？HDFS 是怎么来管理存储在各个设备上的分块文件的？HDFS 的错误检测和恢复机制是怎么实现的？

HDFS 的设计很巧妙，完美地解决了这几个问题。当用户上传一个文件时，会提供一个虚拟路径，该路径方便了客户端对文件进行读写操作，名节点中存在该路径和真实的存储物理路径的映射。名节点会先判断上传的文件是否存在，如果不存在，则允许用户继续上传。客户端收到服务器允许上传文件的响应之后，会将该文件分为一个个块（Block），每个块默认大小为 128 MB，将每个块依次发送到数据节点中，由名节点记录块的存储位置等信息并将其存储在元数据中。为保证数据有足够多的副本，这时服务器会进行一个异步的操作，将这个块再进行复制操作，随机存储到一个数据节点中（这里随机存储是为保证服务器的负载均衡，避免多个客户端对同一个文件进行访问，这个文件和其副本都存储在同一个数据节点上的情况）。

（1）**名节点和数据节点。**

从 HDFS 系统的内部架构来看，一个文件被分成多个文件块存储在数据节点集上；而名节点负责执行文件系统的操作（如文件打开、关闭、重命名等），同时确定和维护文件命名空间到各个数据块之间的映射关系，即名节点负责管理分布式文件系统的命名空间（Namespace），保存了两个核心的数据结构，即 FsImage 和 EditLog。FsImage 用于维护文件系统树及文件树中所有的文件和文件夹的元数据，操作日志文件 EditLog 中记录了所有针对文件的创建、删除、重命名等操作。而数据节点负责来自客户端的文件读写（即 I/O 操作），同时数据节点也负责文件块的创建、删除和执行来自名节点的文件块复制命令。

（2）**文件系统命名空间。**

HDFS 的文件系统命名空间的层次结构与大多数文件系统类似（如 Linux），支持目录和文件的创建、移动、删除和重命名等操作，支持配置用户和访问权限，但不支持硬链接和软链接。名节点负责维护文件系统名称空间，记录对名称空间或其属性的任何更改。

在应用中，可以给每个文件设置一个副本因子，通过这个副本因子的值可以维护每个文件在整个系统中的副本数量。这些信息也同样会被记录在名节点中。

（3）**数据复制。**

由于 Hadoop 被设计运行在廉价的机器上，这意味着硬件是不可靠的，因此为保证容错性，HDFS 提供了数据复制机制。HDFS 将每一个文件存储为一系列块，每个块由多个副本来保证容错，块的大小和复制因子可以自行配置（默认情况下，块大小是 128 MB，默认复制因子是 3）。具体来说，就是 HDFS 把一个文件分成大小完全相同的若干份（最后一份除外）存储于各个数据节点之上，同时在其他的若干个数据节点上保存有各个文件块的副本。至于每个文件块的大小及存放副本的个数，可由系统配置。文件块怎么分配、分配在哪些节点上等操作的控制由名节点来执行。名节点会定期接收来自各个数据节点的心跳（Heartbeat）和块报告（Blockreport）。心跳可以检测一个数据节点是否可用，块报告包含一个数据节点上所有的数据块信息的列表。

（4）**副本放置策略。**

HDFS 集群会有成百上千个节点，而这些节点又被平均分配在若干个机架上面。节点所属机架，机架与机架之间无论是网络状况还是吞吐量大小都是有很大区别的。因此，副本怎样放置在不同的节点上，对整个系统文件的写入和读取效率及系统容错能力都有很大关系。HDFS 采用这样的策略：第一个副本放置在上传文件的数据节点服务器节点上，如果是在集群外提交，则随机放置在一个数据节点服务器节点上；第二个副本放置在与第一个数据节点不同的机架的一个节点上；第三个副本放置在与第二个数据节点相同的机架的不同节点上；更多副本则随机放置。假如现在有一个文件块要存储为三个副本，则存放方式是首先在当前机架的某个数据节点上写入一个副本，在同机架的另一个数据节点上写入第二个副本，将第三个副本写到不同机架的数据节点上。

（5）　**安全模式。**

　　安全模式是 HDFS 所处的一种特殊状态，在这种状态下，文件系统只接受读数据请求，而不接受删除、修改等变更请求。在名节点主节点启动时，HDFS 首先进入安全模式，数据节点在启动时会向名节点汇报可用的块等状态，当整个系统达到安全标准时，HDFS 自动离开安全模式。如果 HDFS 处于安全模式，则文件块不能进行任何的副本复制操作，因此达到最小的副本数量要求是基于数据节点启动时的状态来判定的，启动后不会再做任何复制（从而达到最小副本数量要求）。

（6）　**文件系统元数据的持久存储。**

　　名节点存储 HDFS 的元数据。任何对文件元数据产生修改的操作，名节点都使用一个被称为 Editlog 的事务日志记录下来。例如，在 HDFS 中创建一个文件，名节点就会在 Editlog 中插入一条记录来表示；同样，修改文件的 Replication 因子也将在 Editlog 中插入一条记录。名节点在本地 OS 的文件系统中存储这个 Editlog。整个文件系统的 Namespace，包括块到文件的映射、文件的属性都存储在被称为 FsImage 的文件中，这个文件也放在名节点所在系统的文件系统上。

　　名节点在内存中保存着整个文件系统 Namespace 和文件 Blockmap 的映像。这个关键的元数据设计得很紧凑，因此一个带有 4 GB 内存的名节点足够支撑海量的文件和目录。当名节点启动时，它从硬盘中读取 Editlog 和 FsImage，将所有 Editlog 中的事务作用（Apply）在内存中的 FsImage，并将这个新版本的 FsImage 从内存中上传（Flush）到硬盘上，然后再截断（Truncate）这个旧的 Editlog，因为这个旧的 Editlog 的事务都已经作用在 FsImage 上了，这个过程称为 Checkpoint。在当前实现中，Checkpoint 只发生在名节点启动时，在不久的将来，将实现支持周期性的 Checkpoint。

　　数据节点并不知道关于文件的任何东西，除将文件中的数据保存在本地的文件系统上外，它把每个 HDFS 数据块存储在本地文件系统上隔离的文件中。数据节点并不在同一个目录创建所有的文件，相反，它用启发式的方法确定每个目录的最佳文件数目，并且在适当的时候创建子目录。在同一个目录创建所有的文件不是最优的选择，因为本地文件系统可能无法高效地在单一目录中支持大量的文件。当一个数据节点启动时，它扫描本地文件系统，对这些本地文件产生相应的一个所有 HDFS 数据块的列表，然后发送报告到名节点，这个报告就是 Blockreport。

（7）　多副本的流式复制。

　　客户端从名节点获取到存储副本的节点信息之后（数据节点列表），开始写入第一个数据节点，数据节点一部分一部分地接收（一般是 4 KB）存入节点本地仓库，当这一部分写入完毕之后，第一个数据节点负责将这部分数据转发到第二个数据节点，依此类推，直到第 $n-1$ 个节点将这部分数据块写入第 n 个节点，如此循环写入。

（8）　心跳检测和重新复制。

　　每个数据节点定期向名节点发送心跳消息，如果超过指定时间没有收到心跳消息，则将数据节点标记为死亡。名节点不会将任何新的 I/O 请求转发给标记为死亡的数据节点，也不会再使用这些数据节点上的数据。由于数据不再可用，可能会导致某些块的复制因子小于其指定值，因此名节点会跟踪这些块，并在必要时进行重新复制。

2.　HDFS数据读写

　　HDFS 集群主要由管理文件系统元数据（Metadata）名节点和存储实际数据的数据节点构成。HDFS 数据文件被分成大小固定的块，这是作为独立的单元存储，默认块大小为 64MB，读 / 写操作运行在块级。HDFS 操作上是数据复制的概念，在数据块的多个副本被创建，分布在整个集群的多个节点，以便在节点出现故障的情况下实现数据的高可用性。

（1）　HDFS 读操作。

　　数据读取请求将由 HDFS 名节点和数据节点来服务。图 3-6 所示为 Hadoop 中文件的读操作流程图。

图 3-6
Hadoop 中文件的
读操作流程图

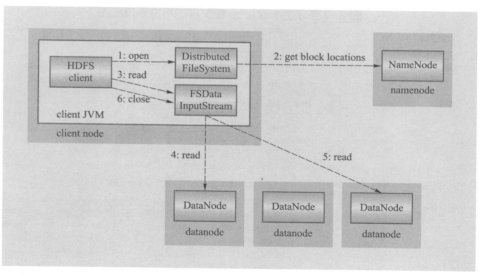

①　客户端通过调用 FileSystem 对象的 open() 来读取希望打开的文件。对于 HDFS 来说，这个对象是分布式文件系统的一个实例。

②　DistributedFileSystem 通过 RPC 来调用 NameNode，以确定文件的开头部分的块位置。对于每一块，NameNode 返回具有该块副本的 DataNode 地址。此外，这些

DataNode 根据它们与 client 的距离来排序（根据网络集群的拓扑）。如果该 client 本身就是一个 DataNode，便从本地 DataNode 中读取。DistributedFileSystem 返回一个 FSDataInputStream 对象给 client 读取数据，FSDataInputStream 转而包装了一个 DFSInputStream 对象。

③ 接着 client 对这个输入流调用 read()。存储着文件开头部分的块的数据节点的地址 DFSInputStream 随即与这些块最近的 DataNode 相连接。

④ 通过在数据流中反复调用 read()，数据会从 DataNode 返回 client。

⑤ 到达块的末端时，DFSInputStream 会关闭与 DataNode 间的联系，然后为下一个块找到最佳的 DataNode。client 端只需要读取一个连续的流，这些对于 client 来说都是透明的。

⑥ 在读取的时候，如果 client 与 DataNode 通信时遇到一个错误，那么它就会去尝试对这个块来说下一个最近的块。它也会记住那个故障节点的 DataNode，以保证不会再对之后的块进行徒劳无益的尝试。client 也会确认 DataNode 发来的数据的校验和。如果发现一个损坏的块，它就会在 client 试图从别的 DataNode 中读取一个块的副本之前报告给 NameNode。

⑦ 这个设计的一个重点是，client 直接联系 DataNode 去检索数据，并被 NameNode 指引到块中最好的 DataNode，因为数据流在此集群中是在所有 DataNode 中分散进行的。

（2）HDFS 写操作。

图 3-7 所示为 Hadoop 中文件的写操作流程图。

图 3-7
Hadoop 中文件的
写操作流程图

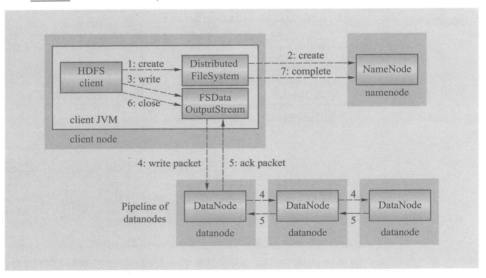

① 客户端通过在 DistributedFileSystem 中调用 create() 来创建文件。

② DistributedFileSystem 使用 RPC 去调用 NameNode，在文件系统的命名空间创建一个新的文件，没有块与之相联系。NameNode 执行各种不同的检查（这个文件

存不存在、有没有权限去写、能不能存得下这个文件）以确保这个文件不会已经存在，并且在 client 有可以创建文件的适当的许可。如果检查通过，NameNode 就会生成一个新的文件记录；否则，文件创建失败并向 client 抛出一个 IOException 异常的信号。分布式文件系统返回一个文件系统数据输出流，让 client 开始写入数据。就像读取事件一样，文件系统数据输出流控制一个 DFSOutputStream，负责处理 DataNode 和 NameNode 之间的通信。

③ 在 client 写入数据时，DFSOutputStream 将它分成一个个的包，写入内部的队列，成为数据队列。数据队列随数据流流动，数据流的责任是根据适合的 DataNode 的列表要求这些节点为副本分配新的块。这个数据节点的列表形成一个管线——假设副本数是三，所以有三个节点在管线中。

④ 数据流将包分流给管线中第一个 DataNode，这个节点会存储包并且发送给管线中的第二个 DataNode。同样地，第二个 DataNode 存储包并且传给管线中的第三个数据节点。

⑤ DFSOutputStream 也有一个内部的包队列来等待 DataNode 收到确认，成为确认队列。一个包只有在被管线中所有的节点确认后才会被移除出确认队列。如果在有数据写入期间，DataNode 发生故障，则会执行下面的操作，当然这对写入数据的 client 而言是透明的。首先管线被关闭，确认队列中的任何包都会被添加回数据队列的前面，以确保故障节点下游的 DataNode 不会漏掉任意一个包。为存储在另一正常 DataNode 的当前数据块制定一个新的标识，并将该标识传给 NameNode，以便故障节点 DataNode 在恢复后可以删除存储的部分数据块。从管线中删除故障数据节点并且把余下的数据块写入管线中的两个正常的 DataNode。NameNode 注意到块副本量不足时，会在另一个节点上创建一个新的副本。后续的数据块继续正常接收处理。只要 dfs.replication.min 的副本（默认是 1）被写入，写操作就是成功的，并且这个块会在集群中被异步复制，直到其满足目标副本数（dfs.replication 默认值为 3）为止。

⑥ client 完成数据的写入后，就会在流中调用 close()。

⑦ 在向 NameNode 发送完消息之前，此方法会将余下的所有包放入 DataNode 管线并等待确认。NameNode 已经知道文件由哪些块组成（通过 Data streamer 询问块分配），所以它只需在返回成功前等待块进行最小量的复制。

⑧ 补充说明——副本的布局。Hadoop 的默认布局策略是在运行客户端的节点上放第一个副本（如果客户端运行在集群之外，就随机选择一个节点，不过系统会避免挑选那些存储太满或太忙的节点。）

　　第二个副本放在与第一个副本不同且随机另外选择的机架的节点上（离架）。第三个副本与第二个副本放在相同的机架，且随机选择另一个节点。其他副本放在集群中随机的节点上，不过系统会尽量避免相同的机架放太多副本。

3.3 NoSQL 数据库

3.3.1 概述

从更高的层面上看，区别于传统关系数据库的是一类被称为 NoSQL 的数据库。本节首先介绍 NoSQL 兴起的原因，综述 NoSQL 数据库的四大类型，然后比较 NoSQL 数据库与传统的关系数据库的差异，并给出 NoSQL 数据库的相关理论基础，最后简要介绍与 NoSQL 数据库同样受到关注的数据管理技术新发展。

NoSQL 最初被理解为用新型的数据库替代传统的关系型数据库的行动，但随着 NoSQL 的不断发展，学界和业界也逐渐意识到，关系型和非关系型数据库都有各自的优缺点，应该应用于不同的场景，短期内无法完全相互取代。因此，现在一般认为 NoSQL 的全称是 Not-Only-SQL，是一种不同于关系数据库的数据库管理系统方案，是对非关系型数据库的统称。它所采用的数据模型并非传统关系数据库的关系模型，而是类似键/值、列族、文档等非关系模型。这种对 NoSQL 的诠释，强调了键/值存储和文档型数据库等非关系型数据库的优点，同时不反对传统成熟的关系数据库。

NoSQL 数据库没有固定的表结构，通常也不存在连接操作，也没有严格遵守 ACID 约束。因此，与关系数据库相比，NoSQL 具有灵活的水平可扩展性，支持海量数据存储。此外，NoSQL 数据库支持 MapReduce 风格的编程，可较好地应用于大数据时代的各种数据管理中。NoSQL 数据库的出现弥补了关系数据库在当前商业应用中存在的各种缺陷。

当应用场合需要简单的数据模型、灵活性的 IT 系统、较高的数据库性能和较低的数据库一致性时，NoSQL 数据库是一个很好的选择。通常，NoSQL 数据库具有以下几个特点。

（1）**灵活的可扩展性。**

传统的关系型数据库由于自身设计机理的原因，通常很难实现横向扩展，因此在面对数据库负载大规模增加时，往往需要通过升级硬件来实现纵向扩展。但是，当前的计算机硬件制造工艺已经达到一个限度，性能提升的速度开始趋缓，已经远远赶不上数据库系统负载的增加速度，而且配置高端的高性能服务器价格不菲，因此寄希望于通过纵向扩展满足实际业务需求已经变得越来越不现实。相反，横向扩展仅需要非常普通廉价的标准化刀片服务器，不仅具有较高的性价比，也提供了理论上近乎无限的扩展空间。NoSQL 数据库在设计之初就是为了满足横向扩展的需求，因此其天生具备良好的水平扩展能力。

（2）**灵活的数据模型。**

关系模型是关系数据库的基石，它以完备的关系代数理论为基础，具有规范的定义，遵守各种严格的约束条件。这种做法虽然保证了业务系统对数据一致性的需求，但是过于死板的数据模型也意味着无法满足各种新兴的业务需求。相反，NoSQL 数据库天生就旨在摆脱关系数据库的各种束缚条件，摒弃了流行多年的关系数据模型，转而采用键 / 值、列族等非关系模型，允许在一个数据元素中存储不同类型的数据。

（3）　**与云计算紧密融合。**

云计算具有很好的水平扩展能力，可以根据资源使用情况进行自由伸缩，各种资源可以动态加入或退出。NoSQL 数据库可以凭借自身良好的横向扩展能力，充分自由利用云计算基础设施，很好地融入云计算环境中，构建基于 NoSQL 的云数据库服务。

3.3.2　列族数据库

列族数据库一般采用列族数据模型，数据库由多个行构成，每行数据包含多个列族，不同的行可以具有不同数量的列族，属于同一列族的数据会被存放在一起。每行数据通过行键进行定位，与这个行键对应的是一个列族，从这个角度来说，列族数据库也可以被视为一个键值数据库。列族可以被配置成支持不同类型的访问模式，一个列族也可以被设置放入内存当中，以消耗内存为代价来换取更好的响应性能。

ClickHouse 是俄罗斯第一大搜索引擎 Yandex 开发的列式储存数据库，在 2016 年 6 月 15 日被开源。ClickHouse 的性能大幅超越了很多商业大规模并行分析（Massively Parallel Processing，MPP）数据库，如 Vertica。在 ClickHouse 官网的性能对比页面有详细的对比数据。其中，在亿级数据上，ClickHouse 的平均查询速度比 Vertica 快约 5 倍，比 Hive 快约 289 倍，比 MySQL 快约 831 倍。在十亿级数据上，ClickHouse 的平均查询速度比 Vertica 快约 6 倍，Hive 和 MySQL 则无法完成任务。

ClickHouse 适用于联机分析处理（Online Analytical Processing，OLAP）场景，如网站和应用分析、广告网络、电信、电子商务与金融、信息安全、监测和遥感、时间序列、商业智能、网络游戏和物联网。

这里介绍 ClickHouse 的单节点配置。以 Ubuntu 为例，执行以下命令即可安装 ClickHouse：

```
sudo apt-get install apt-transport-https ca-certificates dirmngr
sudo apt-key adv --keyserver hkp://keyserver.ubuntu.com:80 --recv E0C56BD4
echo "deb https://repo.clickhouse.tech/deb/stable/ main/" | sudo tee \
        /etc/apt/sources.list.d/clickhouse.list
sudo apt-get update
sudo apt-get install -y clickhouse-server clickhouse-client
sudo service clickhouse-server start
clickhouse-client
```

ClickHouse 包含三个模块，分别是 clickhouse-client、clickhouse-common、clickhouse-server。其中，clickhouse-client 包含客户端应用、交互式命令行客户端；clickhouse-common 包含一个 ClickHouse 的可执行文件；clickhouse-server 包含作为服务器运行 ClickHouse 的配置文件。

服务器配置文件位于 /etc/clickhouse-server/。注意，config.xml 中的 <path> 元素指定了数据存储的位置，因此需分配内存容量大的路径。

clickhouse-server 不会默认启动，需要手动启动。不同的发行版启动服务程序的方式不同，这里以 Ubuntu 为例。sudo service clickhouse-server start 或者 sudo /etc/init.d/clickhouse-server start，服务器日志的默认位置为 /var/log/clickhouse-server/。在输出 ready for connections 消息后，表示服务器可以处理客户端连接。

clickhouse-server 启动并运行之后，可以使用 clickhouse-client 连接到服务器并运行一些测试查询。可以使用 clickhouse-client 的交互模式执行这些查询（直接在终端上输入 clickhouse-client 回车即可），详细的使用方法可以参考官方文档。

3.3.3　键值数据库

键值数据库（Key-Value Database）会使用一个哈希表，这个表中有一个特定的键和一个指针指向特定的值。键可以用来定位值，即存储和检索具体的值。值对数据库而言是透明不可见的，不能对值进行索引和查询，只能通过键进行查询。键可以用来存储任意类型的数据，包括整型、字符型、数组、对象等。在存在大量写操作的情况下，键值数据库可以比关系数据库取得明显更好的性能。因为关系数据库需要建立索引来加速查询，当存在大量写操作时，索引会发生频繁更新，由此会产生高昂的索引维护代价。关系数据库通常很难水平扩展，但是键值数据库天生具有良好的伸缩性，理论上几乎可以实现数据量的无限扩容。键值数据库可以进一步划分为内存键值数据库和持久化键值数据库。内存键值数据库把数据保存在内存，如 Memcached 和 Redis；持久化键值数据库把数据保存在磁盘，如 BerkeleyDB、Voldmort 和 Riak。

当然，键值数据库也有自身的局限性，条件查询就是键值数据库的弱项。因此，如果只对部分值进行查询或更新，效率就会比较低下。在使用键值数据库时，应该尽量避免多表关联查询，可以采用双向冗余存储关系来代替表关联，把操作分解成单表操作。此外，键值数据库在发生故障时不支持回滚操作，因此无法支持事务。

键值数据库适用于以下场景。

1.　会话键值分配

通常来说，每一次网络会话都是唯一的，所以分配给它们的 session id 值也各不相同。如果应用程序原来把 session id 存在磁盘上或关系型数据库中，那么将其迁移到键值数据库之后会获益良多，因为全部会话内容都可以用一条 PUT 请求来存放，而且只需一条 GET 请求就能取得。由于会话中的所有信息都放在一个对象中，因此这种"单请求操作"（Single-Request Operation）很迅速。

2. 用户配置信息

几乎每位用户都有 userid、username 或其他独特的属性，而且其配置信息也各自独立，如语言、颜色、时区、访问过的产品等。这些内容可全部放在一个对象里，以便只用一次 GET 操作即可获取某位用户的全部配置信息。同理，产品信息也可如此存放。

REmote DIctionary Server（Redis）是一个由 Salvatore Sanfilippo 编写的 key-value 存储系统，是跨平台的非关系型数据库。

Redis 是一个开源的使用 ANSI C 语言编写、遵守 BSD 协议、支持网络、可基于内存、分布式、可选持久性的键值对（Key-Value）存储数据库，并提供多种语言的 API。

Redis 有以下三个特点。

（1）Redis 支持数据的持久化，可以将内存中的数据保存在磁盘中，重启时可以再次加载进行使用。

（2）Redis 不仅支持简单的 Key-Value 类型的数据，同时还提供 list、set、hash 等数据结构的存储。

（3）Redis 支持数据的备份，即 master-slave 模式的数据备份。

Redis 具有以下优势。

（1）**性能极高。**Redis 读的速度是 110 000 次 /s, 写的速度是 81 000 次 /s。

（2）**丰富的数据类型。**Redis 支持二进制案例的 Strings、Lists、Hashes、Sets 及 Ordered Sets 数据类型操作。

（3）**原子。**Redis 的所有操作都是原子性的，即要么成功执行要么失败完全不执行。单个操作是原子性的，多个操作也支持事务，即原子性，通过 MULTI 和 EXEC 指令包起来。

（4）**丰富的特性。**Redis 还支持 publish/subscribe、通知、key 过期等特性。

这里以 Ubuntu 为例，简单介绍 Redis的安装，在 Ubuntu 系统安装 Redis 可以使用以下命令：

```
sudo apt-install redis-server
```

启动 redis-server：

```
sudo service redis-server start
```

或者

```
sudo /etc/init.d/redis-server start
```

可以使用 redis-cli 检查 redis-server 是否启动成功：

```
redis-cli
```

输入上述命令之后，进入以下界面：

```
redis 127.0.0.1:6379>
```

其中，127.0.0.1 是本机 IP，6379 是 redis 服务端口。现在输入 PING 命令：

```
redis 127.0.0.1:6379> ping
PONG
```

以上命令说明已经成功安装了 redis。

redis 的配置文件 redis.conf 在 /etc/redis/ 目录下，修改配置可以直接修改文件，也可以在 redis-cli 交互命令行中通过 CONFIG 命令查看或设置配置项。更加详细的内容可以参考官方文档（https://redis.io/documentation）。

3.3.4 文档数据库

在文档数据库中，文档是数据库的最小单位。虽然每一种文档数据库的部署都有所不同，但是大都假定文档以某种标准化格式封装并对数据进行加密，同时用多种格式进行解码，包括 XML、YAML、JSON 和 BSON 等，或者也可以使用二进制格式（如 PDF、微软 Office 文档等）。文档数据库通过键来定位一个文档，因此可以看成键值数据库的一个衍生品，而且前者比后者具有更高的查询效率。对于那些可以把输入数据表示成文档的应用而言，文档数据库是非常合适的。一个文档可以包含非常复杂的数据结构，如嵌套对象，并且不需要采用特定的数据模式，每个文档可能具有完全不同的结构。文档数据库既可以根据键来构建索引，也可以基于文档内容来构建索引。尤其是基于文档内容的索引和查询这种能力，是文档数据库不同于键值数据库的地方，因为在键值数据库中，值对数据库是透明不可见的，不能根据值来构建索引。文档数据库主要用于存储并检索文档数据，当需要考虑很多关系和标准化约束以及需要事务支持时，传统的关系数据库是更好的选择。

文档数据库适用的场景如下。

1. 事件记录

应用程序对事件记录各有需求。在企业级解决方案中，许多不同的应用程序都需要记录事件。文档数据库可以把所有这些不同类型的事件都存起来，并作为事件存储的"中心数据库"（Central Data Store）使用。如果事件捕获的数据类型一直在变，那么就更应该用文档数据库了。

2. 内容管理系统

由于文档数据库没有"预设模式"（Predefined Schema），而且通常支持 JSON 文档，所以它们很适合用在"内容管理系统"（Content Management System）及网站发布程序上，也可以用来管理用户评论、用户注册、用户配景和

Web 文档（Web Document）。

3. 网站分析与实时分析

文档数据库可存储实时分析数据。由于可以只更新部分文档内容，因此用它来存储"页面浏览量"（Page View）或"独立访客数"（Unique Visitor）会非常方便，而且无须改变模式即可新增度量标准。

4. 电子商务类应用程序

电子商务类应用程序通常需要较为灵活的模式，以存储产品和订单。

MongoDB 是一个基于分布式文件存储的数据库。由 C++ 语言编写。旨在为 WEB 应用提供可扩展的高性能数据存储解决方案。MongoDB 将数据存储为一个文档，数据结构由键值对组成。MongoDB 文档类似于 JSON 对象，字段值可以包含其他文档、数组及文档数组。

MongoDB 具有以下特点。

（1） MongoDB 提供了面向文档存储，操作起来比较简单。

（2） 可以在 MongoDB 记录中设置任何属性的索引（如 FirstName="Sameer"，Address="8 Gandhi Road"）来实现更快的排序。

（3） 可以通过本地或者网络创建数据镜像，使得 MongoDB 有更强的扩展性。

（4） 如果负载增加（需要更多的存储空间和更强的处理能力），它可以分布在计算机网络中的其他节点上，这就是所谓的分片。

（5） MongoDB 支持丰富的查询表达式。查询指令使用 JSON 形式的标记，可轻易查询文档中内嵌的对象及数组。

（6） MongoDB 使用 update() 命令可以实现替换完成的文档（数据）或者一些指定的数据字段 。

（7） MongoDB 中的 Map/Reduce 主要是用来对数据进行批量处理和聚合操作。

（8） Map 和 Reduce。Map 函数调用 emit(key,value) 遍历集合中所有的记录，将 Key 与 Value 传给 Reduce 函数进行处理。

（9） Map 函数和 Reduce 函数是使用 JavaScript 编写的，并可以通过 db.runCommand 或 mapreduce 命令来执行 MapReduce 操作。

（10） GridFS 是 MongoDB 中的一个内置功能，可以用于存放大量小文件。

（11） MongoDB 允许在服务端执行脚本，可以用 JavaScript 编写某个函数，直接在服务端执行，也可以把函数的定义存储在服务端，下次直接调用即可。

（12） MongoDB 支持各种编程语言，如 RUBY、PYTHON、JAVA、C++、PHP、C# 等多种语言。

这里以 Ubuntu 18.04LTS 为例，简单介绍 MongoDB 社区版的安装，首先确保 MongoDB 的依赖库已经安装。

```
sudo apt-get install libcurl4 openssl
```

下载 MongoDB 安装包，需要根据具体的环境选择对应的版本。MongoDB 安装包下载如图 3-8 所示。

图 3-8
MongoDB 安装包
下载

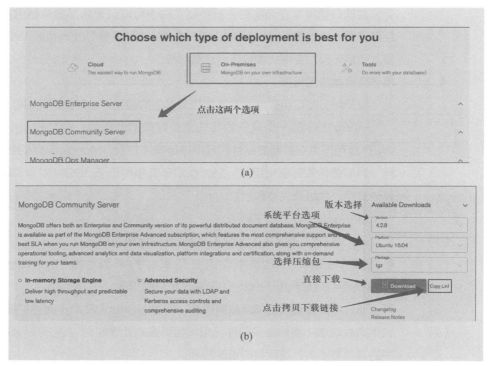

复制下载链接之后，使用 wget 下载软件包：

```
# 下载
wget https://fastdl.mongodb.org/linux/mongodb-linux-x86_64-ubuntu1804-4.4.4.tgz
# 解压
tar -zxvf mongodb-linux-x86_64-ubuntu1604-4.2.8.tgz
# 将解压包拷贝到指定目录
mv mongodb-src-r4.4.4 /usr/local/mongodb4
```

MongoDB 的可执行文件位于 bin 目录下，所以可以将其添加到 PATH 路径中：

```
export PATH=<mongodb-install-directory>/bin:$PATH
```

<mongodb-install-directory> 为 MongoDB 的 安 装 路 径，如 本 书 的 /usr/local/mongodb4：

```
export PATH=/usr/local/mongodb4/bin:$PATH
```

使用以下命令来启动 Mongodb 服务：

```
mongod --dbpath /var/lib/mongo --logpath /var/log/mongodb/mongod.log --fork
```

打开 /var/log/mongodb/mongod.log 文件，看到以下信息，说明启动成功：

```
I NETWORK [listener] Listening on /tmp/mongodb-27017.sock
```

```
I  NETWORK  [listener] Listening on 127.0.0.1
I  NETWORK  [listener] waiting for connections on port 27017
```

如果需要进入 mongodb 后台管理，则需要先打开 mongodb 安装目录下的 bin 目录，然后执行 mongo 命令文件：

```
cd /usr/local/mongodb4/bin
./mongo
```

MongoDB Shell 是 MongoDB 自带的交互式 JavaScript Shell，用来对 MongoDB 进行操作和管理。更加详细内容可以参考官方文档（https://docs.mongodb.com/manual/）。

3.3.5 图数据库

图数据库以图论为基础，一个图是一个数学概念，用来表示一个对象集合，包括顶点及连接顶点的边。图数据库使用图 [①] 作为数据模型来存储数据，完全不同于键值、列族和文档数据模型，可以高效地存储和管理不同顶点之间的关系数据。换言之，图数据库专门用于管理具有高度相互关联关系的数据，可以高效地处理实体之间的关系，比较适合于处理社交网络、模式识别、依赖分析、推荐系统及路径寻找等问题。有些图数据库，如 Neo4J，可以完全兼容 ACID。但是，除在处理图和关系这些应用领域具有很好的性能外，在其他应用上，图数据库的性能不如其他 NoSQL 数据库。

图数据库是基于实体和关系建模的数据库系统，相较于传统关系型数据库有以下优点。

（1）　容易建模。

（2）　海量关系数据存储和查询。

（3）　复杂关系查询和分析。

这些优点使得图数据库更为适合具有海量关联关系、复杂关系查询和分析特点的使用场景，如知识图谱、风控、设备管理、社交关系等。

Neo4j 是一个高性能的 NoSQL 图数据库，是一个嵌入式的、基于磁盘的、具备完全的事务特性的 Java 持久化引擎，但是它将结构化数据存储在图上而不是表中。Neo4j 也可以被看作一个高性能的图引擎，该引擎具有成熟数据库的所有特性。程序员工作在一个面向对象的、灵活的图结构下，而不是严格、静态的表中，但是他们可以享受到具备完全的事务特性、企业级的数据库的所有好处。Neo4j 具有嵌入式、高性能、轻量级等优势。

Neo4j 拥有以下特性。

---

① 该"图"并非图形或者图像的"图"。

（1）　**对事务的支持。**Neo4j 强制要求每个对数据的更改都需要在一个事务之内完成，以保证数据的一致性。

（2）　**强大的图形搜索能力。**Neo4j 允许用户通过 Cypher 语言来操作数据库。该语言是特意为操作图形数据库设计的，因此其可以非常高效地操作图形数据库。同时，Neo4j 也提供了面向当前市场一系列流行语言的客户端，以供使用这些语言的开发人员快速地对 Neo4j 进行操作。

（3）　**具有一定的横向扩展能力。**由于图中的一个节点常常具有与其他节点相关联的关系，因此像一系列 Sharding 解决方案那样对图进行切割常常并不现实。Neo4j 当前所提供的横向扩展方案主要是通过 Read Replica 进行的读写分割。

官方提供了很多可选的下载项，如企业版、社区版、桌面版等。这里以桌面版为例，介绍安装使用过程。在安装之前请确保已经正确配置 JDK 环境。

首先，下载桌面版软件，地址为 https://neo4j.com/download/?ref=hro，填写注册信息之后就可以下载软件。注意，网站给出了激活码，后续需要激活码来激活软件。

双击下载的安装包进行安装。安装后启动软件，填写激活码，或者再次输入注册信息码，安装包下载、激活如图 3-9 所示。

图 3-9
安装包下载、激活

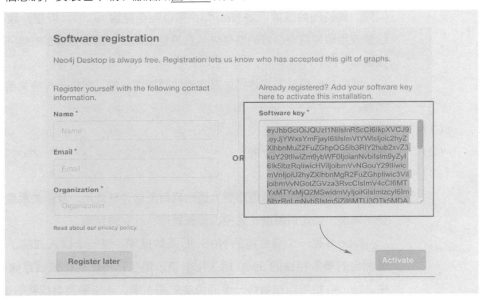

此时，Neo4j 已经可以正常使用了。点击"Add Graph"按钮，选择"Create a Local Graph"，然后输入数据库名称和密码，点击"Create"按钮创建数据库，如图 3-10 所示。

点击"Start"按钮启动新建的数据库，如图 3-11 所示。

启动数据库之后，可以点击"Manage"按钮对数据库进行管理操作，如图 3-12 所示。

图 3-10
创建数据库

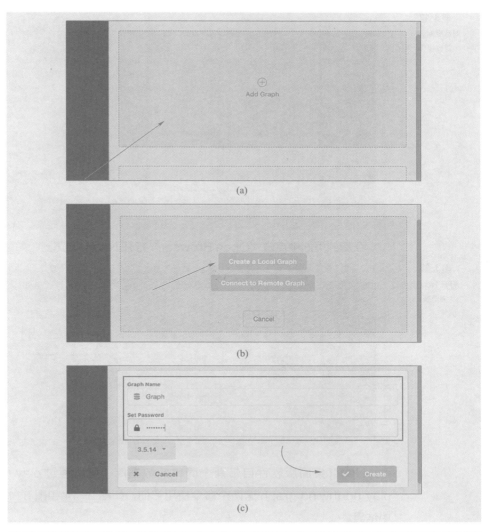

图 3-11
启动新建的数据库

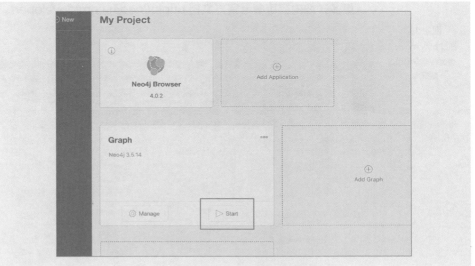

图 3-12
对数据库进行
管理操作

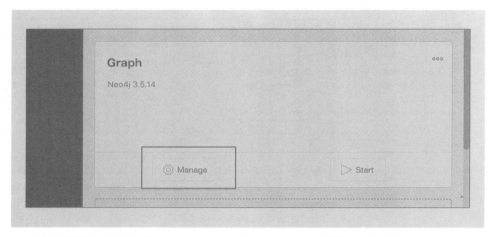

在新的页面中点击"Open Browser"打开 Neo4j 浏览器，如图 3-13 所示。

图 3-13
打开 Neo4j
浏览器

Neo4j 桌面版软件自带两个简单的数据库，可以通过 play movie graph 和 play northwind graph 这两个命令使用它们，如图 3-14 和图 3-15 所示，得到图中结果。

更多详细内容可参考官方文档 https://neo4j.com/developer/。

图 3-14
通过 play movie
graph 命令使用
数据库

图 3-15

通过 play northwind
graph 命令使用
数据库

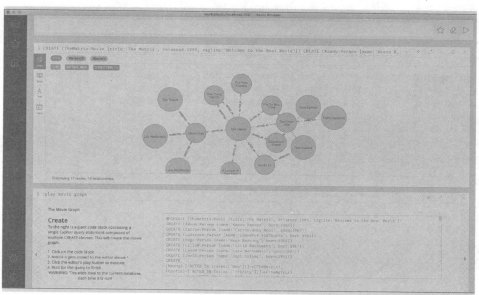

关键术语

- 分布式文件系统
- HDFS
- HBase
- NoSQL
- 列式数据库
- 键值数据库
- 文档数据库
- 图数据库

本章小结

    大数据的存储与管理是进行大数据挖掘与分析的基础。为妥善保存海量数据，物理上大数据系统采用了网络化的存储技术对海量数据进行存放。逻辑存取上，分布式文件系统采取了统一名字空间、锁管理机制、副本管理机制等技术实现了对大数据的高效存储。

    HDFS 是一种流行用于大数据存储的文件系统。在数据物理存储和文件系统的基础上，大数据的管理需要数据库管理系统的支持。现有的面向大数据管理的数据库主要包括列式数据库、键值数据库、文档数据库和图数据库四类。

即测即评

4

第 4 章

计算与处理

■ 本章将围绕大数据中的计算和处理展开介绍，具体包括批处理、流处理和交互式分析的内容。批处理在大数据世界有着悠久的历史，主要操作大容量静态数据集，并在计算过程完成后返回结果，其最主要的应用场景就是传统的 ETL 过程，如电信领域的 KPI、KQI 计算。流处理系统会对随时进入系统的数据进行计算，相比批处理模式，这是一种截然不同的处理方式。流处理方式无须针对整个数据集执行操作，而是对通过系统传输的每个数据项执行操作。流处理系统可以处理几乎无限量的数据，但同一时间只能处理一条或很少量数据，不同记录间只维持最少量的状态。在数据仓库领域有一个概念，即 Adhoc Query，一般译为"即席查询"。即席查询是指用户在使用系统时，根据自己当时需求定义的查询。在大数据领域，扩展到 Interactive Query（交互式查询）是最常见的方式，通常用于客户投诉处理、实时数据分析、在线查询等。

4.1 批处理

4.1.1 批处理概念

批处理非常适用于需要访问全套记录才能完成的计算工作。例如，在计算总数和平均数时，必须将数据集作为一个整体加以处理，而不能将其视作多条记录的集合。这些操作要求在计算进行过程中数据能维持自己的状态。

需要处理大量数据的任务通常最适合用批处理操作进行处理。无论直接从持久存储设备处理数据集，还是首先将数据集载入内存，批处理系统在设计过程中都充分考虑了数据的量，并可提供充足的处理资源。由于批处理在应对大量持久数据方面的表现极为出色，因此经常被用于对历史数据进行分析。

大量数据的处理需要付出大量时间，因此批处理不适用于对处理时间要求较高的场合。Apache Hadoop 及其 MapReduce 处理引擎提供了一套久经考验的批处理模型，最适合处理对时间要求不高的超大规模数据集。通过非常低成本的组件即可搭建功能完整的 Hadoop 集群，这一廉价且高效的处理技术可以灵活应用在很多案例中。与其他框架和引擎的兼容与集成能力使得 Hadoop 可以成为使用不同技术的多种工作负载处理平台的底层基础。

4.1.2 批处理关键框架

1. MapReduce

MapReduce 是一个最先由 Google 提出的分而治之思想设计出来的分布式计算软件构架，它可以支持大量数据的分布式处理。这个架构最初起源于函数式程式的 Map 和 Reduce 两个函数，但它们在 MapReduce 架构中的应用与原来的使用大相径庭。简单来说，在函数式语言中，Map 表示对一张列表（List）中的每个元素进行计算，Reduce 表示对一张列表中的每个元素进行迭代计算。它们具体是通过传入的函数来实现计算的，而 Map 和 Reduce 提供的是计算的框架。不过，这样的解释与现实中的 MapReduce 相差太远，仍然需要一个衔接。Reduce 既然能做迭代计算，那就表示列表中的元素是相关的；而 Map 则对列表中的每个元素做单独处理，这表示列表中的数据是杂乱无章的。

这样看，二者就有联系了：在 MapReduce 中，Map 处理的是原始数据，自然是杂乱无章的，各条数据之间没有联系；到了 Reduce 阶段，数据是以 Key 后面跟着若干个 Value 来组织的，所以这些 Value 有相关性。

这样，就可以把 MapReduce 理解为把一堆杂乱无章的数据按照某种特征归纳起来，然后处理并得到最后的结果。Map 面对的是杂乱无章的、互不相关的数据，它解析每个数据，从中提取出 Key 和 Value，即数据的特征。经过 MapReduce 的 Shuffle 阶段之后，在 Reduce 阶段看到的是已经归纳好的数据，在此基础上可以做进一步处理以便得到结果。

MapReduce 是一种云计算的核心计算模式,是一种分布式运算技术,也是简化的分布式并行编程模式,主要用于处理大规模并行程序的并行问题。

MapReduce 模式的主要思想是自动将一个大的计算(如程序)拆解成 Map(映射)和 Reduce(化简)的方式。数据被分割后,通过 Map 函数将数据映射成不同的区块,分配给计算机集群进行处理,以达到分布式运算的效果,再通过 Reduce 函数将结果汇整,从而输出开发者所需的结果。

MapReduce 借鉴了函数式程序设计语言的设计思想,其软件实现是指定一个 Map 函数,把键值对(Key/Value)映射成新的键值对(Key/Value),形成一系列中间结果形式的键值对(Key/Value),然后把它们传递给 Reduce(规约)函数,把具有相同中间形式 Key 的 Value 合并在一起。Map 和 Reduce 函数具有一定的关联性。

MapReduce 致力于解决大规模数据处理的问题,因此在设计之初就考虑了数据的局部性原理,将整个问题分而治之。MapReduce 集群由普通 PC 构成,为无共享式架构。在处理之前,将数据集分布至各个节点;在处理时,每个节点就近读取本地存储的数据处理(Map),将处理后的数据进行合并(Combine)、排序(Shuffle and Sort)后再分发至 Reduce 节点,从而避免了大量数据的传输,提高了处理效率。无共享式架构的另一个好处是配合复制(Replication)策略,集群可以具有良好的容错性,一部分节点宕机不会影响整个集群的正常工作。

Shuffle 过程是 MapReduce 的核心,也称为奇迹发生的地方。Shuffle 的原意是洗牌或弄乱,类似于 Java API 里的 Collections.shuffle(list)方法,它会随机地打乱参数 list 里的元素顺序。Shuffle 把 MapTask 的输出结果有效地传送到 Reduce 端。MapTask 和 ReduceTask 的过程如图 4-1 所示,Shuffle 描述了数据从 MapTask 输入到 ReduceTask 输出的这一过程。

图 4-1
MapTask 和
ReduceTask
的过程

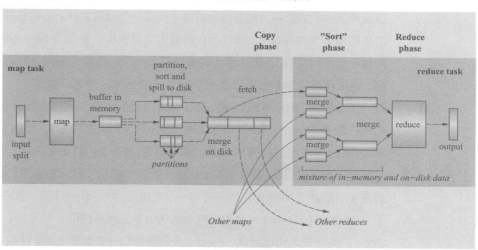

在 Hadoop 这样的集群环境中，大部分 MapTask 与 ReduceTask 的执行在不同的节点上。很多情况下 Reduce 在执行时需要跨节点去拉取其他节点上的 MapTask 结果。如果集群正在运行的 Job 有很多，那么 Task 的正常执行对集群内部的网络资源消耗会很严重。这种网络消耗是正常的，不能限制，能做的就是尽可能地减少不必要的消耗。另外在节点内，相比于内存，磁盘 I/O 对 Job 完成时间的影响也是可观的。对 Shuffle 过程的基本期望有为：完整地从 Map 端拉取数据到 Reduce 端；在跨节点拉取数据时，尽可能地减少对带宽的不必要消耗；减少磁盘 I/O 对 Task 执行的影响。

在 MapTask 执行时，其输入数据来源于 HDFS 的 Block split，与 Block 的对应关系默认是一对一。在数词数的例子中，假设 Map 的输入数据是像 "aaa" 这样的字符串。在经过 Mapper 的运行后，输出是这样一个 Key/Value 对：Key 是 "aaa"，Value 是数值 1。

已知这个 Job 有三个 ReduceTask，到底当前的 "aaa" 应该交由哪个 Reducer 去处理是需要现在决定的。MapReduce 提供了 Partitioner 接口，其作用是根据 Key 或 Value 及 Reduce 的数量来决定当前的这对输出数据最终应该交由哪个 ReduceTask 处理。默认对 Key 进行哈希运算后，再以 ReduceTask 数量取模。在该例中，"aaa" 经过 Partition（分区）后返回 0，也就是这对输出数据应当交由第一个 Reducer 来处理。接下来需要将数据写入内存缓冲区中。缓冲区的作用是批量收集 Map 结果，减少磁盘 I/O 的影响。

（1）　内存缓冲区是有大小限制的，默认是 100 MB。当 MapTask 的输出结果有很多时，内存可能会不足，所以需要在一定条件下将缓冲区中的数据临时写入磁盘，然后重新利用这个缓冲区。这个从内存往磁盘写数据的过程称为 Spill，中文可译为溢写。

（2）　每次溢写都会在磁盘上生成一个溢写文件，如果 Map 的输出结果很大，就会有多次这样的溢写发生，磁盘上就会有多个溢写文件存在。当 MapTask 真正完成时，内存缓冲区中的数据将全部溢写到磁盘中形成一个溢写文件，最终磁盘中会至少有一个这样的溢写文件存在（如果 Map 的输出结果很少，那么当 Map 执行完成时，只会产生一个溢写文件）。因为最终的文件只有一个，所以需要将这些溢写文件归并到一起，这个过程称为 Merge。至此，Map 端的所有工作都已结束。

（3）　每个 ReduceTask 不断地通过 RPC 从 JobTracker 获取 MapTask 是否完成的信息。如果 ReduceTask 获知某台 TaskTracker 上的 MapTask 执行完成，那么 Shuffle 的后半段过程开始启动。简单地说，ReduceTask 在执行之前的工作就是不断地拉取当前 Job 里每个 MapTask 的最终结果，然后对从不同地方拉取过来的数据不断地进行 Merge，最终形成一个文件作为 ReduceTask 的输入文件。

Shuffle 在 Reduce 端的过程也能用以下三点来概括。

（1）　Copy。即简单地拉取数据。Reduce 进程启动一些数据 copy 线程（Fetcher），通过 HTTP 方式请求 MapTask 所在的 TaskTracker 获取 MapTask 的输出文件。因为 MapTask 早已结束，所以这些文件就由 TaskTracker 管理。

（2）　Merge。同 Map 端的 Merge 动作，只是数组中存放的是不同 Map 端复制过来的数据。复制过来的数据会先放入内存缓冲区中，当内存中的数据量到达一定阈值时，就会启动内存到磁盘的 Merge。与 Map 端类似，这也是溢写的过程，会在磁盘中生成众多的溢写文件，然后将这些溢写文件进行归并。

（3）　Reducer。不断进行 Merge 后，最后会生成一个"最终文件"。这个文件可能存放在磁盘上，也可能存放在内存中，默认存放在磁盘上。当 Reducer 的输入文件已定时，整个 Shuffle 过程才最终结束。

2.　Hadoop性能差的主要原因

宏观上，Hadoop 的每个作业都要经历两个阶段：MapPhase 和 ReducePhase。对于 MapPhase，又主要包含四个子阶段：从磁盘上读数据；执行 Map 函数；Combine 结果；将结果写到本地磁盘上。对于 ReducePhase，同样包含四个子阶段：从各个 MapTask 上读取相应的数据（Shuffle）；排序；执行 Reduce 函数；将结果写到 HDFS 中。

Hadoop 处理流程中的两个子阶段严重降低了其性能。一方面，Map 阶段产生的中间结果要写到磁盘上，这样做的主要目的是提高系统的可靠性，但代价是降低了系统性能；另一方面，Shuffle 阶段采用 HTTP 协议从各个 MapTask 上远程复制结果，这种设计思路同样降低了系统性能。可以看出，磁盘读 / 写速度慢是导致 MapReduce 性能差的主要原因。Spark 恰好看到了内存容量的增大和成本的降低，决定用一个基于内存的架构去替代 MapReduce，在性能上有了极大的提升。

3.　Spark

Spark 是发源于美国加利福尼亚大学伯克利分校 AMPLab 的集群计算平台。它立足于内存计算，从多迭代批量处理出发，兼收并蓄数据仓库、流处理和图计算等多种计算范式，是罕见的"全能"。由于磁盘的物理特性限制，因此速度提升非常困难，远远跟不上 CPU 和内存的发展速度。近十几年来，内存的发展一直遵循摩尔定律，价格一直下降，而容量一直增加。现在的主流服务器，几百 GB 或者几 TB 的内存都很常见，内存的发展促进了内存数据库的发展，如著名的 voltDB。Spark 也看好这种趋势，所以设计的是一个基于内存的分布式处理软件，目标是取代 MapReduce。

Spark 与 Hadoop 对比如下。

①　Spark 的中间数据存放在内存中，对于迭代运算而言效率更高。

②　Spark 更适合迭代运算比较多的数据挖掘和机器学习运算，因为在 Spark 里有 RDD 的抽象。

③　　　Spark 比 Hadoop 更通用。

④　　　Spark 提供的数据集操作类型有很多，而 Hadoop 只提供了 Map 和 Reduce 两种操作。

⑤　　　Spark 在分布式数据集计算时通过 Checkpoint 来实现容错。

⑥　　　Spark 通过提供丰富的 Scala、Java、Python API 及交互式 Shell 来提高可用性。

　　　　　Spark 可 以 直 接 对 HDFS 进 行 数 据 读 / 写，同 样 支 持 Spark on YARN。Spark 可以与 MapReduce 运行在同一集群中，共享存储资源与计算。

　　　　　Spark 是基于内存的迭代计算框架，适用于需要多次操作特定数据集的场合。需要反复操作的次数越多，需要读取的数据量越大，性能提升越大。数据量小但是计算密集度较大的场合，性能提升就相对较小。

　　　　　由于 RDD 的特性，因此 Spark 不适合异步细粒度更新状态的应用，如 web 服务的存储或者增量的 web 爬虫和索引。

　　　　　总的来说，Spark 的适用范围较广，且较为通用。

　　　　　Spark 的核心概念如下。

（1）　　基本概念（Basic Concepts）。

①　　　RDD。Resilient Distributed Dataset，弹性分布式数据集。

②　　　Operation。作用于 RDD 的各种操作，包括 Transformation 和 Action。

③　　　Job。作业，一个 Job 包含多个 RDD 及作用于相应 RDD 上的各种 Operation。

④　　　Stage。一个作业分为多个阶段。

⑤　　　Partition。数据分区，一个 RDD 中的数据可以分成多个不同的区。

⑥　　　DAG。Directed Acycle Graph，有向无环图，反映 RDD 之间的依赖关系。

⑦　　　Narrow Dependency。窄依赖，子 RDD 依赖于父 RDD 中固定的 Data Partition。

⑧　　　Wide Dependency。宽依赖，子 RDD 对父 RDD 中的所有 Data Partition 都有依赖。

⑨　　　Caching Management。缓存管理，对 RDD 的中间计算结果进行缓存管理，以加快整体的处理速度。

（2）　　编程模型（Programming Model）。

　　　　　作用于 RDD 上的 Operation 分为 Transformation 和 Action。经 Transformation 处理之后，数据集中的内容会发生更改，由数据集 A 转换成数据集 B；而经 Action 处理之后，数据集中的内容会被归约为一个具体的数值。只有当 RDD 上有 Action 时，该 RDD 及其父 RDD 上的所有 Operation 才会被提交到 Cluster 中真正被执行。

（3）　　运行态（Runtime View）。

　　　　　静态模型在动态运行的时候无外乎由进程、线程组成。用 Spark 的术语来说，Static View 称为 Dataset View，而 Dynamic View 称为 Partition View。

每个 Job 被分为多个 Stage。划分 Stage 的一个主要依据是当前计算因子的输入是否是确定的，如果是则将其分在同一个 Stage，从而避免多个 Stage 之间的消息传递开销。

当 Stage 被提交之后，由 TaskScheduler 来根据 Stage 计算所需的 Task，并将 Task 提交到对应的 Worker。

Spark 支持 Standalone、Mesos、YARN 等部署模式，这些部署模式将作为 TaskScheduler 的初始化。

（4） **Resilient Distributed Dataset（RDD）弹性分布式数据集。**

RDD 是 Spark 的最基本抽象，是对分布式内存的抽象使用，以操作本地集合的方式来操作分布式数据集的抽象。实现 RDD 是 Spark 最核心的内容，它表示已被分区、不可变、能够被并行操作的数据集，不同的数据集格式对应不同的 RDD 实现。RDD 必须是可序列化的。RDD 可以缓存到内存中，每次对 RDD 数据集的操作结果都可以存放到内存中，下一个操作可以直接从内存中输入，省去了 MapReduce 大量的磁盘 I/O 操作，这对于迭代运算比较常见的机器学习算法、交互式数据挖掘来说，效率提升比较大。

RDD 的特点如下。

① 它是在集群节点上不可变、已分区的集合对象。

② 通过并行转换的方式来创建。

③ 失败自动重建。

④ 可以控制存储级别（内存、磁盘等）来进行重用。

⑤ 必须是可序列化的。

⑥ 是静态类型的。

RDD 的优势如下。

① RDD 只能从持久存储中或通过 Transformation 操作产生，相比于分布式共享内存（DSM），可以更高效地实现容错。对于丢失部分数据的分区，只需根据其 Lineage（血统）就可以重新计算出来，而不需要做特定的 Checkpoint。

② RDD 的不变性。可以实现类 Hadoop MapReduce 的推测式执行。

③ RDD 的数据分区特性。可以通过数据的本地性来提高性能，这与 Hadoop MapReduce 是一样的。

④ RDD 都是可序列化的。在内存不足时，可自动降级为磁盘存储，把 RDD 存储于磁盘上，这时性能会有明显的下降，但不会差于现在的 MapReduce。

⑤ RDD 的存储与分区。用户可以选择不同的存储级别存储 RDD 以便重用。当前 RDD 默认存储于内存中，但当内存不足时，RDD 会溢出到磁盘上。RDD 是根据每条记录的 Key 进行分区的（如 Hash 分区），具有相同 Key 的数据会存储在同一个节点上，以保证两个数据集在 Join 时能高效进行。

Spark 的特殊之处在于它处理分布式运算环境下的数据容错性（节点失效、数据丢失）问题时采用的方案。为保证 RDD 中数据的鲁棒性，RDD 数据集通过所谓的血统关系（Lineage）记住了它是如何从其他 RDD 中演变过来的。相比于其他系统细颗粒度的内存数据更新级别的备份或者 Log 机制，RDD 的 Lineage 记录的是粗颗粒度的特定数据转换（Transformation）操作。当某个 RDD 的部分分区数据丢失时，它可以通过 Lineage 获取足够的信息来重新运算和恢复丢失的数据分区。这种粗颗粒度的数据模型限制了 Spark 的适用场合，但相比于细颗粒度的数据模型带来了性能上的提升。

（5）　**容错性。**

在 RDD 计算中，通过 Checkpoint 进行容错有两种方式：一种是 Checkpoint data，另一种是 Logging the updates。用户可以选择采用哪种方式来实现容错，默认采用 Logging the updates 方式，通过记录跟踪所有生成 RDD 的转换，也就是记录每个 RDD 的 Lineage，来重新计算生成丢失的分区数据。

（6）　**缓存机制（Caching）。**

RDD 的中间计算结果可以被缓存起来。缓存优先选择内存，如果内存不足，则会被写入磁盘中，根据 LRU（Last-Recent Update）来决定哪些内容继续保存在内存，哪些内容保存到磁盘。

（7）　**集群管理和资源管理。**

Task 运行在 Cluster 之上，除 Spark 自身提供的 Standalone 部署模式外，还内在支持 YARN。

YARN 负责计算资源的调度和监控。YARN 会自动重启失效的 Task，如果有新的节点加入，则会自动重分布 Task。

Spark on YARN 在 Spark 0.6 版本时引入，但真正可用的是 branch-0.8 版本。Spark on YARN 遵循 YARN 的官方规范实现，得益于 Spark 天生支持多种 Scheduler 和 Executor 的良好设计，对 YARN 的支持也就非常容易。让 Spark 运行于 YARN 之上与 Hadoop 共用集群资源，可以提高资源利用率。

4.1.3　批处理关键技术

批处理追求吞吐量，所以对 CPU 的利用率要求很高，本节专门讲述两种批处理中提高 CPU 利用率的技术。

1.　CodeGen

Spark 1.5 版本中更新较大的是 DataFrame 执行后端的优化，引入了 CodeGen 技术（Tungsten 项目的一部分）。Spark 通过 CodeGen 在运行前将逻辑计划生成对应的机器执行代码，由 Tungsten backend 执行。

以 Spark 为代表的基于内存的计算引擎使得 I/O 性能比传统的基于硬盘

的计算引擎有 10 倍左右的提升，但与此同时，CPU 的瓶颈会更明显。以传统 PostgreSQL 的引擎为例，操作数据都被缓存到内存的 page Cache 上面，执行最简单的 count() 统计只能勉强达到每秒 400 万行左右，而真正需要的操作其实是很少的。传统的数据库处理引擎有四大短板：一是条件逻辑冗余，数据处理引擎代码非常烦琐；二是虚函数的调用；三是需要不断地从内存中调用数据，而无法一次性将数据从内存加载至 cache；四是为保证数据引擎能跨不同的硬件平台，数据引擎很少支持一些扩展的指令集，这就导致本来可以提升的性能没有得到支持。

为解决上述瓶颈，Google 在研发的 Tenzing 技术中提出基于 LLVM 编译框架实现动态生成代码的 CodeGen 技术，并且通过这个技术，基于 MapReduce 分布式框架下的类 SQL 系统的性能也能接近商业收费并行数据库的水准。

使用 CodeGen 的好处：一是简化了条件分支；二是内存加载，可以使用代码生成来替代数据加载，从而极大地减少了内存的读取，增加了 CPU cache 的利用率；三是内联虚函数的调用；四是能利用最新的指令集。

2. CPU亲和性

简单地说，CPU 亲和性（Affinity）是指进程在某个给定的 CPU 上尽量长时间地运行而不被迁移到其他处理器的倾向性。

Linux 内核进程调度器天生就具有被称为软 CPU 亲和性的特性，这就意味着进程通常不会在处理器之间频繁迁移。2.6 版本的 Linux 内核还包含一种机制，它让开发人员可以通过编程实现硬 CPU 亲和性，这意味着应用程序可以显式地指定进程在哪台（或哪些）处理器上运行。

什么是 Linux 内核硬亲和性？在 Linux 内核中，所有的进程都有一个相关的数据结构，称为 task_struct。其中，与亲和性相关度最高的是 cpus_allowed 位掩码，这个位掩码由 4 位组成，与系统中的 4 台逻辑处理器一一对应。具有 4 个物理 CPU 的系统可以有 4 位。如果这些 CPU 都启用了超线程，那么这个系统就有一个 8 位的位掩码。如果为给定的进程设置了给定的位，那么这个进程就可以在相关的 CPU 上运行。因此，如果一个进程可以在任何 CPU 上运行，并且能够根据需要在处理器之间进行迁移，那么位掩码就全是 1。实际上，这就是 Linux 中进程的默认状态。

Linux 内核 API 提供了一个方法，如 sched_set_affinity()（用来修改位掩码）和 sched_getaffinity()（用来查看当前的位掩码），让用户可以修改位掩码或查看当前的位掩码。注意，cpu_affinity 会被传递给子线程，因此应该适当地调用 sched_set_affinity。应该使用硬亲和性的原因如下。

（1） 充分利用 CPU cache。

（2） 保障时间敏感、决定性的进程的 CPU 利用。

使用 CPU 亲和性会显著提高 CPU 利用率，但同时也会丧失程序的扩展性，因此应用程序需要单独设置。这项技术在一些需要高性能、软硬结合的场景下非常有效。

4.2 流处理

4.2.1 从批处理到流处理的演变

流处理系统会对随时进入系统的数据进行计算。相比批处理模式，这是一种截然不同的处理方式。流处理方式无须针对整个数据集执行操作，而是对通过系统传输的每个数据项执行操作。

流处理中的数据集是"无边界"的，这就产生了以下几个重要的影响。

（1）完整数据集只能代表截至目前已经进入系统中的数据总量。

（2）工作数据集也许更相关，在特定时间只能代表某个单一数据项。

（3）处理工作是基于事件的，除非明确停止，否则没有"尽头"。处理结果立刻可用，并会随着新数据的抵达继续更新。

流处理系统可以处理几乎无限量的数据，但同一时间只能处理一条（真正的流处理）或很少量（微批处理，Micro-batch Processing）数据，不同记录间只维持最少量的状态。虽然大部分系统提供了用于维持某些状态的方法，但流处理主要针对副作用更少、更加功能性的处理（Functional Processing）进行优化。

功能性操作主要侧重于状态或副作用有限的离散步骤。针对同一个数据执行同一个操作会忽略其他因素产生相同的结果，此类处理非常适合采用流处理，因为不同项的状态通常是某些困难、限制，以及某些情况下不需要的结果的结合体。因此，虽然某些类型的状态管理通常是可行的，但这些框架通常在不具备状态管理机制时更简单也更高效。

此类处理非常适合某些类型的工作负载。有近实时处理需求的任务很适合使用流处理模式。分析服务器或应用程序错误日志，以及其他基于时间的衡量指标是最适合的类型，因为对这些领域的数据变化做出响应对于业务职能来说是极为关键的。流处理很适合用来处理必须对变动或峰值做出响应，并且关注一段时间内变化趋势的数据。

4.2.2 典型流计算平台

1. Storm

Storm 是 Twitter 开源的一个分布式实时数据处理系统。按照 Storm 作者的说法，Storm 对于实时计算的意义类似于 Hadoop 对于批处理的意义。根据 Google MapReduce 来实现的 Hadoop 提供了 Map、Reduce 原语，使批处理程序变得非常简单和优美。同样，Storm 也为实时计算提供了一些简单、优美的原语。

2. Storm的基本概念

首先通过 Storm 和 Hadoop 的对比来了解 Storm 中的基本概念，Storm 与 Hadoop 对比见表 4-1。

表 4-1

Storm 与 Hadoop
对比

对比项目	Hadoop	Storm
系统角色	JobTracker	Nimbus
	TaskTracker	Supervisor
	Child	Worker
应用名称	Job	Topology
组件接口	Mapper/Reducer	Spout/Bolt

接下来具体看以下概念。

（1）　Nimbus。负责资源分配和任务调度。

（2）　Supervisor。负责接收 Nimbus 分配的任务，启动和停止属于自己管理的 Worker
进程。

（3）　Worker。运行具体处理组件逻辑的进程。

（4）　Task。Worker 中每一个 Spout/Bolt 的线程称为一个 Task。在 Storm 0.8 之后，
Task 不再与物理线程对应，同一个 Spout/Bolt 的 Task 可能会共享一个物理线程，
该线程称为 Executor。

（5）　Topology。Storm 中运行的一个实时应用程序，各个组件间的消息流动形成逻辑上
的一个拓扑结构。

（6）　Spout。在一个 Topology 中产生源数据流的组件。通常情况下，Spout 会从外部
数据源中读取数据，然后转换为 Topology 内部的源数据。Spout 是一个主动的角
色，其接口中有一个 nextTuple() 函数，Storm 框架会不停地调用此函数，用户只
需在其中生成源数据即可。

（7）　Bolt。在一个 Topology 中接收数据然后执行处理的组件。Bolt 可以执行过滤、函数
操作、合并、写数据库等操作。Bolt 是一个被动的角色，其接口中有一个 execute
（Tuple input）函数，在接收到消息后会调用此函数，用户可以在其中执行自己想要
的操作。

（8）　Tuple。一次消息传递的基本单元。本来应该是一个 Key-Value 的 Map，但是由
于各个组件间传递的 Tuple 的字段名称已经事先定义好，因此在 Tuple 中只要按序
填入各个 Value 就可以了，所以就是一个 Value List。

（9）　Stream。源源不断传递的 Tuple 就组成了 Stream。

（10）　Stream Grouping。即消息的 Partition 方法。Storm 中提供若干种实用的 Grouping
方式，包括 Shuffle、Fields Hash、All、Global、None、Direct、Local 或者 Shuffle 等。

相比于 S4、puma 等其他实时计算系统，Storm 最大的亮点在于其记录级容错
和能够保证消息精确处理的事务功能。下面就来重点看一下这两个亮点的实现原理。

先介绍 Storm 记录级容错的基本原理。Storm 允许用户在 Spout 中发射一个新
的源 Tuple 时为其指定一个 message ID，这个 message ID 可以是任意的 Object

对象。多个源 Tuple 可以共用一个 message ID，表示这些源 Tuple 对用户来说是同一个消息单元。Storm 中记录级容错的意思是，Storm 会告知用户每个消息单元是否在指定时间内被完全处理。完全处理是指该 message ID 绑定的源 Tuple 及由该源 Tuple 后续生成的 Tuple 经过了 Topology 中每一个应该到达的 Bolt 的处理。举个例子，在图 4-2 所示 Storm 记录级容错中，在 Spout 中 message 1 绑定的 Tuple 1 和 Tuple 2 经过 Bolt 1 和 Bolt 2 的处理生成两个新的 Tuple，最终都流向 Bolt 3。当这个过程完成处理时，就称 message 1 被完全处理了。

图 4-2
Storm 记录级容错

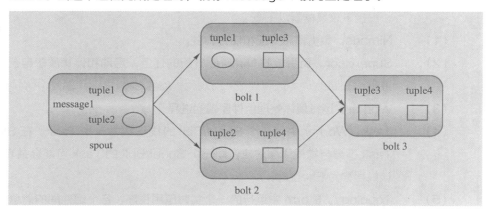

在 Storm 的 Topology 中有一个系统级组件，称为 Acker。Acker 的任务就是追踪从 Spout 中流出来的每个 message ID 绑定的若干 Tuple 的处理路径。如果在用户设置的最大超时时间内，这些 Tuple 没有被完全处理，那么 Acker 就会告知 Spout 该消息处理失败了；相反，则会告知 Spout 该消息处理成功了。在刚才的描述中，提到了"记录 Tuple 的处理路径"，尝试过这么做的读者可以仔细思考一下这件事的复杂程度。在 Storm 中使用一种非常巧妙的方法做到了。在说明这个方法之前，先来复习一个数学定理：

A xor A = 0

A xor B ··· xor B xor A=0

其中每个操作数出现且仅出现两次。

Storm 中使用的巧妙方法就是基于这个定理的。具体过程为：在 Spout 中，系统会为用户指定的 message ID 生成一个对应的 64 位整数作为一个 root ID。root ID 会传递给 Acker 及后续的 Bolt 作为该消息单元的唯一标识。同时，无论是 Spout 还是 Bolt，每次新生成一个 Tuple 的时候，都会赋予该 Tuple 一个 64 位整数的 ID。Spout 发射完某个 message ID 对应的源 Tuple 之后，会告知 Acker 自己发射的 root ID 及生成的那些源 Tuple 的 ID。而 Bolt 每次接收到一个输入 Tuple 并处理完之后，也会告知 Acker 自己处理的输入 Tuple 的 ID 及新生成的那些 Tuple 的 ID。Acker 只需对这些 ID 做一个简单的异或运算，就能判断出该 root ID 对应的消息单元是否处理完成了。

事务拓扑（Transactional Topology）是 Storm 0.7 引入的特性，在 0.8 版本中已经被封装为 Trident，提供了更加便利和直观的接口。受篇幅限制，在此只对事务拓扑做一个简单的介绍。

事务拓扑的目的是满足对消息处理有着极其严格要求的场景，例如，实时计算某个用户的成交笔数，要求结果完全精确，不能多也不能少。Storm 的事务拓扑是完全基于它底层的 Spout/Bolt/Acker 原语实现的，通过一层巧妙的封装得出一个优雅的实现，这也是 Storm 最大的魅力。

事务拓扑就是将消息分为一个个批（Batch），同一批内的消息及批与批之间的消息可以并行处理。另外，用户可以设置某些 Bolt 为 Committer，Storm 可以保证 Committer 的 finishBatch() 操作是按严格不降序的顺序执行的。用户可以利用这个特性通过简单的编程技巧实现精确的消息处理。

3. Spark Streaming

（1）**计算流程**。Spark Streaming 用于将流式计算分解成一系列短小的批处理作业。这里的批处理引擎是 Spark，也就是把 Spark Streaming 的输入数据按照 BatchSize（如 1 s）分成一段一段的数据（Discretized Stream，DStream），每一段数据都转换成 Spark 中的 RDD，然后将 Spark Streaming 中对 DStream 的 Transformation 操作转换为针对 Spark 中对 RDD 的 Transformation 操作，将 RDD 经过操作变成中间结果保存在内存中。整个流式计算根据业务的需求可以对中间结果进行叠加，或者存储到外部设备。图 4-3 所示为 Spark Streaming 的流程。

图 4-3
Spark Streaming
的流程

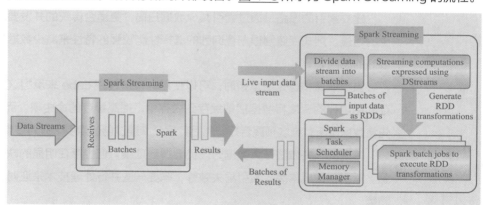

（2）**容错性**。对于流式计算来说，容错性至关重要。首先需要明确一下 Spark 中 RDD 的容错机制。每个 RDD 都是一个不可变的分布式、一个可重算的数据集，其记录着确定性的操作继承关系，所以只要输入数据是可容错的，那么任意一个 RDD 的分区出错或不可用都是可以利用原始输入数据通过转换操作而重新计算出来的。

（3）**实时性**。对于实时性的讨论，会涉及流式处理框架的应用场景。Spark Streaming 将流式计算分解成多个 Spark Job，对于每一段数据的处理都会经过 SparkDAG 图分解，以及 Spark 任务集的调度过程。对于目前版本的 Spark Streaming 而言，其最小的 Batch Size 在 0.5 s ~ 2 s（Storm 目前最小的延迟在 100 ms 左右），所以 Spark Streaming 能够满足除对实时性要求非常高（如高频实时交易）外的所有流式准实时计算场景。

4.3 交互式分析

4.3.1 交互式分析的需求

交互式查询应用通常具有以下特点。

（1） 时延低（数据获取在数十秒到数分钟之间，可以查询到近实时的数据）。

（2） 查询条件复杂（多个维度，且维度不固定）。

（3） 查询范围大（通常查询表记录在几十亿条级别）。

（4） 返回结果数小（几十条甚至几千条）。

（5） 并发数要求高（几百、上千条同时并发）。

（6） 需要支持 SQL 等接口。

传统上常使用数据仓库来承担 Adhoc Query 的责任。为提升查询体验、降低时延，数据库专家想了很多优化数据库的办法，如常见的数据库索引、Sybase IQ 的列式存储等。

建立索引的思路是通过索引减少数据扫描，更适合传统的并发要求高、获取数据少的场景。列式存储则根据查询列的选择性比较强的特性来减少数据的读取，是一个较好的思路。

当数据库本身无法承担时，可以使用内存缓存或 cube 来承担这一任务。内存缓存利用内存的速度将数据提前缓存到内存中，提高缓存的命中率。而 cube 的思路是先将数据按所有维度预聚合好，然后数据仓库通过创建索引来应对多维度的复杂查询。

传统的一些做法在大数据时代仍会得到延续，但也存在明显的缺点，如扩展性不强、索引创建成本高、索引易失效等，需要一些并行处理技术来应对数据急剧增大的趋势。

本节讨论 HBase、Sybase IQ 的系统，下面一起来看业界的解决思路。

4.3.2 HBase 交互式分析的业务流程

随着数据量的增大，传统数据库如 Oracle、MySQL、PostgreSQL 等单实例模式将无法支撑大量数据的处理，数据仓库采用分布式技术成为自然的选择。简单来说，可以认为 HBase 是一种类似于数据库的存储层，也就是说 HBase 适用于结构化的存储。

HBase 是一个分布式的、面向列的开源数据库，该技术来源于 Fay Chang 撰写的论文：《Bigtable：一个结构化数据的分布式存储系统》。就像 Bigtable 利用 Google 文件系统（File System）所提供的分布式数据存储一样，HBase 在 Hadoop 之上提供了类似于 Bigtable 的能力。HBase 是 Apache 的 Hadoop 项目的子项目。HBase 不同于一般的关系数据库，是一个适合于非结构化数据存储的数据库。另一个不同是 HBase 是基于列而不是基于行的模式。

HBase 主要由 Zookeeper、HMaster 和 HRegionServer 组成。HBase 架构如图 4-4 所示。

图 4-4
HBase 架构

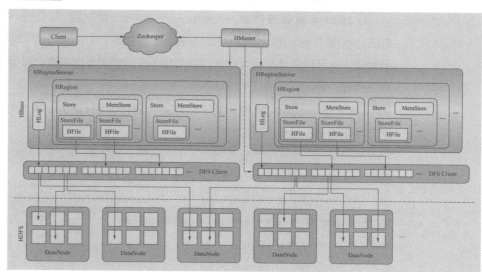

（1）　Zookeeper 可避免 HMaster 的单点故障，其 master 选举机制可保证一个 master 提供服务。

（2）　HMaster 管理用户对表的增删改查操作和 HRegionServer 的负载均衡，并可调整 Region 的分布，在 HRegionServer 退出时迁移其内的 HRegion 到其他 HRegionServer 上。

（3）　HRegionServer 存放和管理本地 HRegion（其数量可通过配置文件更改）。HRegionServer 是 HBase 中最核心的模块，其主要负责响应用户的 I/O 请求，向 HDFS 文件系统中读写数据。HRegionServer 内部管理了一系列 HRegion 对象，每个 HRegion 对应一个 Region，HRegion 中由多个 Store 组成，每个 Store 对应了 Column Family 的存储。

（4）　Storefile、Hfile 存储 Hadoop 下的二进制文件，Storefile 是对 Hfile 的轻量级封装。

传统的数据库需要事先定义数据表的结构，并指定数据的类型，一旦创建就不能改变，修改的代价比较高。而 HBase 则是采用 key 和 value 的存储方式，按照列族把不同的数据组织在一起。

在 HBase 中数据的组织形式从大到小依次如下。

（1）　namespace。命名空间，一般就是逻辑上用于表的区分，类似于数据库中的 database。在最终物理文件存储时，会根据 namespace 切分目录。

（2）　table。表，类似于数据库中的 table。

（3）　column family。列族，相同列族的列会存放在一起。

（4）　row。由基于字符串的 rowkey 唯一指定，rowkey 全局不能重复，按照字典序顺序存储，rowkey 的设计对最终的查询起到关键性作用。

（5）　column。列，用于存放字段的数据内容。

（6）　version。如果数据存在多个版本，那么每个时间戳（版本）会对应一个数据。

在 HBase 具体操作上，com.util.HBaseUtil 类封装了对应的创建 HBase 表，方法 createTable 用以创建 HBase 表，示例如下：

```
HBaseUtil.createTable("t_city_hotels_info",new String[]{"cityInfo","hotel_info"}); // 创建拥有两个列族的 cityInfo、hotel_info 的表 t_city_hotels_info
```

com.util.HBaseUtil 类封装了对应的批量存储到 HBase 表，方法 putByTable 用以存储到 HBase，示例如下：

```
List<Put> puts = new ArrayList<>();// 一个 Put 代表一行数据，每个 Put 有唯一的 rowkey
Put put = new Put(Bytes.toBytes("5212")); // 创建 rowkey 为 5212 的 Put
put.addColumn(Bytes.toBytes("hotel_info"),Bytes.toBytes("id"),Bytes.toBytes("2");// 在列族 'hotel_info' 中，增加字段名称为 'id'，值为 "2" 的元素
put.addColumn(Bytes.toBytes("hotel_info"),
Bytes.toBytes("price"), Bytes.toBytes(String.valueOf(2)));// 在列族 'hotel_info' 中，增加字段名称为 'price'，值为 2 的元素
puts.add(put);
HBaseUtil.putByTable("t_city_hotels_info",puts);// 批量保存数据到 t_city_hotels_info
```

MapReduce 是运行在 Job 上的一个并行计算框架，分为 Map 节点和 Reduce 节点。Hbase 提供了 org.apache.hadoop.hbase.mapreduce. TableMapReduceUtil 的 initTableMapperJob 和 initTableReducerJob 两个方法来完成 MapReduce 的配置。

其中，initTableMapperJob 方法如下：

```
/**
 * 在提交 TableMap 作业之前使用它。它会适当地设置
 * 工作。
 * @param table 要读取的表名。
 * @param scan 具有列、时间范围等的扫描实例。
 * @param mapper 要使用的 mapper 类。
 * @param outputKeyClass 输出键的类。
```

```
* @param outputValueClass 输出值的类。

* @param job 当前要调整的工作。确保传递的作业是

* 携带所有必要的 HBase 配置。

* @throws IOException 设置细节失败。

*/

public static void initTableMapperJob(String table, Scan scan,

    Class<? extends TableMapper> mapper,

    Class<?> outputKeyClass,

    Class<?> outputValueClass, Job job)

throws IOException

/**
```

initTableReducerJob 方法如下：

```
/**

* 在提交 TableReduce 作业之前使用它。它会

* 适当设置 JobConf。

*

* @param table 输出表。

* @param reducer 要使用的 reducer 类。

* @param job 当前要调整的工作。

* @throws IOException 确定区域计数失败时。

*/

public static void initTableReducerJob(String table,

    Class<? extends TableReducer> reducer, Job job)

throws IOException
```

4.3.3 交互式分析的典型平台

Sybase IQ数据库的母公司 SAP 总部位于德国的沃尔多夫市。SAP 是全球最大的企业管理和协同化商务解决方案供应商、世界第三大独立软件供应商、全球第二大云公司。Sybase IQ 是一款非常独特的大规模并行处理（Massively Parallel Processing，MPP）数据库。

1. 架构演变

IQ 在以前都采用 Share Everything 架构，所有的数据都存放在一个共享的 SAN 存储中，与 Oracle RAC 的架构类似。从 IQ 16.0 SP10 开始引入 Share Nothing Multiplex/MPP 的支持。"Share Nothing Multiplex"是一个在大数据环境下针对 MPP 的存储和处理架构。在这个存储架构下，主数据（Primary Data）

存储在一组节点中的直插式存储（Direct-Attached Storage，DAS）设备集合中，而不是存储在一个共享存储区域网络设备中（SAN 存储设备中）。

Share Nothing Multiplex 的优势主要有以下几点。

2. I/O扩展能力提升

此前的 IQ Multiplex 采用 Share Disk 存储架构来存放数据，当节点增加、数据量不断增长时，共享存储成为瓶颈。Share Nothing Multiplex 采用分布式存储技术，极大地提升了 I/O 扩展能力。每个节点中的本地 DAS 存储设备能够实现比共享 SAN 存储设备更高的 I/O 性能。

IQ 16.0 SP10 引入的 Share Nothing Storage 类似于 Hadoop 的 HDFS，使用每个节点自己本地的存储存放用户数据的子集。在 IQ Multiplex 中，可以同时使用 Share Nothing dbspaces 和 Share Disk dbspaces；在一个物理集群中，Share Nothing Multiplex 和 Share Disk Multiplex 可以同时存在。

3. 提供更强的数据保护

每个节点中的 DAS 设备可以指定镜像文件，通过镜像技术能够提升数据的高可用性。这与 Hadoop 的 HDFS 也有些类似，都是通过数据冗余技术来避免数据损坏、丢失。

4. 图存储设备管理变得相对简单

之前管理 IQ Multiplex 共享存储设备时需要管理裸设备。Share Disk 存储结构要求每个节点上的设备路径一定要相同，并且指向一定要正确。当节点数量比较多或者共享裸设备数量比较多时，会造成管理的负担，并且容易出现错误。IQ 16.0 SP10 的 Share Nothing Multiplex 采用了分布式存储架构，在每个节点上可以使用裸设备，也可以使用文件系统中的文件。

5. 数据库备份的变化

由于采用了节点本地的设备镜像技术，因此 IQ Share Nothing Multiplex 的数据保护能力得到了进一步的提升（类似于 Hadoop HDFS 采用的数据冗余技术）。对于 Share Nothing Multiplex 而言，数据库备份被分解到各个节点，每个节点只负责备份自己拥有的本地设备上的数据，并且节点之间可以并行进行备份，这降低了原先 Share Disk Multiplex 备份时对于备份设备的压力。

6. IQ的独特优势

IQ 以列存储数据而不是行，这与其他所有关系型数据库引擎广泛使用的存储方向相反。在其他关系型数据库内核中，数据库的一张表的典型表示为一条数据库页链，每个数据页中有一行或多行数据记录。在数据仓库应用中，从查询性能的观点出发，这种存储方式是所有可能的数据存储方式中最不可取的。在 IQ 中，每张表是一组相互独立的页链的集合，每条页链代表表中的一列。因此，有 100 列的表将有 100 条相互独立的页链，每一列都有一条页链与之相对应，而不像其他数据库引擎，一张表对应一条页链。列存储所固有的优越性在于：大多数数据仓库应用的查询只关心表中所有列的一个很小的子集，从而可以以很少的磁盘 I/O 得到查询结果。现在考虑这样一个例子，假设要得到所有生日在 7 月的客户的名字和电子邮件地址。

在一个典型的 OLTP 数据库引擎中，查询优化器将根据返回行的百分比（如 1/12，在本例中，假设各月的生日基本平均）来决定是否值得在该列上使用索引。因此，典型的数据库引擎对该查询可能会做全表的扫描。为对扫描的成本进行估算，假设每个客户的行记录为 3 200 字节，共有 1 000 万条记录。因此，表扫描必须读取 320 亿字节的数据。IQ 数据库引擎可以只读取查询所需的列。在本例中，有三个相关的列：全名、电子邮件地址和出生日期。假设全名为 25 字节，电子邮件地址为 25 字节，出生日期为 4 字节（日期以二进制进行内部编码），那么 IQ 只需读取 5.4 亿字节的数据，大约是原来的 1.7%。

传统的数据库引擎不能以一种通用的方式进行数据压缩，主要是因为存在以下三个问题。

（1）按行存储的数据存储方式不利于压缩。这是因为数据（大多数为二进制数据）在以这种方式存储时重复并不多。一般来说，按行存储的数据，最多有 5%～10% 的压缩比例。

（2）对于许多 2K 和 4K 的二进制数据的页来说，为压缩和解压缩而增加的开销太大。

（3）在 OLTP 环境中大量读取和更新混杂在一起。每次更新都需要进行压缩操作，而读取只需进行解压缩操作，大多数数据压缩算法在压缩时比解压缩时慢。这一开销将明显降低 OLTP 数据库引擎的事务处理效率，从而使得数据压缩的代价昂贵到几乎不能承受。

在数据仓库应用中，数据压缩可以用小得多的代价换取更大的好处，其中包括减少对于存储量的要求、增大数据吞吐量，这相当于减少查询响应时间。Sybase IQ 使用了数据压缩。这是因为数据按列存储时，相邻的字段值具有相同的数据类型，其二进制值的范围通常也要小得多，所以压缩更容易，压缩比更高的 Sybase IQ 对列存储的数据通常能得到大于 50% 的压缩。更大的压缩比加上大页面 I/O，使得 Sybase IQ 在获得优良的查询性能的同时减少了对存储空间的需求。

IQ 通过列存储、革命性的位图索引方法及智能的动态访问技术实现了更快的查询响应速度，比传统的数据库查询速度提高 10～1 000 倍。这主要表现在以下几个方面。

（1）**减少磁盘 I/O**。Sybase IQ 通过独特的列存储、索引与压缩技术，大大减少了查询中的磁盘 I/O 次数，其卓越的磁盘 I/O 性能带来了更快速的查询反应、更高的吞吐量和更低的成本。

（2）**并行列处理**。IQ 支持列向量的并行处理，这样，在查询中，大量的列向量将被并行扫描，从而达到显著降低响应时间的目的。

（3） 智能优化。IQ 允许在每个列上建立多个索引，IQ 查询优化器可以在不同的使用情况下为查询选择不同的索引。

（4） **提高 cache 命中率**。大多数传统的关系型数据库执行决策支持类型的查询时会进行表扫描，表扫描会使 cache 命中率降低。列存储方式使 cache 命中率大大提高，查询响应速度加快。

大多数传统数据库采用的并行表扫描方法在一个大型 SMP 上只有一个用户的情况下效果是最好的，但在多用户查询环境中的性能会大打折扣。原因是现在的大多数 SMP 系统只能同时支持一至两张大型表的并行扫描，如果扫描数量增加，则不是CPU 资源不够，就是耗尽了 I/O 总线的带宽，在进行表扫描的同时也使数据库缓冲完全失效，因为大多数大型数据仓库应用的表扫描都远大于物理缓冲区的存储能力。IQ 独特的并行结构可以在大量的并发查询情况下提供优秀的查询性能。

智能压缩技术与精巧的索引和列存储相结合，使得 IQ 比其他数据库引擎拥有更好的存储效果。这将获得更低的存储成本与更高的查询性能（因为系统仅需很少的磁盘 I/O 读取或写入任何给定的数据库块）。

在传统的数据库中，为提高查询性能所建的索引占用的磁盘空间，往往比数据本身所需的磁盘空间多出 300 多倍。而 Sybase IQ 存储数据所占用的磁盘空间通常只是原数据文件的 40%～60%，大大节约了存储成本。

4.4 案例分析

Spark Streaming 是一套优秀的实时计算框架。其良好的可扩展性、高吞吐量及容错机制能够满足很多场景应用。本案例结合应用场景，通过对飞机出现次数进行实时统计，介绍如何使用 Spark Streaming 处理数据。

接下来通过对飞机出现次数进行实时统计，场景流程如下：

（1） 读取 TCP 实时数据；

（2） Spark Streaming 对数据进行处理；

（3） 将数据结果输出到控制台，跳转到步骤一。

首先导入必要的类并创建一个本地 Spark Session：

```
from pyspark.sql import SparkSession
spark = SparkSession \
        .builder \
        .master("local[2]") \
        .appName("getUserInfo") \
```

```
    .getOrCreate()
```

接下来创建一个流数据框架，该数据框架表示从 TCP 服务端获取消息：

```
df = spark \
.readStream \
.format("socket") \
.option("host", "localhost") \
.option("port", 9999) \
.load()
```

创建临时表，通过 Spark SQL 统计流文本数据中相同名称飞机的出现次数，并按照降序排序：

```
# 通过 `DataFrame` 创建 `planeNumber` 表
df.createOrReplaceTempView("planeNumber")
# 获取查询数据
sql= spark.sql("select count(*) nums,value from planeNumber   group  by value order by
nums desc");
```

对流数据进行了查询，剩下的就是接收数据并计算次数。为此，设置 outputMode（"complete"）在每次更新计数时将完整的结果集输出到控制台，然后使用开始流计算 start()。

启动流式查询，并把最后结果输出到控制台：

```
query =  sql.writeStream.format("console").outputMode("complete").start()
```

等待停止指令：

```
query.awaitTermination()
```

等待 20 s 关闭指令：

```
time.sleep(20)
query.stop()
```

先运行上面代码，要看到效果，还需要创建 TCP 服务端，监听到连接时发送数据，代码如下：

```
from socket import *
HOST = '127.0.0.1'
PORT = 9999
BUFSIZ = 1024
ADDRESS = (HOST, PORT)
tcpServerSocket = socket(AF_INET, SOCK_STREAM)
tcpServerSocket.bind(ADDRESS)
tcpServerSocket.listen(5)
```

```
try:
    while True:
        client_socket, client_address = tcpServerSocket.accept()
        f = ['J20', 'F35', 'F15', 'Y200', 'HY', 'S30', 'J16']
        for i in range(0, 100):
            length = len(f);
            key = i%length;
            client_socket.send((f[key] + '\n').encode("utf-8"))
            print(" 发送 ")
        client_socket.close()
finally:
    tcpServerSocket.close()
```

预期输出如图 4-5 所示。

图 4-5

预期输出

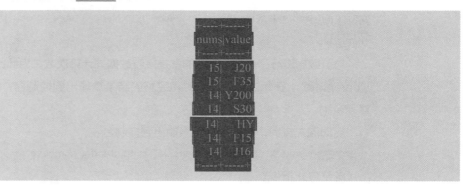

关键术语

- 批处理
- 流处理
- 交互式分析
- Spark 平台

本章小结

　　本章梳理了大数据技术中的计算和处理技术，介绍了批处理、流处理和交互式分析的内容。以 Spark、HBase 为代表的新一代的流处理技术显著提升了大数据处理能力，在目前大数据领域中得到了广泛应用。

即测即评

第 5 章

数据获取技术

■　获取和收集数据是进行大数据分析的前提，能够获取大数据中隐藏的巨大价值。数据量的大小、数据所涉及的业务领域深度及数据的质量都对大数据分析结果起直接影响。值得注意的是，在大数据应用背景下，流行于经济学领域的"二八规则"也具有一定普适性。据统计，在大数据价值挖掘过程中，花在收集和准备数据阶段的时间占比高达 70% ~ 80%，而花在数据分析上的时间占比仅有 20% ~ 30%。由此可见，数据的获取和收集是进行大数据分析的关键。

■　本章首先介绍数据的分类，然后分别介绍外部和内部的数据获取方法，并进行案例分析。

5.1 数据分类

数据的分类方式很多，可以按照字段类型、数据源等方式进行分类，下面将简单介绍常见的几类数据分类方式。

按字段类型分类，数据可以分为文本类、数值类、时间类等。文本类数据通常用于描述性字段，如姓名与地址等。这类数据不能直接用于四则运算，所以在使用时可以先对该字段进行标准化处理，再进行字符匹配。数值类数据通常用于描述量化属性或者用于编码。量化属性，如用户数量、用户评分等，可直接进行四则运算；而邮编、身份证号码等则属于编码，可进行四则运算，无实际业务含义。而时间类数据则是用于描述事件发生的时间。

按数据的表现形式分类，数据可分为数字数据和模拟数据。数字数据是指某个区间内离散的值，如测量数据；模拟数据则是由连续函数组成的，是指某个区间内连续变化的量，如温度的变化等。

按数据粒度分类，数据可以分为明细数据和汇总数据。明细数据是指从数据源获取的原始数据，未经处理且粒度较小，细节较多。明细数据虽然包含丰富的细节信息，但在实际应用过程中，这些原始数据往往需要进行大量的计算才能够运用，使得计算效率比较低，从而就出现了汇总数据。汇总数据是经过预加工，从各个方面进行汇总的数据。相对于明细数据的详实，汇总数据的目的是更便捷地获取信息，更加方便地进行数据的分析。

按数据的来源和特点，数据（以电信数据为例）可以分为网络原始数据、用户面详单数据、信令数据等。网络原始数据是指电信网络里呼叫或上网行为引起的电信设备之间交换的数据，用户面详单数据是指从网络原始数据中提取出来的用户行为数据，如通话记录、上网行为等；信令数据是指在电信网络的控制面上设备之间相互按照协议协商通信的数据。

网络原始数据、用户面详单数据和信令数据都是运营商数据，运营商数据是一个数据"宝藏"，包括用户数据和设备数据，但运营商的数据又有以下特点。

（1） **数据种类复杂，不同结构的数据都有。**运营商设备由于传统设计的原因，大多是根据协议来实现的，因此数据的结构化程度较高，结构化数据易于分析，相比于其他行业有着天然的优势。

（2） **数据实时性要求高。**例如，信令数据都是实时消息，如果不及时获取就会丢失。

（3） **数据来源广泛。**各个设备数据产生的速度及传送速度都不一样，因此数据关联是一大难题。

让数据产生价值的第一步是数据获取，下面将介绍内部数据获取的相关知识。

5.2　内部数据获取

　　按数据来源划分，内部数据是指公司运营过程中所产生的数据，以及与其合作公司在合作过程中所产生的可获得数据。就目前情况来说，公司大多以内部数据为研究基础进行数据分析。公司运行过程中会产生大量的日志，日志往往隐藏了很多有价值的信息，通常情况下可以直接从日志中提取公司内部数据。除公司日志外，部分公司自身所维护的公司数据库也是存储和获取公司内部数据的重要技术手段。

　　在公司运行过程中，大量数据会在经营、管理和服务等业务流程中产生，这些数据有些存在于公司日志，有些被存储于数据中心或数据集市中。尽管这些数据产生于同一企业，抑或是同一种业务，但这些数据有可能以不同的形式存在，并以不同的结构存储于数据库中。对于日志中的非结构化数据，采用高性能的日志收集系统是一种必要选择；而对于不同数据库中的数据，也需要采用数据整合系统进行形式统一。

5.2.1　内部数据获取流程

　　ETL（Extraction Transformation Loading，ETL）即数据抽取（Extract）、转换（Transform）、加载（Load）的过程。ETL 的作用就是将公司内部不同形式或者不同来源的数据进行抽取、转换最后形成格式化数据，通过该方法，将公司中零乱且异构的数据进行统一的规范化，以便于后续的数据分析、数据处理及数据运用。

　　一个简单的 ETL 系统结构图如图 5-1 所示。

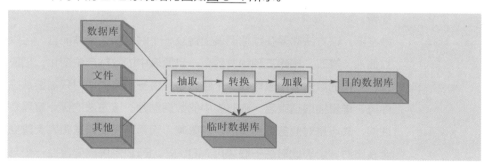

图 5-1
ETL 系统结构图

　　ETL 系统包括三个过程：数据抽取、数据转换和加工、数据加载。这些功能的实现依赖于一些功能上的扩充，一般包括工作流、调度引擎、规则引擎、脚本支持、统计信息等。

1.　数据抽取

　　数据抽取的定义是从数据源中获取数据。在多数情况下，数据在数据库中存储，数据抽取可以直接从数据库中进行抽取。从数据库中抽取数据的方式有两种：全量抽取和增量抽取。

（1）　全量抽取。

　　全量抽取就是抽取整个数据库中的全部数据，甚至将数据源库中所有数据按照原有格式抽出来，然后转换成自己的 ETL 工具可识别的格式。因为全量抽取是抽取整个数据库中存储的全部数据，所以在抽取过程中无须进行其他的处理，该抽取方式比较直观简单。然而，在实际情况中，因为数据实时增加，若进行全量抽取，将出现重复及冗余数据，降低数据抽取的效率，所以全量抽取很少被使用。

（2）**增量抽取。**

增量抽取是指在上次抽取的基础上进行增量的抽取，具体指仅抽取上次进行抽取后，数据库中又新增或修改的数据。增量抽取的关键是检测变化的数据。评价检测方法好坏的标准是能否以较高的准确率检测数据库中的变化的同时，不影响现有业务。在增量数据抽取过程中，日志比对、时间戳、触发器和全表比对是常用的手段。

① 日志比对。该方法通过分析数据库日志来判别数据的变化。例如，在 Oracle 数据库中，改变数据捕获特性能够识别出从上次进行增量抽取后发生变化的数据。改变数据捕获特性可以在源表进行修改的同时提取数据，修改使得发生变化的数据会被保存在数据库的一个特殊变化表中，这个变化表就可以捕获自上次抽取后发生变化的数据，然后提供给目标系统。

② 时间戳。该方式是为修改的数据增加一个时间戳字段，在修改表时修改其相应的时间戳值，通过比较上次抽取数据时间与表格中时间戳值就可以判别出该数据是否要进行增量抽取。时间戳是一种较好的检测方法，数据抽取过程相对清楚简单。但是，该方法也存在缺陷：一方面，系统中需要加入额外的时间戳字段，占一定的存储空间；另一方面，对部分不具有时间戳的自动更新功能的数据库，系统需要额外进行时间戳的更新。

③ 触发器。该方法需要在数据源表上建立一个触发器，具体而言，可以在数据源表上建立插入、修改、删除三种触发器，一旦源表中的数据产生变化，相应的触发器就会触发，变化的数据会相应写入一个临时表，进行增量抽取时只需要从临时表中进行抽取即可，增量抽取结束后，临时表中的数据删除。该方法的优点是具有较高的数据抽取性能，缺点是对业务系统有一定的影响，因为需要在数据源表上建立触发器。

④ 全表比对。全表比对法一般采用 MD5 码。ETL 系统需要建立一个与抽取数据表结构类似的 MD5 临时表，这个临时表用于记录根据数据表的所有主键和字段数据计算出来的 MD5 码。在进行增量抽取之前，对比源表和临时表中的 MD5 码，根据 MD5 码的变动，可以确定源表中数据的新增、修改和删除情况，即可锁定需要进行增量抽取的数据，在进行抽取后，更新 MD5 校验码。该方式的优点是仅需要单独建立一个相同结构的 MD5 表，对系统使用影响较小。当然，它的缺点也是显而易见的：不同于触发器和时间戳两种方式，MD5 检测方法是被动对比全表数据的，因而其性能较差，尤其当数据源表中没有主键或含有重复记录时，MD5 检测方式的准确性不尽如人意。

除关系数据库外，ETL 系统还可以处理文件类型的数据源，包括 TXT 文件、XML 文件、EXCEL 文件等。但是对于文件数据源，ETL 系统一般进行全量抽取，抽取前计算文件的 MD5 校验码，或者保存文件的时间戳信息，以便下次进行抽取时进行比对，如果两次抽取的内容相同，则在本次抽取中忽略。

2.　数据转换和加工

在数据抽取出来之后，由于抽取的数据可能与目的数据库是异构的，包括数据结构上的异质、数据错误、数据缺失等，因此对抽取得到的数据进行转换和加工是十分有必要的。数据的转换和加工处理可利用关系数据库特性，在数据抽取过程中同时进行，亦可在 ETL 引擎中进行。

（1）　**在数据库中进行数据加工。**

关系数据库本身强大的 SQL 指令、函数可用于数据加工。例如，在用 SQL 指令进行查询时，可以在语句中添加 where 查询命令进行过滤，利用 substr 函数和 case 条件判别等可将查询重命名字段名与目的表进行映射。相比于在 ETL 引擎中进行数据转换与加工，SQL 语句直接进行转换和加工的方式更加简单清晰，且性能更高。当然在某些特殊应用中，SQL 语句无法进行处理，这时可以将转换和加工任务交由 ETL 引擎进行处理。

（2）　**ETL 引擎中的数据转换和加工。**

另一种数据加工和转换方式是在 ETL 引擎中进行，该方法一般通过组件化的方法进行数据转换。常用数据转换组件包括字段映射、数据清洗、数据替换、数据计算、数据验证、数据加解密、数据拆分等。这些组件通过总线进行数据共享，如同流水线上的不同工序，可以进行组装和插拔。部分 ETL 工具还支持脚本，以方便用户通过编程的方式定制数据的转换和加工方法。

3.　数据加载

数据加载在数据转换和加工后进行，是 ETL 过程的最后一步。加载数据的最好方法是要根据所执行数据的加载操作类型和数据的加载量而定。当关系数据库作为目的库时，通常来说有以下两种加载方式。

（1）　直接利用 SQL 指令语句进行数据插入、更新、删除操作。

（2）　利用如 bulk、关系数据库特有的批量加载工具或 API 等进行批量加载。

大多数情况下，数据加载过程会使用第一种方式，因为该加载方式存在日志记录并且加载过程是可恢复的，更重要的是批量加载操作更易于使用，在需要加载大量数据时效率较高。

5.2.2　**内部数据获取工具**

在大数据时代，数据的异构性导致很难直接利用数据展开分析，从而进行异构数据整合是数据分析的前提，整合结果将影响后续工作的准确性。ETL 过程是进行异构大数据整合的必备过程，许多公司展开 ETL 工具的开发，目前市面上的 ETL 工具众多，如 Informatica PowerCenter（Informatica 公司开发）、DataStage

（Ascential 公司开发，2005 年被 IBM 收购）、Kettle（业界最有名的开源 ETL 工具）、Flume 日志收集系统等。本节将重点介绍几个常用的 ETL 工具。

1. DataStage

DataStage 是一套由 IBM 推出的专门进行简化和自动化，对多种操作数据源的数据进行抽取、转换和维护，并将最终结果输入数据集市或数据仓库等目标数据库的集成工具。DataStage 能处理多种数据源的数据，包括主机系统的大型数据库和普通的文件系统，以及开放系统上的关系数据库等。

2. Informatica PowerCenter

Informatica PowerCenter 是 Informatica 公司开发的为满足企业级要求而设计的企业数据集成平台，并提供企业部门的数据和电子商务数据源之间的集成，如 XML、关系型数据、网站日志、主机等数据源。

3. Kettle

Kettle 是一款使用 Java 编写的开源的 ETL 工具，可在 Windows、Linux、Unix 上运行，数据抽取稳定而高效。Kettle 工具集包含四个产品：Spoon、Pan、Chef、Kitchen。

（1） Spoon 是转换设计工具，使用户通过图像界面来设计 ETL 的转换过程。

（2） Pan 是转换执行器，在后台批量运行由 Spoon 设计的 ETL 转换过程。

（3） Chef 是任务设计器，允许用户创建新任务。

（4） Kitchen 是任务执行器，批量执行由 Chef 设计的任务。

Kettle 中有两种脚本：job 和 transformation。job 一般负责完成整个工作流的控制，transformation 完成数据的基础转换。

上述三种主流 ETL 工具的特点与区别见表 5-1。

表 5-1
三种主流 ETL
工具的特点与区别

比较维度	DataStage	Informatica PowerCenter	Kettle
数据源	目前市场上的主流数据库，且具有优秀的文本文件和 XML 文件读取和处理能力	大部分主流数据库，用于访问和集成几乎任何业务系统与任何格式的数据	大部分主流数据库
免费与否	需购买	需购买	免费开源
运行平台	Windows/Unix/Linux	Windows/Unix/Linux	Windows/Unix/Linux
软件安装和升级	图形安装，安装步骤较为复杂	安装完全图形化，无须额外安装平台且无须修改系统参数	绿色安装，直接使用
处理性能	可以并行处理，并行处理能力使 DataStage 对数据的处理速度趋于线性扩展	多 Session 可并行运行，目标数据区分提高写入速度，可建立多个 PowerCenter Server，并发运行多个 Session 和 Workflow。结合 Streaming 和文件交换区的技术，优化资源利用。Session 支持多线程和管道技术（Pipeline）	使用 JDBC，性能与 Datastage、Informatica 相比要差很多，适合于数据量较小的 ETL 加工使用

比较维度	DataStage	Informatica PowerCenter	Kettle
元数据管理	元数据未公开	元数据资料库可基于关系型数据库（Oracle、DB2、teradata、Informix、Sql server 等）	无元数据管理
抽取容错性	没有真正的恢复机制	抽取出错可恢复，可实现断点续传的功能	无恢复功能
操作便捷性	全图化开发，无编码	全图化开发，无编码，操作简便	全图化开发，无编码，操作简单
编码支持	几乎支持目前所有的编码格式	支持编码格式非常丰富	支持常见的编码格式
系统安全性	只提供 Developer 和 Operator 两个角色，系统较安全	多范围的用户角色与操作权限，权限可以分到用户或组	简单的用户管理功能

4. Flume日志收集系统

  Flume 日志收集系统是 Cloudera 公司的一款高性能、高可用的日志收集系统，如今已经是 Apache 的顶级项目。与 Flume 相似的日志收集系统还有 Facebook Scribe、Apache Chuwka。

（1）该系统的特点。

① 可靠性。可靠性是指保证日志数据不会丢失，当系统的某个节点无法正常工作时，系统可以将日志传送到其他仍然处于正常工作状态的节点上。Flume 系统为保证数据不丢失，提供了三个层级的可靠性保障，一级的保障失败后，就会采取下一级保障措施。该保障手段在收到数据后，Agent 负责把数据优先写入磁盘，一旦数据传输成功，写入的数据则可以删除，一旦数据传输失败，就会要求数据重新进行发送。当数据的接收一侧无法正常运行面临崩溃时，数据会直接写入本地磁盘，等接收方恢复后再次发送。而当数据成功发送后，发送方不会再进行重复确认。

② 可扩展性。Flume 所采用的架构分为 Agent、Collector 和 Storage 三层，其中每一层架构都可在水平层次上进行扩展。Agent 和 Collector 都是由 Master 进行统一管理的，这样的好处在于可以更轻松地被监控和维护。在该系统中允许多个 Master，这样就避免了单点故障问题。

③ 可管理性。在有多个 Master 共同管理的情况下，Flume 系统利用 Zookeeper 和 Gossip 来确保动态配置数据的一致性。Flume 为数据管理提供了 Web 和 Shell Script Command 两种方式。用户能够在 Master 上查询各数据源与数据流执行情况，而且能够对各个数据源进行配置与动态加载。

④ 功能可扩展性。用户可以根据需要添加自己的 Agent、Collector 或 Storage。此外，Flume 自带了很多组件，包括各种 Agent（如 File、Syslog 等）、Collector 和 Storage（如 File、HDFS 等）。

Flume OG 的架构如图 5-2（a）所示，Flume NG 的架构如图 5-2（b）所示。

图 5-2

Flume OG 和
Flume NG 的架构

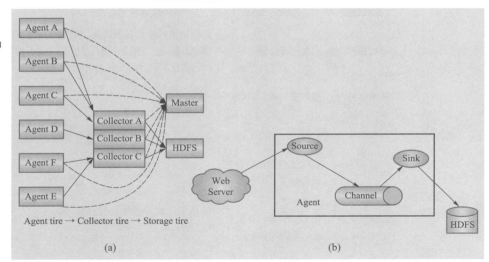

Flume 采用了分层架构，分别为 Agent、Collector 和 Storage。Agent 和 Collector 都是由 Source 和 Sink 组成的，其中 Source 表示数据的来源，Sink 表示数据的去向。Flume 使用了两个组件：Master 和 Node。Node 根据在 Master Shell 或 Web 中的动态配置，决定其是作为 Agent 还是作为 Collector。在此架构中，Collector 所接收的数据是 Agent 发送的数据源数据。

（2）　通过 Flume 1.4.0 对该系统进行组件介绍。

①　Client 路径。apache-flume-1.4.0-src\flume-ng-clients。操作首先把数据发送给 Agent。有两种在 Client 与 Agent 之间建立数据沟通的方法。第一种：创建一个 iclient，让这个 iclient 继承 Flume 已存在的 Source，创建必须保证所传输的数据 Source 可以理解。第二种：写一个 Flume Source，通过 IPC 或者 RPC 协议与已存在的应用通信，转换成 Flume 可以识别的事件。

Client SDK 是一个基于 RPC 协议的 SDK 库，可通过 RPC 协议使应用与 Flume 直接建立联系，可直接调用 SDK 的 api 函数而不用关注底层数据如何交互。

②　NettyAvroRpcClient。Avro 是默认的 RPC 协议。NettyAvroRpcClient 和 ThriftRpcClient 分别对 RpcClient 接口进行了实现。

为监听到关联端口，需在配置文件中添加端口与 Host 配置信息。除以上两类实现外，FailoverRpcClient.java 和 LoadBalancingRpcClient.java 也分别对 RpcClient 接口进行了实现。

③　FailoverRpcClient 路径。该组件主要实现了主备切换，采用 < host>:<port> 的形式。

④　LoadBalancingRpcClient。其在有多个 Host 时起负载均衡的作用。

⑤　Embedded Agent。Flume 允许用户在自己的 Application 里内嵌一个 Agent。这

⑥ 个内嵌的 Agent 是一个轻量级的 Agent，不支持所有的 Source、Sink、Channel。Transaction。Flume 的 三 个 主 要 组 件 分 别 是 Source、Sink、Channel。 在 Channel 的类中会实现 Transaction 的接口，无论是 Source 还是 Sink，只要连接上 Channel，就必须先获取 Transaction 对象。获取 Transaction 对象流程图如图 5-3 所示。

图 5-3
获取 Transaction
对象流程图

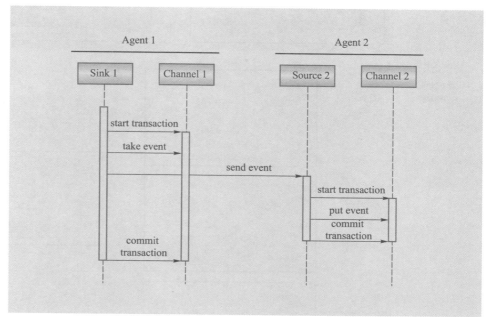

⑦ Sink。该组件的一个重要作用就是从 Channel 中获取事件，然后把事件发送给下一个 Agent，或者把事件存储到另外的仓库内。一个 Sink 会关联一个 Channel，这是配置在 Flume 的配置文件中的。Sink 需要实现 LifecycleAware 接口的 start() 和 stop() 方法。

A. Sink.start()。初始化 Sink 及设置 Sink 的状态，可以进行事件收发。

B. Sink.stop()。进行必要的 cleanup 动作。

C. Sink.process()。负责具体的事件操作。

⑧ Source。Source 的作用是从 Client 端接收事件后把事件存储到 Channel。

　　PollableSourceRunner.start() 用于创建一个线程，管理 PollableSource 的生命周期。同样也需要实现 start() 和 stop() 两种方法。需要注意的是，还有一类 Source，被称为 EventDrivenSource。区别是其有自己的函数用于捕捉事件，并非每个线程都会驱动一个 EventDrivenSource。

（3） **Flume 使用模式。**

① 多 Agent 串联，其示意图如图 5-4 所示。

② 多 Agent 合并，其示意图如图 5-5 所示。

③ 单 Source 的多种处理，其示意图如图 5-6 所示。

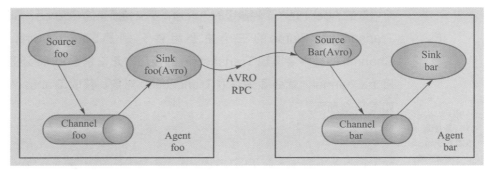

图 5-4
多 Agent
串联示意图

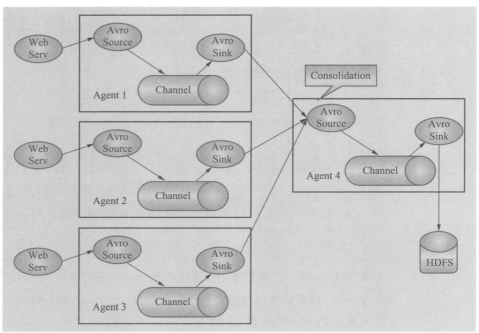

图 5-5
多 Agent
合并示意图

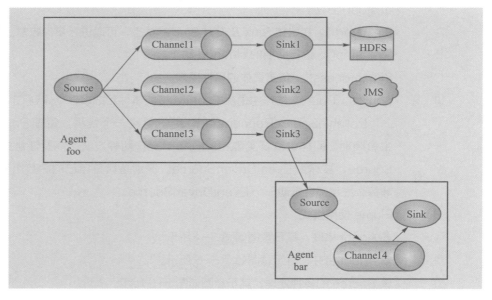

图 5-6
单 Source 的多种
处理示意图

5.2.3　内部数据获取注意事项

在大数据项目建设过程中，数据采集是关键环节。本节提到的内部数据是相比于后文的互联网数据而言的。这里隐含的一个问题是：除本单位的自营数据外，应该富集哪些其他单位的他营数据，这与目标定位有关（往往需要开发方、用户方等多边研判后加以遴选），也与商务合作策略及进度有关。在有商务运维的支撑下，纯粹的数据采集涉及的相关应用提示如下（包括但不限于）。

（1）　在系统初始上线前，将既有数据导入新系统中，通常是不可或缺的步骤。如果数据是在既有自营系统（平台）中，则需要在新系统上线伊始，从既有自营系统（平台）中将数据（批量）导出输入新系统中。在系统正常有序运行后，需要配置一定的策略（如频度、数据交换时间等）与既有自营系统（平台）进行（增量）数据交换。

（2）　在实际操作过程中，往往还有一类既有数据，它以历史文档的形式保存在甲方的数据库中，甚至是以纸质（非电子存储）的方式存放在甲方的档案馆中。这类数据往往也需要纳入数据导入的范围。特别是非电子存储的数据，意味着首先需要数字化，然后进行数据的导入，该应用场景在很多传统行业和领域极其常见。显然，这一步骤的工作量和成本都极其巨大。

（3）　ETL 是在数据库层进行数据交换的一个工具。这说明需要对数据源侧的数据字典、数据组织与表结构有清晰的了解，不然很容易出现数据获取不完整的情况。在实际进行 ETL 的过程中，新系统的开发者往往缺乏既有系统（数据源侧）的技术支撑，这通常会给新系统研发（在数据交换方面）带来很大困难。

（4）　传统意义上，ETL 的流程是先抽取（从原始数据库中提取出数据）、再转换（转换成目标数据库的格式）、再加载（将转换好的数据导入目标数据库）。而出于对数据加载效率的考虑，通常将顺序更改为 ELT，即先抽取、再加载、再转换。这样做的最大动机在于先将原始数据库的数据最大范围导入当前数据库中（提升加载效率），至于如何处理和转换，则放在之后进行。

（5）　ETL 只是众多数据交换方式中的一种，十分适合于大批量的数据导入导出的场景（如系统上线伊始），在系统运行状态下，当然也可以通过 ETL 工具在后台完成数据的交换（按照某种策略）。事实上，还有一种 API 接口方式（由原系统提供类似功能，新开发系统按照 API 规约进行数据存取），也可以进行数据的交换，该情况特别适合系统在线运行状况下实时（新增）数据的导入导出。

（6）　在实际应用场景下，API 接口方式十分适合于本单位与外单位进行数据交换的场合，该数据交换通常是建立在一定的商务模式的基础上，双方达成数据交换的意向，数据源侧出于对数据库访问安全的控制，不会倾向在数据库层进行 ETL，而 API 接口方式则是一种很好的补充。

（7）　成熟的 ETL 产品及开源的 ETL 产品有很多，在实际操作中，可以根据项目开发的成本限制及团队技术研发水平，在更广的范围内进行技术选型和产品选型。

前文提及的 ETL 或者 API 都是关于新系统通过怎样的手段获得原系统的数据，而事实上，任何一个新开发的大数据系统平台，本身应该兼具的一个隐含功能是将本系统的数据以服务的形式提供给第三方。这意味着，在进行新系统研发的过程中，系统设计者应该有意识地设计与实现面向第三方数据访问的 API 接口方式，允许第三方获得当前系统的数据。

5.3 外部数据获取

大量数据蕴藏于互联网中，要分析网页上的数据，需要先把数据从网络中获取下来，这就需要用到网络爬虫技术。

近年来，随着 IT 技术飞速发展，现代信息社会已进入了大数据时代。电子商务、互联网金融以及社交网络等新型行业的兴起以及飞速的发展，在极大地改变人们的购物以及交流方式的同时，也产生了大量的网络数据，如交易信息和 GPS 位置数据等。随着"互联网 +"战略的提出，互联网与传统行业正在加速融合，同时也进一步丰富了网络大数据的来源。

网络大数据（Network Big Data）通常是指"人、机、物"三元世界在网络空间中彼此之间相互交互融合所产生并在互联网上可获得的大量数据。网络大数据不仅数据量级大，而且具有一些其他数据源所不具备的特性。

（1）**多源异构性**。网络大数据通常由不同的用户、不同的网站产生，数据形式也呈现出不同的形式，如语音、视频、图片、文本等。

（2）**交互性**。不同于测量和传感器获取的大规模科学数据（如气象数据、卫星遥感数据等），微博、微信、Facebook、Twitter 等社交软件的大规模普及，产生了大量具有交互性的数据。

（3）**时效性**。在互联网上时时刻刻都有大量的新数据发布，网络大数据内容不断变化，导致信息传播具有时序相关性。

（4）**社会性**。网络上用户不仅可以根据需要发布信息，也可以根据自己的喜好回复或转发信息，网络大数据直接反映了社会状态。

（5）**突发性**。部分信息会因为其特质和外部特殊环境在短时间内进行全面传播而产生大量相关的网络数据并形成由此信息传播构成的用户社会网络群体，体现出网络大数据及网络群体的突发性。

（6）**高噪声**。网络大数据来自广大的网络用户，有着很高的噪声与不确定性。

网络大数据具有极大的价值，企业可以通过从数据中获取的信息做出决策，帮助企业发展。例如，在电子商务领域，通过对用户的商品浏览记录和购物单进行分析，挖掘用户的购物偏好、推荐用户需要购买的商品；在互联网金融领域，通过分析行业新闻、法院公告、政府政策公告等大数据信息进行综合分析和预测，帮助银行对客户的信用进行评定；在社交网络领域，分析用户的博文信息和转发信息，挖掘用户的行为偏好，为企业营销提供目标客户等。网络大数据本身具有的特点决定了其本身隐藏的与众不同的商业价值，对网络大数据进行有效的收集并充分挖掘将成为许多行业扩展业务与市场的新突破点。

5.3.1　外部数据获取渠道

1.　公开的数据库

（1）　国家数据。

国家数据由中国国家统计局提供，其中含有经济、民生等方面的数据。月度、季度、年度的数据均被收录，是十分全面和权威的数据库，有助于社会科学方面的研究。

（2）　CEIC。

CEIC 拥有超过 128 个国家（地区）的经济数据，并且能够精确检索 GDP、CPI、进出口、零售额及国际利率等数据。其中，有 300 000 多条时间序列数据记录在"中国经济数据库"中。这些序列数据包括宏观经济数据、行业经济数据及地区经济数据。

（3）　WIND（万得）。

WIND 被称为国产的 Bloomberg，涵盖金融业最为全面的数据，并且数据更新速度快、及时性高，获得行业内人士的极大赞誉。

（4）　搜数网。

搜数网记录的资料高达 7 874 本、1 761 009 张统计表格及 364 580 479 个统计数据，其记录了中国资讯行从 1992 年以来收集的所有统计与调查数据，且用户能够进行多样化检索。

（5）　中国统计信息网。

中国统计信息网是国家统计局官方网站，记录了全国各级政府各年度的国民经济和社会发展统计信息，并且建立了统计年鉴、阶段发展数据、统计分析、主要统计指标排行。

（6）　亚马逊 AWS。

亚马逊 AWS 由亚马逊的跨学科云数据平台提供支持，包含化学、生物等领域的数据集。

（7）　Figshare。

Figshare 是一个共享平台，收录了世界上各学科的研究成果，并且可下载各种研究数据。

（8）　GitHub。

GitHub 为用户整理好了一个十分全面的数据获取渠道，包含各个细分领域的数据库资源和各种代码，自然科学和社会科学的覆盖都相当全面，可以为研究提供极大的帮助。

2. 数据交易平台

（1）　**优易数据。**

优易数据由国家信息中心发起，是国内十分领先的数据交易平台。平台有 B2B、B2C 两种交易模式，包含政务、社会和教育等各个领域的数据资源。

（2）　**数据堂。**

数据堂是互联网综合数据交易平台，提供数据交易、处理及数据 API 服务，包括语音识别、医疗健康等方面的数据。

3. 网络指数

（1）　**百度指数。**

百度指数能根据指数变化查看主题在某个时间段的情况，除关注趋势外，还有各种数据分析工具，给很多社会调研提供了极大帮助。

（2）　**阿里指数。**

阿里指数是权威的商品交易分析工具，基于淘宝、天猫和 1688 平台的交易数据大致能够看出国内商品交易的形势，通过对其分析可以得到较为精准的行业趋势分析结果。

（3）　**爱奇艺指数。**

爱奇艺指数专门对视频的播放行为进行分析，并对互联网视频的播放进行统计和分析，其中涉及播放趋势和播放设备等方面。由于爱奇艺庞大的用户基数，因此其分析结果具有很大的价值。

（4）　**微指数。**

微指数是属于新浪微博的数据分析工具，其通过关键词的热度与行业的影响力来反映微博舆情的发展趋势。

5.3.2　外部数据获取流程

1. 基本原理

对于外部的网络数据，人们通常使用网络爬虫进行获取。网络爬虫是一种可以自动浏览网络的程序，通俗来说，网络爬虫从指定的链接入口，按照某种策略，从互联网中自动获取有用信息。

网络爬虫在互联网搜索引擎中使用广泛，其可以获取网站的网页内容和检索方式。它可以自动获取所有能够访问到的网页内容，并提供给搜索引擎做进一步处理（分拣、整理、索引下载的页面）。用户从而可以更快地检索到他们需要的信息。

从网络爬虫的定义可知，网络爬虫开始于一张被称为种子的统一资源地址列表（也称 URL 池或 URL 队列），将其作为抓取的链接入口。网络爬虫访问这些网页时会识别并保存页面上所有的所需网页链接，这些链接将被储存到待爬队列中。此后，从待爬队列中取出网页链接，按照一套策略循环访问，一直循环到待爬队列为空时爬虫程序停止运行。

网络爬虫抓取流程图如图 5-7 所示，通用的爬虫框架流程是由种子 URL 队列、待抓取 URL 队列、已抓取 URL 队列、下载网页库等构成。其中，爬虫抓取的入口 URL 被存于种子 URL 队列中，下一步需要抓取的网页 URL 被存于待抓取 URL 队列中，已经成功抓取的网页 URL 被存于已抓取 URL 队列中，成功抓取的网页信息被存于下载网页库中。网络爬虫抓取网页的流程如下。

图 5-7
网络爬虫抓取
流程图

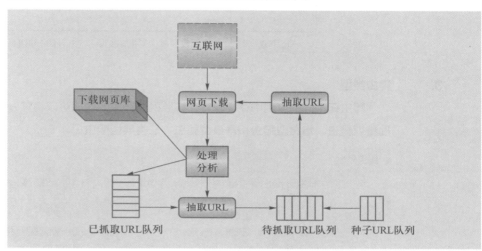

（1）　指定入口 URL，将其加入种子 URL 队列中。

（2）　将所有网页中的种子 URL 存于待抓取 URL 队列中。

（3）　从待抓取 URL 队列中顺序读取出 URL，并从互联网中下载其链接的网页。

（4）　将网页的 URL 存于已抓取 URL 队列中，网页信息存于下载网页库中。从网页中抽取出需要抓取的新 URL 存入待抓取 URL 队列中。

（5）　持续上述（1）～（4）步直到待抓取 URL 队列为空。

2.　互联网页面划分

根据爬虫将互联网的页面划分为以下五个方面，互联网页面分类图如图 5-8 所示。

（1）　已下载未过期网页。

（2）　已下载已过期网页。互联网是动态变化的，但爬虫抓取到的网页是互联网内容的一个镜像与备份。因此，网页内容变化后，被爬虫抓取到的网页就过期了。

（3）　待下载网页。也就是待抓取 URL 队列中的那些页面。

（4）　可知网页。未被爬虫抓取，也没在待抓取 URL 队列中，但可通过已抓取页面或待抓取 URL 相应的页面分析获取到 URL 的网页。

（5）　不可知网页。爬虫无法直接抓取下载的网页。

图 5-8
互联网页面
分类图

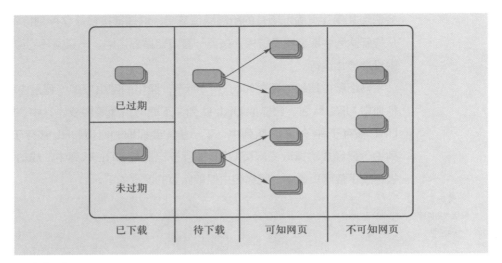

3. 爬虫类型

爬虫在不同的应用中存在差异，按照网络爬虫的功能可以将其分为三类，分别是批量型爬虫、增量型爬虫和垂直型爬虫，三类典型爬虫见表 5-2。

表 5-2
三类典型爬虫

爬虫类型	功能描述	适用场合
批量型爬虫	根据设置进行网络数据的爬取，其中设置包括： （1）URL 或 URL 列表（往往也称为 URL 池）； （2）爬虫累计工作时间； （3）爬虫累计获取的数据量； （4）其他	（1）互联网数据获取的任何场合，往往用于评估算法是否可行以及审计目标 URL 数据是否可用； （2）批量型爬虫事实是另外两类爬虫的基础
增量型爬虫	根据设置持续进行网络数据的爬取，其中设置包括： （1）URL 或 URL 列表（往往也称为 URL 池）； （2）单个 URL 数据爬取频度； （3）数据更新策略； （4）其他	实时获取任何应用场景的互联网数据（通用的商业搜索引擎爬虫基本都属此类）
垂直型爬虫	根据用户配置持续进行指定网络数据的爬取，此处的用户配置包括： （1）URL 或 URL 列表（往往也称为 URL 池）； （2）敏感热词； （3）数据更新策略； （4）其他	实时获取互联网中与指定内容（由设置 URL 池或者热词的方式指定）相关的数据（此种类型的爬虫多应用于垂直搜索网站或者垂直行业网站）

需要补充说明如下。

（1）在实际操作中，往往会设定一个有限数量的 URL 列表（尽管数量或许很大），然后让爬虫从这些指定的 URL 池中按照某种策略顺序或并行地获取数据。

（2）在实际操作中，URL 列表的设置（与维护）是一个经验性很强的工作，需要对目标应用场景有极强的敏锐度，往往由领域用户（或专家）协同研判进行。

（3）在实际操作中，任何一个 URL 能否被纳入正式的 URL 池是需要经过"假想—验证"

的流程评估的，经过评估认为可行且可信的 URL 才会被纳入 URL 池中。具体过程是：①用户假定某 URL；②利用上述的批量型爬虫从这个 URL 中获取数据；③将从此 URL 爬取的数据交由用户评估，用户从数据可行性（是否对目标有用）、技术可行性（爬虫是否能够完备可信地获取数据）等角度进行评估；④经过评估认为此 URL 数据有用且有效，则将此 URL 正式配置进入 URL 池。当然，这个"假想—验证"过程也用来作为评估爬虫程序本身是否支持当前 URL 数据的获取的重要依据，也是爬虫程序改进的重要驱动源。

无论是哪一种类型的爬虫，其执行步骤均是从 URL 池中选择一个具体的 URL，然后利用爬虫，从这个 URL 中获取数据。不过需要注意的是：每个 URL 都代表一个网页，而互联网中的每个网页都是通过网页中的 URL 链接扇出到其他的 URL 中。这时爬虫将面临在爬取一个 URL 的数据时，如何处理由此 URL 扇出的 URL 链接的问题，这就取决于爬虫的抓取策略。

4.　抓取策略

在系统中，待抓取 URL 队列是非常重要的。待抓取 URL 队列中的 URL 的排列顺序也同样是一个重要的问题，它决定着爬虫抓取页面的顺序。抓取策略就是决定这些 URL 排列顺序的方法。下面将详细介绍六种常见的抓取策略。

（1）　**深度优先遍历策略。**

在 URL 池中选择 URL 后，按深度优先遍历的原则遍历该 URL（根节点）下所有 URL 网页内容，然后再取出 URL 池中下一个 URL，继续深度遍历策略。以图 5-9 为例，遍历的路径为：A → F → G，E → H → I，B，C，D。其特点是抓取深度大，但是容易形成无限抓取，导致爬取过程无法收敛。

图 5-9
深度优先遍历策略
示意图

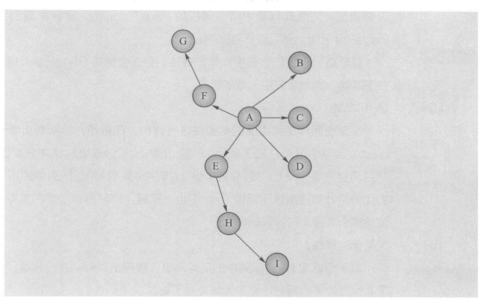

（2）　**广度优先遍历策略。**

广度优先遍历策略的基本思路是将新网页中发现的所有链接直接加入至待抓取 URL 队列的队尾。这样一来，爬虫会先抓取起始网页中链接的所有网页，然后再从其中的一个链接网页中继续抓取此网页中链接的所有网页。仍以图 5-9 为例，遍历的路径为：A → B，C，D，E，F → G，H → I。其特点是抓取宽度广，抓取过程容易控制，有效减轻了服务器的负载，但容易造成 URL 大规模聚集而使得 URL 池溢出。

（3）　**反向链接数策略。**

一个网页被其他网页链接指向的数量称为反向链接数，其代表的是一个网页被他人推荐的次数。这个指标被多数搜索引擎的抓取系统用来评估网页的重要程度，然后根据重要性决定抓取顺序。

但在具体应用中，存在广告链接和作弊链接，所以反向链接数对重要性的评定会受到极大影响。因此，搜索引擎往往会过滤掉部分噪声链接数，着重考虑可靠的链接数。

（4）　**Partial PageRank 策略。**

Partial PageRank 策略借鉴了 PageRank 策略的思想，利用已下载的网页和待抓取 URL 中的 URL 构建网页集合，然后计算每个页面的 PageRank 值，再按照 PageRank 值的大小将待抓取队列中的 URL 进行排列，最后以此顺序抓取页面。

若每次只抓取一个页面，则 PageRank 值要重新计算。一种折中的方案是：每抓取 K 个页面后，重新计算一次 PageRank 值。但是该情况还会产生一个问题：对于未知网页，是没有 PageRank 值的。因此，一个临时的 PageRank 值会被赋予这些页面：汇总此网页中所有链接的 PageRank 值，这样就得到了此未知页面的 PageRank 值，然后再参与排序。

其缺点同样是广告链接和作弊链接的存在会使得 PageRank 值代表的重要程度并不准确，因此会产生无效的抓取。

（5）　**OPIC策略。**

该策略同样是对页面的重要性进行评价。在最初，给所有页面一个相同的初始 cash。当某个页面 P 被下载后，P 的 cash 会被分摊给从 P 中分析出的每一个链接，并且清空 P 的 cash。最后按照 cash 排序待抓取 URL 队列中的所有页面。该策略的优势是计算速度快于局域 PageRank 策略，同时具有较好的重要性衡量策略，更加适用于需要实时计算的场合。

（6）　**大站优先策略。**

对于待抓取 URL 队列中的所有网页，按照所属网站进行分类，然后优先下载待下载页面数多的网站，称为大站优先策略。

需要补充说明如下。

① PageRank 是十分有名的链接分析算法，其计算网页被其他网页链接指向数量，并按此进行排序，最终得到了一个网页重要性序列。

② OPIC 是 Online Page Importance Computation 的缩写，意为在线页面重要性计算。

③ 在实际操作中，用户设定 URL 的下意识就是搜集与当前 URL 直接链接的有限扇出层级，甚至是该 URL 指定网页中的某个频道（模块）的扇出 URL，因而在实际的网络爬取中，除设置必要的策略外，往往需要对每一个 URL 设置一个专门的抓取策略。基于这样的思路，网络爬虫的实际执行步骤是：从 URL 池中选择某个 URL；读取该 URL 相应的抓取策略，按照此策略抓取该 URL 的内容；按照设定的爬取策略去选择下一个 URL。

5.　更新策略

互联网不是静止的，其具有实时变化的动态性。何时更新之前已下载好的页面由网页更新策略决定。常见的更新策略有以下三种。

（1）历史参考策略。

此策略根据页面的历史更新数据，预测该页面会发生的变化。此策略通常是利用泊松过程建模进行预测的。

（2）用户体验策略。

用户通常会关注前几页结果的检索结果，所以抓取系统会根据用户的该行为对查询结果中排名靠前的网页进行优先更新，然后再对排名靠后的网页更新。此策略需要使用历史信息。网页的若干个历史版本会被保存，并通过以往内容变化对搜索质量的影响计算一个平均值，重新抓取的时机将由此值进行判定。

（3）聚类抽样策略。

上述的两种策略含有一个前置条件，即需要先获取网页的历史信息，从而系统要为每个网页保存多个历史版本信息，这会增加系统的负担，并且对于那些没有历史信息的网页，将无法使用更新策略。

在聚类抽样策略中，将使用区别于历史信息的网页属性，相似属性的网页可视为其更新频率是相似的，从而仅需对这类网页进行抽样，并以它们的更新周期代表整个类别的更新周期。系统架构如图 5-10 所示。

6.　分布式抓取系统

通常分布式抓取系统面对的是互联网上不计其数的网页，所以需要多个抓取程序一同处理。抓取系统是一个分布式三层结构，如图 5-11 所示。

最底层是数据中心，然后每个数据中心中有一定数量的抓取服务器，而每台抓取服务器上又部署了数个爬虫程序，这些就构成了一个基本的分布式抓取系统。

同一个数据中心中不同的抓取服务器，其协同工作的方式也有所不同。常见的有以下两种。

图 5-10
系统架构

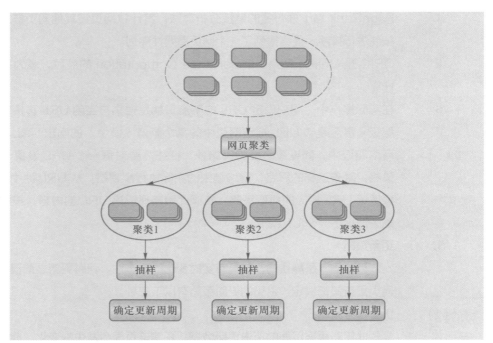

图 5-11
分布式三层结构

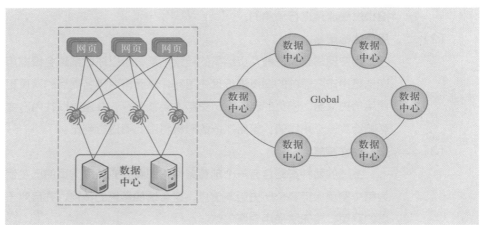

（1）　**主从式（Master-Slave）。**

　　主从式基本结构如图 5-12 所示，待抓取 URL 队列由一台专门的 Master 服务器维护，它将 URL 分发到不同的 Slave 服务器中，而 Slave 服务器用来下载实际的网页。同时，Master 服务器还检测并调解各 Slave 服务器的负载情况，避免 Slave 服务器的闲置和过载。在此模式下，Master 成为限制系统的关键要素。

（2）　**对等式（Peer to Peer）。**

　　对等式基本结构如图 5-13 所示，在分工上此模式对所有的抓取服务器没有区别，每台服务器均从待抓取 URL 队列中获取 URL，然后计算该 URL 主域名的 Hash 值 H，再计算 H 值除以 m 的余数（其中 m 是服务器的数量），这就是处理该 URL 的主机编号。

图 5-12

主从式基本结构

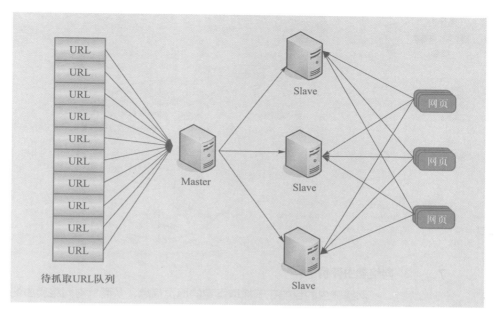

图 5-13

对等式基本结构

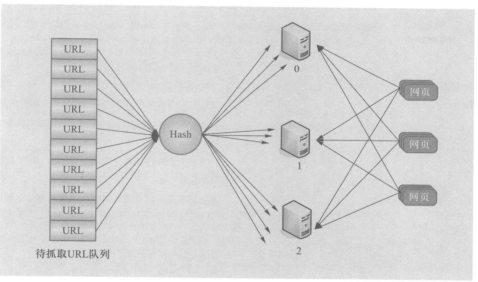

对等式存在一个明显的问题，即当服务器数量因为某种原因发生变化时，所有由 Hash 计算的余数都会变化。因此，该方式的扩展性不是很好。面对该问题，可采用一致性哈希算法来给服务器分工。对等式改进基本结构如图 5-14 所示。

用改进方法计算 Hash 值，将其映射到 0 ~ 232 之间的某个数，再将这个范围平均分配给 m 台服务器，根据 Hash 值所处的范围来确定服务器并进行抓取。

当某台服务器发生故障时，本由该服务器负责的网页则按照顺时针方向顺延，使用下一台服务器抓取，从而就算服务器出现故障，也不会影响其他服务器的工作。

图 5-14
对等式改进基本
结构

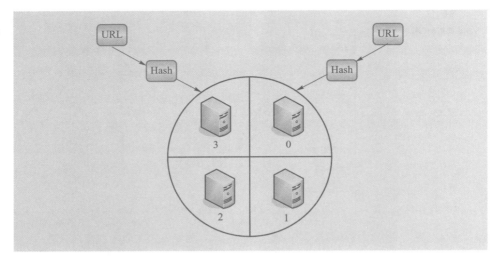

7.　网络爬虫评价

网络爬虫的目的在于抓取指定的网页信息，从而针对网络爬虫的评估一般需要从程序开发和抓取内容两个角度进行，网络爬虫评价内容见表 5-3。

表 5-3
网络爬虫评价

评价视角	评价维度	评价细节
程序开发	高效性	一般的衡量标准为每秒钟抓取的网页数量，每秒钟抓取的网页数量越大，爬虫程序越高效
	可扩展性	不同的网页具有不同的（模板）结构，针对不同的应用场景，数据抓取的需求也不一样，均需网络爬虫具有良好的扩展性
	鲁棒性	爬虫程序需有良好的容错性，可以正确解决相关异常问题，保证抓取过程正常
	友好性	网络爬虫程序应该易于管理 URL 池，并在抓取过程中尽量降低被抓取网站的负载
抓取内容	抓取网页覆盖率	网络爬虫应具有较大的抓取网页覆盖率（指抓取的网页占整个互联网的比例），抓取网页覆盖率越大，表明抓取的网络大数据越可能全面
	抓取网页及时性	要保证获取网络数据的及时性
	抓取网页重要性	抓取的过程要有尽量高的性价比，从而具有重要价值的网页要保证一定能被抓取且尽量优先

5.3.3　外部数据获取工具

大数据时代，网络大数据采集是数据挖掘的第一步，采集到的数据类型和质量对后续处理有着极大的影响。通常采用网络爬虫对网络大数据进行采集，因而开发网络爬虫采集网络大数据显得尤为重要。目前有许多开源网络爬虫可供开发人员使用，如 Nutch、Scrapy、Larbin、Heritrix、JSpider、Crawler4j、WebSPHINX、Mecrator、PolyBot 等。本节重点介绍几种具有代表性的开源网络爬虫。实际开发中，可根据具体需求，选择合适的爬虫框架。

（1）　Nutch。

　　　Nutch 是由 Java 实现的开源搜索引擎，其为搜索引擎提供需要的全文搜索和 Web 爬虫等工具。Nutch 支持分布式抓取，且归功于 Hadoop 的支持，它可以多机分布式抓取、存储及索引。Nutch 爬虫框架采用插件架构设计，具有高度模块化的特性，且易扩展、伸缩性强。Nutch 爬虫框架的很多模块采用配置文件的形式进行组织，在具有高度灵活性的同时也保障了整个框架具有极强的稳健性和可靠性。

（2）　Scrapy。

　　　Scrapy 是一个快速、高层次、由 Python 实现的网络抓取框架。Scrapy 网络爬虫框架在信息提取时采用可读性更强的 xpath 代替正则表达式，采用中间件形式，方便编写统一的过滤器，并采用管道的方式实现抓取数据的持久化。它的使用者和开发者能自由地开发 spider 模块和各种中间部件去实现定制化的爬虫。Scrapy 在数据的序列化方面也提供了多种自己的实现，支持 JSON、CSV、XML 等。

（3）　Larbin。

　　　Larbin 是基于 C++ 的网络爬虫工具，拥有易于操作的界面，运行于 Linux 下。Larbin 可以跟踪 URL 进行扩展抓取，为搜索引擎提供广泛的数据来源。利用 Larbin，建立 URL 列表群，获取和确定单个网站的所有链接，还能镜像一个网站。Larbin 的特点是简易高效。一个基于 PC 的简单 Larbin 爬虫每月可以抓取 1.5 亿的网页数据。

　　　上述三种开源爬虫的特点与区别见表 5-4。

表 5-4
三种开源爬虫
的特点与区别

爬虫	优点	缺点	适用场景
Nutch	（1）集合爬取、索引于一体，基于 Hadoop 的分布式系统； （2）存储层剥离，支持存储 HBase、Cassandra、MySql 等数据库； （3）插件式设计，便于扩展和定制； （4）支持网页解析和索引，对接至 Solr，搭建通用的搜索引擎	Nutch 更侧重于索引，和 Hadoop 结合之后，会消耗更多资源在非爬虫部分，效率较低	不仅需要爬取，同时对索引有一定需求，大数量、考虑分布式的场景下，可以直接使用 Nutch 的分布式解决方案
Scrapy	（1）插件设计，扩展性比较好； （2）爬虫规则定制简单； （3）支持抓取和抽取，数据抽取结构化； （4）抽取支持 xpath 和 css 提取网页数据	（1）单机多线程实现，默认不支持分布式，分布式需自己实现； （2）数据存储方案支持 Local filesystem、FTP、S3、Standard output，默认无分布式存储解决方案； （3）默认设置保存抽取结果，中间过程网页并不保存	（1）没有分布式需求，或者有其他分布式解决方案； （2）只需要抽取结果，对原始网页不感兴趣

爬虫	优点	缺点	适用场景
Larbin	单纯的爬取，简单，单机效率高	（1）不支持分布式系统的抓取和存储； （2）功能简单，设置项较少； （3）不支持网页自动重访、更新功能	（1）只需要爬虫工具，其他功能通过其他方案解决； （2）硬件有限，但对效率要求较高； （3）适合作为定制化爬虫系统的爬虫器部分

在大数据项目建设过程中，作为最关键的环节，数据富集的数据源对象包括本单位的自营数据、其他单位的他营数据和互联网数据。本节提到的外部数据是专门针对互联网数据而言的。网络爬虫是从互联网上抓取数据的有效手段。在具体操作过程中，一般的流程是：用户设定 URL 池和策略（总体策略以及每一个 URL 的策略），爬虫软件系统（单机的或者分布式的）依据设定的策略依次爬取 URL 池中的数据。在这个过程中，值得注意的几个问题如下。

（1） URL 的配置是一个需要用户、开发人员等共同进行的工作：一方面需要从应用驱动的角度研判该 URL 数据是否有用；另一方面需要从技术手段去评估该 URL 数据是否可以获取，在此评估过程中将新增爬虫需求反馈给爬虫开发团队。

（2） 网络爬虫软件往往是处于不断的迭代过程中的，这是因为 URL 网页的结构和编程方式方法没有统一的标准（或者说有统一的编程语言标注，但形式多样），导致几乎没有可能用同一爬虫软件爬取所有类型网页的数据。

（3） 对于被抓取的网站而言，出于对网络负载的考虑，会设置一些策略和方法阻止爬虫系统的数据抓取活动，这意味着，在爬虫策略的指定方面，除需要考虑从纯粹的技术流配置对应的策略外，还需要从爬取频度、网络代理等多个角度进行配置，并且应当注意到爬虫技术和反爬虫技术从来都是一个此消彼长的关系。

（4） 从某个具体的 URL 中获得的数据往往是一个长的字符串，而其中哪些部分是用户感兴趣的，需要有专门的技术手段去进行分析。一般通过两种策略进行：一种是在爬虫爬取该 URL 数据的时候自动解析，保存感兴趣区域数据，而其他的不予保存；另一种是将该 URL 数据全文保存在数据库中，后台另有程序自动读取、解析和转存。

（5） 在实际工作中，需要对从 URL 中读取的数据，特别是感兴趣的数据，进行必要的预处理，为后续的分析提供高质量的数据基础。必不可少的预处理内容包括去重、结构化、自动摘要、标签化等。

① 去重的目的是将重复获取的内容剔除，仅保留其中的一个版本（这对于降低存储来说十分有效）。进行去重操作的同时，会将重复次数、转载 URL 等信息记录下来。其中，重复次数可用于评估该 URL 数据的热度，转载的 URL 记录可以用于评估该 URL 的原创或转载偏好。

② 结构化的目的是将 URL 数据（通常是非结构化的文本）中的结构化信息提取出来，

以便对此数据进行高层语义理解。这涉及具体的目标应用，即根据目标应用场景及该 URL 数据特点设计结构化方式和方法。

③ 自动摘要的目的是将 URL 数据（通常比较长）以更短的文本加以描述，以便后续用户进行分析回溯时更扼要地了解每个 URL 的内容。

④ 标签化的目的是为 URL 数据打上不同的标签，以便为后续进行数据分析和研判提供基础的数据画像。一般的标签有底层语义标签（如关键词标签，通过用户设定的热词，为 URL 数据赋予不同的关键词属性）、情感语义标签（通过情感分析获得 URL 数据的情感倾向）、高级语义标签（往往是与具体应用目标有关的一些高级语义，如从 URL 数据中分析其中蕴含的风险信息）。无论上述的哪一种标签，都是与应用相关的（耦合度不同而已），需要领域知识支撑。

（6） 在进行实时 URL 数据分析时，热（新）词发现和主题发现通常是比较常见的功能需求，前者专注于从实时的活性数据中发现新生的词汇，后者专注于从实时的活性数据中发现主题及各个主题下的热词，这对于进行事件发现和分析来说具有重大的意义。

5.3.4　外部数据获取代码示例

总的来说，爬虫是一项十分成熟的技术。Python 提供了很好的类库，用 Python 实现一个简单的爬虫程序仅需少量的代码。下面给出一个简单的 Python 爬虫示例，如图 5-15 和图 5-16 所示。

这里的核心是使用 urllib.urlretrieve() 方法直接将远程数据下载到本地。上述代码通过一个 for 循环对获取的图片链接进行遍历。为使图片的文件名看上去更加规范，这里对其进行了重命名，命名规则为通过时间戳命名，保存的位置默认为程序的存放目录。

图 5-15
Python 代码
示例 1

```
# -*- coding: utf-8 -*-

import urllib2
import urllib
import re
import time
#通过 url 获取网页源码 html
def getHtml(url):
    page = urllib2.urlopen(url)
    html = page.read()
    return html
#在 html 中找到匹配的 url
def getImg(html):
    #修改这里的匹配模式，适用于不同的网页
    reg = r'src="(http://.+?\.jpg)" '   # +号后面加上? --->非贪婪模式
    imgre = re.compile(reg)
    imglist = re.findall(imgre,html)
    i = 0
    for imgurl in imglist:
        print imgurl
        urllib.urlretrieve(imgurl,'%s.jpg'%time.time() )#下载 imgurl 的图片并且用
当前时间戳命名
        i+=1
    #return imglist
```

图 5-16
Python 代码
示例 2

```
url = "http://tieba.baidu.com/p/2772656630"
html = getHtml(url)
print getImg(html)
```

举个例子，如果尝试对百度贴吧的帖子进行抓取，需要以下操作。

（1）　**URL 格式的确定。**分析地址，将 URL 分为基础部分和参数部分。

（2）　**页面的抓取。**用 urllib2 库来抓取页面内容，直接定义一个类名，一个初始化方法，一个获取页面的方法。若只想看楼主的某些帖子，把只看楼主的参数初始化放在类的初始化上，即 init 方法，并将参数的指定放在该方法中。初步构建基础代码，如图 5-17 所示。

图 5-17
初步构建基础代码

```
1   __author__ = 'CQC'
2   # -*- coding:utf-8 -*-
3   import urllib
4   import urllib2
5   import re
6
7   #百度贴吧爬虫类
8   class BDTB:
9
10      #初始化，传入基地址，是否只看楼主的参数
11      def __init__(self,baseUrl,seeLZ):
12          self.baseURL = baseUrl
13          self.seeLZ = '?see_lz='+str(seeLZ)
14
15      #传入页码，获取该页帖子的代码
16      def getPage(self,pageNum):
17          try:
18              url = self.baseURL+ self.seeLZ + '&pn=' + str(pageNum)
19              request = urllib2.Request(url)
20              response = urllib2.urlopen(request)
21              print response.read()
22              return response
23          except urllib2.URLError, e:
24              if hasattr(e,"reason"):
25                  print u"连接百度贴吧失败,错误原因",e.reason
26                  return None
27
28  baseURL = 'http://tieba.baidu.com/p/3138733512'
29  bdtb = BDTB(baseURL,1)
30  bdtb.getPage(1)
```

（3）　**提取相关信息。**首先在浏览器中审查元素，查看页面源代码，找到标题所在代码段，同时指定这个 class 确定唯一，除正则表达式外增加一个获取页面标题的方法，然后提取帖子页数。

接下来提取正文内容，运行之后对文本进行处理。若要实现更好的代码架构和代码重用，需考虑把标签等的处理写作一个类 Tool（工具类），定义一个 replace 方法，用来替换各种标签。在类中定义了一些 RE 正则表达式，主要利用了 re.sub 方法对文本进行匹配和替换。使用时只需要初始化一下这个类，然后调用 replace 方法即可。为避免得到的楼层序号不连续，最后应替换楼层。尝试修改 getContent 方法，每打印输出一段楼层，写入一行横线或换行符来间隔，或重新编一个楼层，按照顺序，设置一个变量，每打印出一次变量加 1，这个变量可当作楼层。

（4）　**写入文件。**过程较为简单，主要利用以下两句写入文件代码，如图 5-18 所示。

（5）　**完善代码。**对代码进行优化、重构、添加注释。

图 5-18
写入文件代码

```
file = open( "tb.txt" ," w" )
file.writelines(obj)
file.close ()
```

5.4 外部数据采集案例分析

本节以外部数据获取为例，从小说网站爬取、微信公众号爬取及新闻网站爬取三个角度对数据获取案例进行分析。

5.4.1 小说网站爬取案例

工具：Jupyter Notebook、360 安全浏览器。

大概思路：要爬取某网站的小说全文，应当先确定需要爬取网站的 url。例如，本案例要爬取的网站是 http://www.****.com/book/44/44683。

然后通过 Python 获取该网站的所有信息，再进行筛选，留下用户需要的内容，最后把这些内容保存到本地。

具体可以分为以下几步完成。

（1） 获取小说主页源代码。

（2） 在网页源码中寻找每章的超链接。

（3） 获取每章超链接的源代码。

（4） 获取章节的内容。

（5） 保存内容到本地。

以某网站《斗罗大陆》的下载为例。某网站包含许多中文小说，但是更新速度较慢，而且该网站只可在线阅读，不能直接下载全书文件。该小说第一章内容如图 5-19 所示。

运行代码，如图 5-20 所示。

可以看到直接从网页提取无法得到想要的信息，所以如何利用爬虫爬取信息就是本案例所要讲的主要内容。

第一步，获取页面的 HTML 信息。

第二步，解析 HTML 信息。

针对本案例，我们的目标内容是小说正文。该案例将依据实战要求，讲解 re 库的部分使用方法（更详细的内容请查看官方文档）。

首先导入模型库，并定义一个专门用来爬取网站小说的函数，爬取网站小说函数如图 5-21 所示。

图 5-19
《斗罗大陆》小说
第一章内容

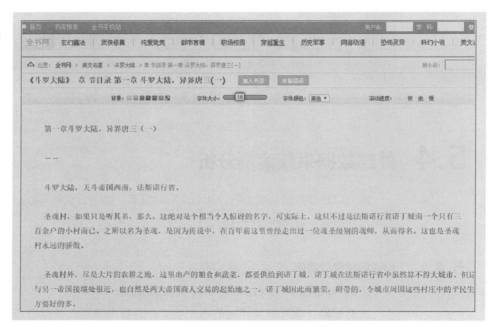

图 5-20
运行代码

```
In [13]: import requests
         target = 'http://www.quanshuwang.com/book/44/44683/15379610.html'
         req = requests.get(url=target)
         print(req.text)

<!DOCTYPE html>
<!--[if lt IE 7]><html class="ie ie6"><![endif]-->
<!--[if IE 7 ]><html class="ie ie7"><![endif]-->
<!--[if IE 8 ]><html class="ie ie8"><![endif]-->
<!--[if IE 9]><html class="ie ie9"><![endif]-->
<!--[if (gt IE 9)|!(IE)]><!-->
<!--<![endif]-->
<html>
<head>
<meta http-equiv="Content-Type" content="text/html; charset=gbk" />
<meta http-equiv="mobile-agent" content="format=xhtml; url=http://m.quanshuwang.co
m/mbook/0/44683/15379610.html" />
<meta http-equiv="mobile-agent" content="format=html5; url=http://m.quanshuwang.co
m/mbook/0/44683/15379610.html" />
<script src="/kukuku/js/nm.js" type="text/javascript"></script>
<title>¶·Àþ´óÂ½_µÜÒ»ÕÂ ¶·Àþ´óÂ½ï¼½³Ì¾±ç(Ò») È«¢£éÍ¢Î</title>
<meta name="keywords" content="¶·Àþ´óÂ½×ï¢Â½ÐÂú_µÜ¶·Àþ´óÂ½ï¼½³Ì¾±ç(Ò»)"
/>
<meta name="description" content="¶·Àþ´óÂ½×ï¢Â½ÐÂú¼Â:µÜ¶·Àþ´óÂ½ï¼½³Ì¾±
ç(Ò»)" />
```

图 5-21
爬取网站小说函数

```
import re
import urllib.request

#定义一个爬取网络小说的函数
def getNovelContent():
    html = urllib.request.urlopen("http://www.quanshuwang.com/book/44/44683").read()
```

这里调用了 urllib 库，urlopen 方法中传进一个网址作为参数代表需要爬取的网站。此时获取的源码暂时是一个乱码，还需要对该代码进行转码，因此需要多加一行代码，获取网址源码并转码如图 5-22 所示。

图 5-22

获取网址源码
并转码

```
import re
import urllib.request

#定义一个爬取网络小说的函数
def getNovelContent():
    html = urllib.request.urlopen("http://www.quanshuwang.com/book/44/44683").read()
    html = html.decode("gbk")    #转成该网址的格式
```

代码目前已经转成了 gbk 格式，而且已经将它储存于 html 这个变量上了。在获取该网页源代码时先在浏览器中查看分析该页面源代码的大概结构，以便后续代码的编写。查看页面源代码有两种方法：按下 F12 键；光标移至页面空白处右击，选择"查看页面源代码"。查看页面源代码的第二种方法的结果如图 5-23 所示。

图 5-23

查看页面源代码
的第二种方法的
结果

```
<script src="/kukuku/js/mm.js" type="text/javascript"></script>
<meta http-equiv="Content-Type" content="text/html; charset=gbk" />
<meta http-equiv="mobile-agent" content="format=xhtml; url=http://m.quanshuwang.com/list/44683_1.
<meta http-equiv="mobile-agent" content="format=html5; url=http://m.quanshuwang.com/list/44683_1.
<title>斗罗大陆_斗罗大陆最新章节_斗罗大陆最新章节列表_全书网</title>
<meta name="keywords" content="斗罗大陆,斗罗大陆最新章节,斗罗大陆最新章节列表" />
<meta name="description" content="如你喜欢小说斗罗大陆，那么请将斗罗大陆章节目录加入收藏方便下次阅
<meta name="author" content="http://www.quanshuwang.com" />
<meta name="generator" content="http://www.quanshuwang.com" />
```

这里用第一种方法打开源代码，按下 F12 键，出现如图 5-24 所示打开源代码界面。

图 5-24

打开源代码界面

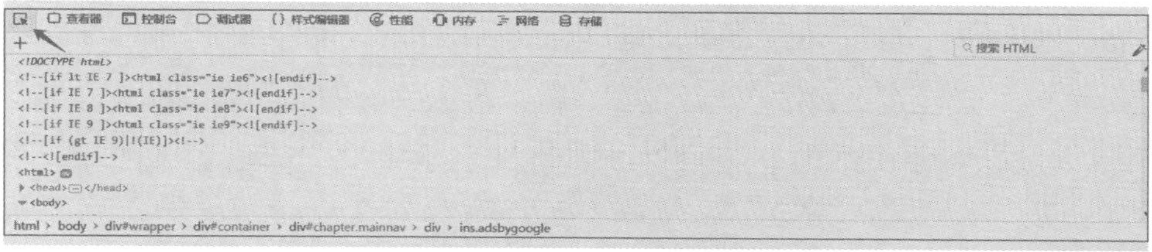

光标移动至左上角箭头处，单击后再将光标移动至页面中的任意位置，查看器马上就可以显示该内容的源码所在的位置。要获取整本小说，则应当先获取章节目录。将光标移动至某一章上方并选中，章节目录获取如图 5-25 所示。

图 5-25

章节目录获取

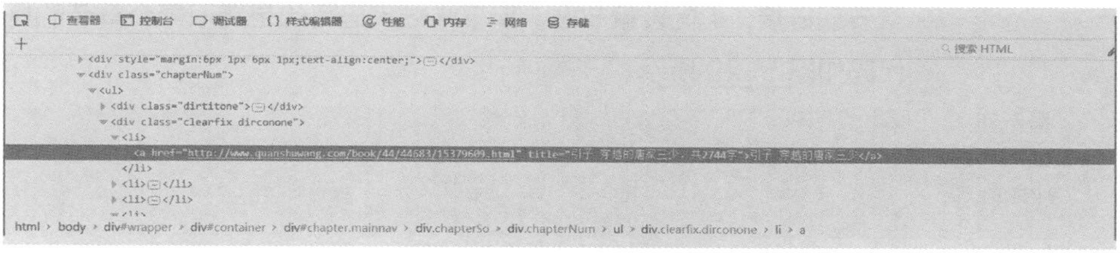

选中该行，右击鼠标，再编辑 HTML，最后把该行全部复制。进入编辑器将之前的代码粘贴，作为参考，粘贴所需代码如图 5-26 所示。

图 5-26

粘贴所需代码

```
def getNovelContent():
    html = urllib.request.urlopen("http://www.quanshuwang.com/book/44/44683").read()
    html = html.decode("gbk")    #转成该网址的格式
    #<li><a href="http://www.quanshuwang.com/book/44683/15379609.html" title="引子 穿越的唐家三少，共2744字
```

而爬取的目标是所有章节而非某一个章节，因此要用到 re 进行匹配。首先将通用的部分用（.*?）替代，（.*?）可以匹配所有内容，匹配方法如图 5-27 所示。

图 5-27

匹配方法

```
#定义一个爬取网络小说的函数
def getNovelContent():
    html = urllib.request.urlopen("http://www.quanshuwang.com/book/44/44683").read()
    html = html.decode("gbk")    #转成该网址的格式
    #<li><a href="http://www.quanshuwang.com/book/44/44683/15379609.html" title="引子 穿越的唐家三少，共2744字
    reg = r'<li><a href="(.*?)" title=".*?">(.*?)</a></li>'     #正则表达的匹配
    reg = re.compile(reg)    #可添加可不添加，增加效率
    urls = re.findall(reg,html)
```

然后调用 re.compiled() 方法以提高匹配效率。最后一行代码目的是与最初得到的页面的源码进行匹配。至此，程序已经得到了所有章节名与章节链接，可调用 print 函数查看结果，如图 5-28 所示。

图 5-28

调用 print 函数
查看结果

```
import re
import urllib.request

#定义一个爬取网络小说的函数
def getNovelContent():
    html = urllib.request.urlopen("http://www.quanshuwang.com/book/44/44683").read()
    html = html.decode("gbk")    #转成该网址的格式
    #<li><a href="http://www.quanshuwang.com/book/44/44683/15379609.html" title="引子 穿越的唐家三少，共2744字
    reg = r'<li><a href="(.*?)" title=".*?">(.*?)</a></li>'     #正则表达的匹配
    reg = re.compile(reg)    #可添加可不添加，增加效率
    urls = re.findall(reg,html)
    print(urls)
getNovelContent()
```

```
[('http://www.quanshuwang.com/book/44/44683/15379609.html', '引子 穿越的唐家三少'), ('http://www.quanshuw
ang.com/book/44/44683/15379610.html', '第一章 斗罗大陆，异界唐三(一)'), ('http://www.quanshuwang.com/boo
k/44/44683/15379611.html', '第二章 斗罗大陆，异界唐三(二)'), ('http://www.quanshuwang.com/book/44/44683/1
5379612.html', '第三章 斗罗大陆，异界唐三(三)'), ('http://www.quanshuwang.com/book/44/44683/15379613.htm
l', '第四章 斗罗大陆，异界唐三(四)'), ('http://www.quanshuwang.com/book/44/44683/15379614.html', '第五章
废武魂与先天满魂力(一)'), ('http://www.quanshuwang.com/book/44/44683/15379615.html', '第六章 废武魂与先天
满魂力(二)'), ('http://www.quanshuwang.com/book/44/44683/15379616.html', '第七章 废武魂与先天满魂力
(三)'), ('http://www.quanshuwang.com/book/44/44683/15379617.html', '第八章 废武魂与先天满魂力(四)'), ('ht
tp://www.quanshuwang.com/book/44/44683/15379618.html', '第九章 双生武魂(一)'), ('http://www.quanshuwang.c
om/book/44/44683/15379619.html', '第十章 双生武魂(二)'), ('http://www.quanshuwang.com/book/44/44683/15379
620.html', '第十一章 双生武魂(三)'), ('http://www.quanshuwang.com/book/44/44683/15379621.html', '第十二章
双生武魂(四)'), ('http://www.quanshuwang.com/book/44/44683/15379622.html', '第十三章 双生武魂(五)'), ('ht
tp://www.quanshuwang.com/book/44/44683/15379623.html', '第十四章 异界唐三的第一件暗器(一)'), ('http://ww
w.quanshuwang.com/book/44/44683/15379624.html', '第十五章 异界唐三的第一件暗器(二)'), ('http://www.quansh
uwang.com/book/44/44683/15379625.html', '第十六章 异界唐三的第一件暗器(三)'), ('http://www.quanshuwang.co
m/book/44/44683/15379626.html', '第十七章 异界唐三的第一件暗器(四)'), ('http://www.quanshuwang.com/book/4
4/44683/15379627.html', '第十八章 异界唐三的第一件暗器(五)'), ('http://www.quanshuwang.com/book/44/44683/
15379628.html', '第十九章 大师？师傅(一)'), ('http://www.quanshuwang.com/book/44/44683/15379629.html',
'第二十章 大师？师傅(二)'), ('http://www.quanshuwang.com/book/44/44683/15379630.html', '第二十一章 大
师？师傅(三)'), ('http://www.quanshuwang.com/book/44/44683/15379631.html', '第二十二章 大师？师傅？
```

结果显示，每个循环的输出结果为一个元组，有 0 和 1 两个索引。其中，0 代表章节超链接，1 代表章节名。接下来的代码目的是爬取每个章节的具体文字内容，其代码如图 5-29 所示。

图 5-29

爬取每个章节具体
文字内容的代码

```
#定义一个爬取网络小说的函数
def getNovelContent():
    html = urllib.request.urlopen("http://www.quanshuwang.com/book/44/44683").read()
    html = html.decode("gbk")    #转成该网址的格式
    #<li><a href="http://www.quanshuwang.com/book/44/44683/15379609.html" title="引子
    reg = r'<li><a href="(.*?)" title=".*?">(.*?)</a></li>'     #正则表达的匹配
    reg = re.compile(reg)    #可添加可不添加，增加效率
    urls = re.findall(reg,html)
    for url in urls:
        #print(url)
        chapter_url = url[0]    #章节的超链接
        chapter_title = url[1]  #章节的名字
        #print(chapter_title)
        chapter_html = urllib.request.urlopen(chapter_url).read()    #正文内容源代码
```

到这一步，程序已经能够爬取到每章的具体内容了。接下来可以在浏览器中打开其中一章并查阅其源码以找寻正文位于哪个标签之中。图 5-30 和图 5-31 用箭头标

记了正文内容开始和结束标签的位置，其标签为 <script>。

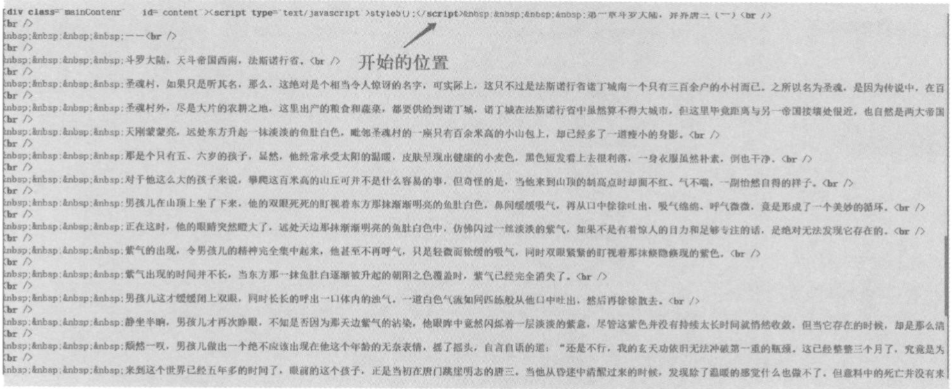

图 5-30
正文开始标签位置

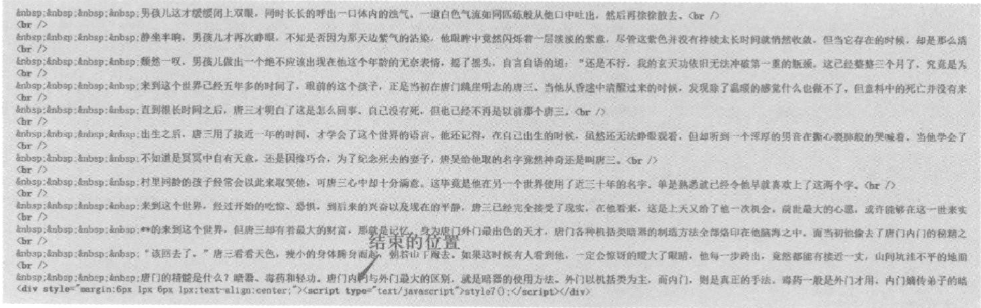

图 5-31
正文结束标签位置

因此，在代码中又可以通过 re 来匹配内容了，其代码如图 5-32 所示。

图 5-32
通过 re 匹配内容

```
#定义一个爬取网络小说的函数
def getNovelContent():
    html = urllib.request.urlopen("http://www.quanshuwang.com/book/44/44683").read()
    html = html.decode("gbk")    #转成该网址的格式
    #<li><a href="http://www.quanshuwang.com/book/44/44683/15379609.html" title="引子 穿越的唐家三少,
    reg = r'<li><a href="(.*?)" title=".*?">(.*?)</a></li>'    #正则表达的匹配
    reg = re.compile(reg)    #可添加可不添加, 增加效率
    urls = re.findall(reg, html)
    for url in urls:
        #print(url)
        chapter_url = url[0]    #章节的超链接
        chapter_title = url[1]    #章节的名字
        #print(chapter_title)
        chapter_html = urllib.request.urlopen(chapter_url).read()    #正文内容源代码
        chapter_html = chapter_html.decode("gbk")
        chapter_reg = r'</script>    .*?<br />(.*?)<script type="text/javascript">'
        chapter_reg = re.compile(chapter_reg, re.S)
        chapter_content = re.findall(chapter_reg, chapter_html)
```

至此，已经爬取了小说的全部内容，调用 print 函数查看文字内容，如图 5-33 所示。

最后将得到的文字内容进行保存。保存分为两种方式：一种是保存至数据库中；另一种则是保存至本地。本次案例选择保存到本地，将文字内容保存到本地的代码如图 5-34 所示。

倒数第二行代码的目的是建立文件，open() 的第一个参数为确定文本格式，第二个参数 'w' 代表文件模式为读写模式（更多文本处理操作可自行在百度上进行搜索）。最后一行代码目的是将具体文字内容保存至相应的章节，如图 5-35 所示。

爬取小说的完整代码如图 5-36 所示。

图 5-33

调用 print函数
查看文字内容

```
In [3]: import re
        import urllib.request

        #定义一个爬取网络小说的函数
        def getNovelContent():
            html = urllib.request.urlopen("http://www.quanshuwang.com/book/44/44683").read()
            html = html.decode("gbk")    #转成该网址的格式
            #<li><a href="http://www.quanshuwang.com/book/44/44683/15379609.html" title="引子 穿越的唐家三少，共2744字
            reg = r'<li><a href="(.*?)" title=".*?">(.*?)</a></li>'    #正则表达的匹配
            reg = re.compile(reg)    #可添加可不添加，增加效率
            urls = re.findall(reg,html)
            for url in urls:
                #print(url)
                chapter_url = url[0]    #章节的超链接
                chapter_title = url[1]    #章节的名字
                #print(chapter_title)
                chapter_html = urllib.request.urlopen(chapter_url).read()    #正文内容源代码
                chapter_html = chapter_html.decode("gbk")
                chapter_reg = r'</script>    ..*?<br />(.*?)<script type="text/javascript">'
                chapter_reg = re.compile(chapter_reg, re.S)
                chapter_content = re.findall(chapter_reg, chapter_html)
                for content in chapter_content:
                    content = content.replace("    ", "")
                    content = content.replace("<br />", "")
                    print content
        getNovelContent()
```

斗罗大陆，天斗帝国西南，法斯诺行省。

圣魂村，如果只是听其名，那么，这绝对是个相当令人惊讶的名字，可实际上，这只不过是法斯诺行省诺丁城南一个只有三百余户的小村而已。之所以名为圣魂，是因为传说中，在百年前这里曾经走出过一位魂圣级别的魂师，从而得名。这也是圣魂村永远的骄傲。

圣魂村外，是大片的农耕之地，这里出产的粮食和蔬菜，都要供给到诺丁城，诺丁城在法斯诺行省中虽然算不得大城市，但这里毕竟距离与另一帝国接壤处很近，也自然是两大帝国商人交易的起始地之一，诺丁城因此而繁荣，附带的，令城市周围这些村庄中的平民生活也比其他地方要好的多。

天刚蒙蒙亮，远处东方升起一抹淡淡的鱼肚白色，毗邻圣魂村的一座只有百余米高的小山包上，却已经多了一道瘦小的身影。

那是个只有五、六岁的孩子，显然，他经常承受太阳的温暖，皮肤呈现出健康的小麦色，黑色短发看上去很利落，一身衣服虽然朴素，倒也干净。

图 5-34

将文字内容保存到
本地的代码

```
f = open('{}.txt'.format(chapter_title),'w')
for content in chapter_content:
    content = content.replace("    ", "")
    content = content.replace("<br />", "")
    #print(content)
    f.write(content)
    f.close()
```

图 5-35

将具体文字内容
保存至相应的章节

引子 穿越的唐家三少

第一章 斗罗大陆，异界唐三(一)

图 5-36

爬取小说的完整代码

```
import re
import urllib.request

#定义一个爬取网络小说的函数
def getNovelContent():
    html = urllib.request.urlopen("http://www.quanshuwang.com/book/44/44683").read()
    html = html.decode("gbk")    #转成该网址的格式
    #<li><a href="http://www.quanshuwang.com/book/44/44683/15379609.html" title="引子 穿越的唐家三少，
    reg = r'<li><a href="(.*?)" title=".*?">(.*?)</a></li>'    #正则表达的匹配
    reg = re.compile(reg)    #可添加可不添加，增加效率
    urls = re.findall(reg,html)
    for url in urls:
        #print(url)
        chapter_url = url[0]    #章节的超链接
        chapter_title = url[1]    #章节的名字
        #print(chapter_title)
        chapter_html = urllib.request.urlopen(chapter_url).read()    #正文内容源代码
        chapter_html = chapter_html.decode("gbk")
        chapter_reg = r'</script>    .*?<br />(.*?)<script type="text/javascript">'
        chapter_reg = re.compile(chapter_reg, re.S)
        chapter_content = re.findall(chapter_reg, chapter_html)
        f = open('{}.txt'.format(chapter_title),'w')
        for content in chapter_content:
            content = content.replace("    ", "")
            content = content.replace("<br />", "")
            #print(content)
            f.write(content)
            f.close()
getNovelContent()
```

5.4.2 微信公众号爬取案例

工具：Chrome 浏览器。

大概思路：要爬取某微信公众号的所有文章，应当先注册一个微信号，然后登录微信号，确定需要爬取的微信公众号，如本案例要爬取的微信公众号是中国移动。然后就能够通过 Python 获取该微信公众号的所有信息，再进行筛选，留下用户需要的内容，最后把这些内容保存到本地。

具体可以分为以下几步完成。

（1）　获取微信公众号主页源代码。

（2）　在网页源码中寻找每篇文章的超链接。

（3）　获取每篇文章超链接的源代码。

（4）　获取每篇文章的内容。

（5）　保存内容到本地。

以微信公众号中国移动的下载文章为例。首先登录自己的微信公众号，点击素材管理，点击新建图文消息，然后点击上方的超链接。微信公众号界面示例如图 5-37 所示。

图 5-37
微信公众号界面
示例

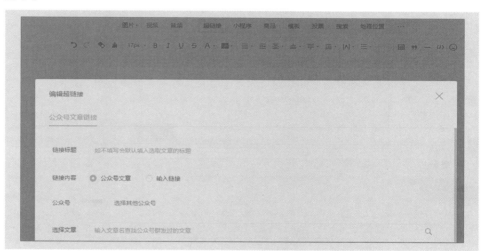

接着，按 F12 键，打开 Chrome 的开发者工具，选择 Network。开发者工具界面如图 5-38 所示。

此时，在之前的超链接界面中点击"选择其他公众号"，输入需要爬取的公众号（如中国移动），如图 5-39 所示。

此时，之前的 Network 就会刷新出一些链接，其中以"appmsg"开头的便是我们需要分析的内容。确定解析内容如图 5-40 所示。

图 5-38
开发者工具界面

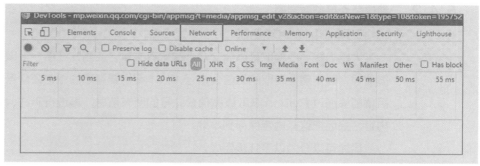

图 5-39
选择爬取的微信
公众号

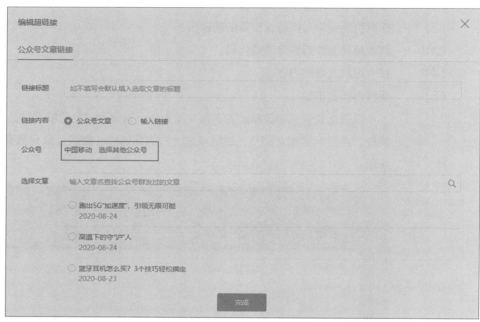

图 5-40
确定解析内容

解析请求的 URL 如下：

https://mp.weixin.qq.com/cgi-bin/appmsg?action=list_ex&begin=0&count=5&fakeid=
MzI1MjU5MjMzNA==&type=9&query=&token=143406284&lang=zh_CN&f=json&ajax=1

它分为以下三个部分。

（1） https://mp.weixin.qq.com/cgi-bin/appmsg。请求的基础部分。

（2） ?action=list_ex。常用于动态网站，实现不同的参数值能生成不同的页面或者返回
不同的结果。

（3）　&begin=0&count=5&fakeid。用于设置（2）中"？"中的其他参数，即 begin=0，count=5。

通过不断地浏览下一页，可以发现每次只有 begin 会发生变动，每次增加 5，也就是 count 的值。

接着通过 Python 来获取同样的资源，但直接运行如下代码是无法获取资源的。初始代码如图 5-41 所示。

图 5-41
初始代码

```
import requests
url = "https://mp.weixin.qq.com/cgi-bin/appmsg?action=list_ex&begin=0&count=5
&fakeid=Mzl1MjU5MjMzNA==&type=9&query=&token=1957521839&lang=zh_CN&f=js
on&ajax=1"
requests.get(url).json()
# {'base_resp': {'ret': 200003, 'err_msg': 'invalid session'}}
```

之所以能在浏览器上获取资源，是因为登录了微信公众号后端，而 Python 并没有登录信息，所以请求是无效的，需要在 requests 中设置 headers 参数，在其中传入 cookie 和 user-agent 来模拟登录。

由于每次头信息内容都会变动，因此将这些内容放入单独的文件中，即 "wechat.yaml"，读取 cookie 和 user_agent 如图 5-42 所示。

图 5-42
读取 cookie 和
user_agent

```
# 读取 cookie 和 user_agent
import yaml
with open("wechat.yaml", "r") as file:
    file_data = file.read()
config = yaml.safe_load(file_data)
headers = {
    "Cookie": config['cookie'],
    "User-Agent": config['user_agent']
}
requests.get(url, headers=headers, verify=False).json()
```

返回的 json 如图 5-43 所示。在返回的 json 中，可以看到每个文章的标题（title）、摘要（digest）、链接（link）、推送时间（update_time）和封面地址（cover）等信息。

appmsgid 是每次推送的唯一标识符，aid 则是每篇推文的唯一标识符。

实际上，除 cookie 外，URL 中的 token 参数也会用来限制爬虫，因此上述代码输出很有可能会是 {'base_resp': {'ret': 200040, 'err_msg': 'invalid csrf token'}}。

图 5-43
返回的 json

```
{'app_msg_cnt': 695,
 'app_msg_list': [{'aid': '2247488583_1',
   'album_id': '0',
   'appmsg_album_infos': [],
   'appmsgid': 2247488583,
   'checking': 0,
   'copyright_type': 0,
   'cover': 'https://mmbiz.qlogo.cn/mmbiz_jpg/I101ibe9h
fmt=jpeg',
   'create_time': 1597578049,
   'digest': '第一期结束了，下一期还会远吗',
   'has_red_packet_cover': 0,
   'is_pay_subscribe': 0,
   'item_show_type': 0,
   'itemidx': 1,
   'link': 'http://mp.weixin.qq.com/s?__biz=MzI1MjU5MjM
59f9146763f090527198c9eeb8890dbda2b8614e9aa702ad0da8e05
   'media_duration': '0:00',
   'mediaapi_publish_status': 0,
   'tagid': [],
   'title': '「送书活动」第一期送书活动结束和下期预告',
   'update_time': 1597578049},
  {'aid': '2247488576_1',
   'album_id': '0',
   'appmsg_album_infos': [],
```

接着写一个循环，获取所有文章的 json，并进行保存，如图 5-44 所示。

图 5-44
获取所有文章的
json

```python
import json

import requests

import time

import random

import yaml

with open("wechat.yaml", "r") as file:

    file_data = file.read()

config = yaml.safe_load(file_data)

headers = {

    "Cookie": config['cookie'],

    "User-Agent": config['user_agent']

}

# 请求参数

url = "https://mp.weixin.qq.com/cgi-bin/appmsg"

begin = "0"

params = {

    "action": "list_ex",

    "begin": begin,
```

```
        "count": "5",

        "fakeid": config['fakeid'],

        "type": "9",

        "token": config['token'],

        "lang": "zh_CN",

        "f": "json",

        "ajax": "1"

}

# 存放结果

app_msg_list = []

# 在不知道公众号有多少文章的情况下，使用 while 语句

# 也方便重新运行时设置页数

i = 0

while True:

        begin = i * 5

        params["begin"] = str(begin)

        # 随机暂停几秒，避免过快的请求导致过快的被查到

        time.sleep(random.randint(1,10))

        resp = requests.get(url, headers=headers, params = params, verify=False)

        # 微信流量控制，退出

        if resp.json()['base_resp']['ret'] == 200013:

            print("frequencey control, stop at {}".format(str(begin)))

            break

        # 如果返回的内容为空则结束

        if len(resp.json()['app_msg_list']) == 0:

          print("all ariticle parsed")

          break

        app_msg_list.append(resp.json())

        # 翻页

        i += 1
```

在上面代码中，将 fakeid 和 token 也存放在了"wechat.yaml"文件中，这是因为 fakeid 是每个公众号都特有的标识符，而 token 则会经常性变动，该信息既可以通过解析 URL 获取，也可以从开发者工具中查看，如图 5-45 所示。

图 5-45
开发者工具查看

```
▼ Query String Parameters        view source        view URL encoded
   action: list_ex
   begin: 0
   count: 5
   fakeid: MzI1MjU5MjMzNA==
   type: 9
   query:
   token: 1957521839
   lang: zh_CN
   f: json
   ajax: 1
```

在爬取一段时间后，会遇到如下的问题：

{'base_resp': {'err_msg': 'freq control', 'ret': 200013}}

此时，在公众号后台尝试插入超链接时就能遇到如下问题提示，如图 5-46 所示。

图 5-46
问题提示

```
图片·  视频  ┊……          系统错误，请稍后重试          ▦   搜索   地理位置   ···
┊  17px ·  B  I  U  S  A ·  ᴐʙ ·  ≣ ·  ≣ ·  ≣ ·  ≛ ·  ≣ ·  ≣ ·  Ιᴀ ·  ≣ ·          ⊞  ⁊⁊
```

这是公众号的流量限制，通常需要等 30 ~ 60 min 才能继续。但是我们并不需要一个工业级别的爬虫，只想爬取某个公众号的信息，因此等 1 h 再重新登录公众号，获取 cookie 和 token，然后运行即可。

最后保存结果为 JSON，如图 5-47 所示。

图 5-47
保存结果为 JSON

```
# 保存结果为 JSON
json_name = "mp_data_{}.json".format(str(begin))
with open(json_name, "w") as file:
    file.write(json.dumps(app_msg_list, indent=2, ensure_ascii=False))
```

或者提取文章标识符、标题、URL、发布时间这四列信息，保存结果为 CSV，如图 5-48 所示。

图 5-48
保存结果为 CSV

```
info_list = []
for msg in app_msg_list:
    if "app_msg_list" in msg:
        for item in msg["app_msg_list"]:
            info = '"{}","{}","{}","{}"'.format(str(item["aid"]),
item['title'], item['link'], str(item['create_time']))
            info_list.append(info)
# save as csv
with open("app_msg_list.csv", "w") as file:
    file.writelines("\n".join(info_list))
```

5.4.3 新闻网站爬取案例

工具：Chrome 浏览器。

大概思路：要爬取新闻网站，应当先打开想要爬取的新闻网页，如本案例要爬取的新闻是网易新闻。

然后就能够通过 Python 获取该新闻网页的所有信息，再进行筛选，留下用户需要的内容，最后把这些内容保存到本地。

具体可以分为以下几步完成。

（1）　获取新闻主页源代码。

（2）　在网页源代码中寻找新闻的超链接。

（3）　获取新闻超链接的源代码。

（4）　获取新闻的内容。

（5）　保存内容到本地。

本案例主要是爬取网易新闻，包括新闻标题、作者、来源、发布时间、新闻正文。

首先打开网易网站，随意选择一个分类，这里选的是国内新闻。然后点击鼠标右键查看源代码，发现源代码中并没有页面正中的新闻列表。这说明此网页采用的是异步的方式，也就是通过 api 接口获取的数据。

确认了之后可以使用 F12 键打开 Chrome 浏览器的控制台，点击 Network，一直往下拉，发现右侧出现 "... special/00804KVA/cm_guonei_03.js? ...." 之类的地址，点开 Response 发现正是所要找的 api 接口。打开控制台如图 5-49 所示。

图 5-49
打开控制台

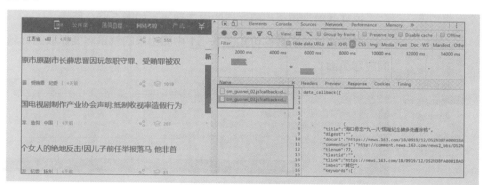

可以看到这些接口的地址都有一定的规律："cm_guonei_03.js""cm_guonei_04.js"。那么新闻的超链接就很明显了：

http://temp.163.com/special/0...*).js

上面的链接也就是本次抓取所要请求的地址。

接下来只需要用到 Python 的 3 个库：requests，json，BeautifulSoup。

requests 库是用来进行网络请求的，即模拟浏览器来获取资源。由于采集的是

api 接口，它的格式为 json，所以要用到 json 库来解析。BeautifulSoup 是用来解析 html 文档的，可以很方便地帮助获取指定 div 的内容。

下面开始编写爬虫。

第一步，先导入以下三个包：

```
import json

import requests

from bs4 import BeautifulSoup
```

接着定义一个获取指定页码内数据的方法：

```
def get_page(page):

    url_temp = 'http://temp.163.com/special/00804KVA/cm_guonei_0{}.js'

    return_list = []

    for i in range(page):

        url = url_temp.format(i)

        response = requests.get(url)

        if response.status_code != 200:

            continue

        content = response.text  # 获取响应正文

        _content = formatContent(content)  # 格式化 json 字符串

        result = json.loads(_content)

        return_list.append(result)

    return return_list
```

这样就得到每个页码对应的内容列表，如图 5-50 所示。

然后通过分析数据可知图 5-51 中圈出来的就是需要抓取的标题、发布时间及新闻内容页面。

图 5-50
每个页码对应的
内容列表

图 5-51
需要抓取的内容

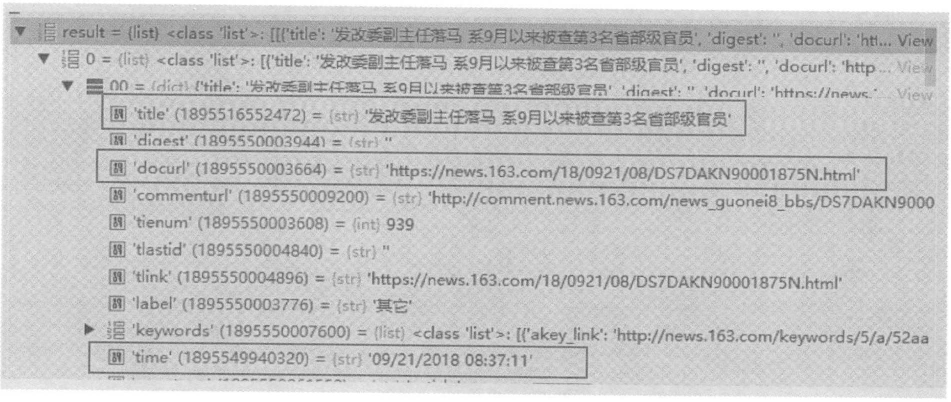

现在已经获取到了内容页的 URL，接下来就可以开始抓取新闻正文。

在抓取正文之前要先分析一下正文的 HTML 页面，找到正文、作者、来源在 HTML 文档中的位置。

可以看到文章来源在文档中的位置为 id = "ne_article_source" 的 a 标签，作者位置为 class = "ep-editor" 的 span 标签，正文位置为 class = "post_text" 的 div 标签。

下面是采集这三个内容的代码：

```python
def get_content(url):
    source = ''
    author = ''
    body = ''
    resp = requests.get(url)
    if resp.status_code == 200:
        body = resp.text
        bs4 = BeautifulSoup(body)
        source = bs4.find('a', id='ne_article_source').get_text()
        author = bs4.find('span', class_='ep-editor').get_text()
        body = bs4.find('div', class_='post_text').get_text()
    return source, author, body
```

至此，所要抓取的所有数据都已经采集了。

接下来把它们保存下来，为了方便，直接采取文本的形式来保存。抓取结果如 图 5-52 所示。

格式为 json 字符串，"标题"：['日期'，'url'，'来源'，'作者'，'正文']。

要注意的是目前实现的方式是完全同步的、线性的方式，存在的问题就是采集会非常慢，主要延迟是在网络 I/O 上，下次可以升级为异步 I/O，异步采集。

图 5-52
抓取结果

{"农业农村部，今年完成1亿亩大豆生产保护区的划定"：][09/21/2018 09:33:42", "https://news.163.com/18/0921/09/DS7GI4KE0001875N.html", "农业农村部"，"责任编辑，韩佳鹏_NN9841"，"\n\n
(原标题：农业农村部，今年要完成1亿亩大豆生产保护区的划定任务)"\n
\n农业农村部办公厅，自然资源部办公厅，
国家发展改革委办公厅关于粮食生产功能区和重要农产品生产保护区划定工作进展情况的通报各省、自治区、直辖市农业（农牧、农村经济）厅（委、局）、自然资源主管部门、发展改革委，新疆生产建设兵团农业局、自然资源主管部门、发展改革委，黑龙江省农垦总局，广西壮族自治区糖业发展办公室：按照农业部、国土资源部、国家发展改革委联合印发的《关于做好粮食生产功能区和重要农产品生产保护区划定工作的通知》以及农业农村部、国家发展改革委、财政部、自然资源部等四部委办公厅联合印发的《关于加快划定粮食生产功能区和重要农产品生产保护区的通知》，近期农业农村部集中调度了各地"两区"划定进展情况，并会同国家发展改革委、自然资源部组成联合督导检查组，重点选取河北、内蒙古、江苏、湖南、重庆、西藏、甘肃、新疆、新疆生产建设兵团等开展了实地专项督导检查。截至7月底，全国已划定"两区"2.11亿亩，其中粮食生产功能区1.77亿亩；已启动"两区"划定的县（场）有1783个，占承担划定任务县（场）的65%；已开展外业调绘的县（场）916个，基本完成划定任务的县（场）共482个（名单见附件）。天津市、上海市、浙江省、黑龙江三江平原、四川都江堰灌区和河南省驻马店市已整体连片完成划定。总体看，各地对"两区"划定工作重视程度明显提升。目前，各省（自治区、直辖市）已全部制定出台实施意见或方案，明确时间表、路线图，落实责任到人。一是目标任务全部分解落实到县。31个省（自治区、直辖市和新疆生产建设兵团，北京市无划定任务）已将10.58亿亩"两区"划定任务发文分解到2471个县（市、区）和268个国有农场（团场）。二是工作经费逐步落实。截至7月底，全国各地共落实工作经费20.6亿元，有27个省级财政已安排6.9亿元。其中，广西2.27亿元，河北、陕西、云南、广东等省均在5000万元以上，贵州等11个省均在1000万元以上。三是多数省级技术支撑已到位，山西等26个省份已确定省级技术支撑单位，安徽、四川、贵州、青海等省还建立了专家库，组织专家巡回指导。天津、黑龙江、安徽、福建等省市有划定任务的县及广西糖料蔗保护区划定县均已明确技术单位。四是多措并举强化督导考核，河北等11个省份将"两区"划定纳入到对市县的粮食安全责任考核。黑龙江等19个省份已建立督导督查机制，其中吉林、江苏、河南、安徽等省定期将督导调度结果通报各市县政府。四川在全省粮食"丰收杯"评选中对工作不力的县市实行一票否决；河南省在市县考核中实行"一票否优"，并对"两区"划定排名靠后的市县主要领导

关键术语

- 数据采集
- 网络爬虫
- 深度优先策略
- 广度优先策略
- 网络数据

本章小结

数据获取作为大数据项目建设的首要环节，可以为后续大数据应用打下良好基础，而数据源梳理则是基础中的基础。数据源有多种形式，鉴于数据源分布的潜在多源、异构（获取协议异构、平台异构等）特性，数据获取必须有效响应各层次的技术难题。

数据获取的组件在部署上通常靠近数据源，从而对这些系统的小型化、性能要求会很高。另

外，随着数据的增多，对数据获取的实时性也提出了更高的要求。为匹配业务的扩展，数据获取组件未来在实时、智能、可靠性上的要求也将越来越高。

本章旨在阐述数据获取的基本理论知识，简单介绍了根据不同的要求对数据进行的分类，重点介绍了外部和内部数据的获取等关键技术和方法。

即测即评

第 6 章

数据预处理

■　数据预处理技术是进行数据分析挖掘的重要前提，是大数据技术的主要内容之一。现实世界中的数据具有多来源、多类型、质量参差不齐等特点，如果基于这些数据进行分析，则很可能出现人们通常所说的"垃圾进、垃圾出"（Garbage In, Garbage Out）的情况。通过采用数据预处理技术，如数据清洗、数据集成、数据变换、数据归约等操作，可以有效提高待分析的数据质量，进而提升数据挖掘的效果。

■　本章首先对数据预处理所包含的内容与流程进行简要介绍；然后引入数据质量的概念，对数据预处理的最终目的进行阐述；最后对数据清洗、数据集成、数据变换、数据归约等技术分别进行讲解。

6.1 数据质量

在对大数据进行分析时，通常需要针对数据的具体情况，如数据的类型、数据量的大小等进行分析流程以及算法的设计。如果数据质量不满足分析的要求，则应当首先进行数据预处理。数据预处理是指在进行数据分析之前，对数据进行清洗、集成、变换、归约，以提高数据质量，使其符合数据分析输入要求的一系列工作。数据预处理与数据质量的关系如图 6-1 所示。

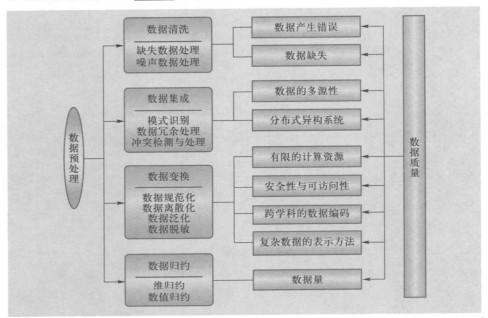

在介绍数据质量前，先来看两个例子。

例 6-1： 小王是某制造企业的信息技术部主管，该企业准备将客户关系管理系统（CRM）与企业资源计划系统（ERP）的数据进行共享，以更好地适应个性化服务需求。在进行数据分析时，小王发现了许多问题，使得该项工作无法顺利实施，具体包括：① CRM 中的产品编号（面向客户）与 ERP 中的编号（面向企业内部）不一致，数据无法直接进行关联；②存在大量的冗余数据，消耗了许多计算资源；③ CRM 的使用人员经验不足，对产品特性的描述出现了错误。因此，小王不得不花大量的时间去统一两个系统中的产品编号，同时将不需要的数据剔除掉，并逐一核对每条记录的准确性，这一过程浪费了许多时间。

例 6-2： 小李是某银行的数据分析师，该银行很早就部署了一套数据分析系统，并通过统一数据标准、严格约束条件、深度定制数据模型等手段准备了大量可以直接进行分析挖掘的数据，以此作为制定理财产品的基础。由于投资环境的变化，部门领导要求小李参考一些统计数据，制定一类全新的理财产品。因为先前的数据模型、分析挖掘流程均为深度定制，所以在改变了数据输入后，小李需要重新设计数据模型并定义新的分析挖掘流程，这需要很长一段时间。

上述均为在实际工作中由于数据质量问题而影响企业决策的例子，例6-1属于数据本身的质量问题，例6-2属于因需求发生变化而导致数据不适用的问题。本章在提到数据质量时如无特殊说明，一般指前者。

6.1.1　数据质量的问题根源

在探究数据质量的问题根源前，应当深入分析数据从产生到应用的整个过程，如图6-2所示。数据首先被传感器感知，然后依据特定结构进行组织，最终被应用至各种场景。这个过程中的每个环节都可能出现故障，从而导致数据质量问题。

图6-2
数据从产生到应用
的过程

（1）　对于数据感知来说，如果传感器出现了故障，则会感知到错误数据，或者根本无法感知到数据。而由于传感器对数据的理解不尽相同，可能导致不同传感器感知到的数据格式也各不相同。

（2）　对于数据组织来说，当数据组织方式无法满足数据应用的需求时，则无法提供更好的数据服务，而通常一个复杂的数据难以用简单的结构来进行表示。

（3）　对于数据应用来说，有限的计算资源可能面临大量的输入数据，从而使其不堪重负。在应用数据时，能访问到的数据越多越好，但这又使得这些数据面临过度泄露的安全风险。

由此可见，数据质量伴随着数据产生到应用的全过程，并且随着感知手段、组织方式及应用需求的变化而不断涌现出新的问题。究其根源，造成数据质量问题的原因主要有以下九个方面。

1.　数据的多源性

当同一个数据有多个数据来源时，很可能会带来不同的值。在例6-1中，产品特性数据既来源于CRM，也可以从ERP中得出，因此带来了数据不一致的问题。

2.　数据产生错误

在数据产生过程中，传感器主观或者客观原因可能会导致数据出现错误，数据传输过程中也可能产生错误。在例6-1中，CRM的使用人员经验不足，录入了错误的产品特性，因此导致了错误数据的产生。

3.　有限的计算资源

计算资源始终是有限的，缺乏足够的计算资源会限制相关数据的可访问性。在例6-1中，当ERP和CRM系统的访问量越来越大时，对数据的操作也会越来越频繁，系统的计算资源将变得十分紧缺，进而使得数据的可访问性降低。

4.　安全性与可访问性的权衡

数据的可访问性会与数据安全、隐私保护等需求产生冲突。对于数据分析人员来说，能访问到的数据越详细真实越好，但这样也会带来数据安全的风险。在例 6-1 中，如果在 CRM 系统里可以轻易对被访问的客户信息进行收集，则可能会泄露客户的隐私。

5.　跨学科的数据编码

辨别和理解来自不同部门或者学科的编码数据是很困难的，而且这些编码体系之间也可能存在冲突。在例 6-1 中，由于 ERP 和 CRM 系统中对于产品编号的规则源自不同部门，因此数据无法直接进行关联。

6.　复杂数据的表示方法

通常情况下，可以很容易地对数值、字符等简单的数据进行描述。但是，对视频、音频等复杂数据的描述一直都存在挑战。如果不对这些数据进行有效描述，则无法对其构建索引并高效利用。

7.　数据量大

如果数据库存储的数据量过大，那么数据消费者就很难在合理的时间内获取其所需的信息。在例 6-1 中，当 CRM 系统的数据量随着客户的增加而急速增长时，会使系统难以及时响应用户的数据访问及数据处理需求。

8.　数据缺失

如果输入规则过于严苛，那么会出现不必要的约束，并导致某些重要数据丢失。在例 6-1 中，如果 CRM 系统在产品编号录入时严格限制了产品编号只能为数值，那么当出现了带字符的产品编号时则无法输入，进而造成数据缺失。

9.　分布式异构系统

对于分布式、异构的数据系统，如果缺乏适当的整合机制，会导致其内部出现数据定义、格式、规则和值的不一致性。数据在流动的过程中可能丢失其原本的含义，或者其原本含义被扭曲，而这些错误的数据又因为相同或者不同的用途，而在不同的子系统中，在不同的时间、地点，被不同的数据消费者检索获得。

6.1.2　数据质量评估

数据质量的评估不仅会影响数据质量本身，还包括与数据相关的业务流程。因此，评估数据质量至关重要。大体上，数据质量评估可以分为数据质量调查法和数据质量指标量化法。前者主要获得对数据质量的主观评价，而后者则是对数据质量进行量化。本节主要介绍数据质量的量化指标，包括准确性、完整性、一致性、及时性、可访问性等。

1.　准确性

准确性是指数据记录的信息是否存在异常或错误。存在准确性问题的数据不仅仅

只是规则上的不一致。最常见的数据准确性错误就是乱码，异常大或者异常小的数据也是不符合条件的数据。准确性的计算公式为

$$准确性 = 1 - \frac{错误的数据单元数量}{数据单元总数}$$

数据质量的准确性可能存在于个别记录，也可能存在于整个数据集，如数量级记录错误，这类错误可以使用最大值和最小值的统计量去审核。一般数据都符合正态分布规律，如果一些占比少的数据存在问题，则可以通过比较其他数量少的数据来做出判断。

2. **完整性**

完整性维度至少可以从三个角度看，分别是架构完整性、列完整性和数据集完整性。架构完整性是指架构的实体和属性没有缺失的程度；列完整性是指一张表中的一列没有缺失的程度；数据集完整性是指数据集中应当出现的数据成员没有出现的程度。

例如，网站日志日访问量就是一个记录值，平时的日访问量在 1 000 左右，突然某一天降到 100 了，就需要检查数据是否存在缺失。又如，网站统计地域分布情况，每一个地区名都有一个唯一值，我国有 34 个省级行政区域，如果统计得到的唯一值小于 34，则可以判断数据有可能存在缺失。完整性的计算公式为

$$完整性 = 1 - \frac{不完整的数据单元数量}{数据单元总数}$$

3. **一致性**

一致性是指数据是否遵循了统一的规范，数据集合是否保持了统一的格式。数据质量的一致性主要体现在数据记录的规范和数据是否符合逻辑。一般的数据都有标准的编码规则，对于数据记录的一致性检验是较为简单的，只要符合标准编码规则即可，只需将相应的唯一值映射到标准的唯一值上就可以了。一致性的计算公式为

$$一致性 = 1 - \frac{违反一致性的数据单元数量}{数据单元总数}$$

4. **及时性**

及时性反映的是对于使用该数据的任务来说，数据更新的程度。及时性的计算公式为

$$及时性 = \left\{ \max\left[0, \left(1 - \frac{现值}{波动} \right) \right] \right\}^s$$

其中，现值 = 发布时间 - 输入时间 + 年限，发布时间是数据发布给用户的时间，输入时间是系统接收数据的时间，年限是系统第一次接收数据时的数据年龄；波动是指数据保持有效的时间长度。敏感性指数 s 的取值因任务不同而异，用于控制指标对其中参数的敏感程度。

5. 可访问性

可访问性反映的是获取数据的难易程度，其定义强调了时间在可访问性指标中的重要性。如果数据能够在变成无用数据之前被交付使用，那么这些数据可能还有一点用处，但显然不如更早地被交付时那么有用。因此，可访问性指标权衡了用户请求数据到数据交付所需的时间。当获得数据的时间增加到令最大值函数的第二项为负时，可访问性为 0。可访问性的计算公式为

$$可访问性 = \left\{ \max \left[0, \left(1 - \frac{从用户请求数据到数据交付的时间间隔}{从请求数据到数据没有任何使用价值的时间间隔} \right) \right] \right\}$$

该指标将时间作为测量可访问性的尺度。根据需求，分析人员也可以基于数据路径的结构关系及路径长度来定义可访问性。如果认为时间、结构和路径长度都是影响可访问性的重要因素，那么可以对这些指标进行测量后用最小值方法获得整体的测量值。

6.2 数据清洗

数据清洗是数据预处理的重要组成部分，通过填充缺失数据、过滤无效数据、光滑噪声数据等方法，达到纠正错误、标准化数据格式、清除异常数据等目的，主要分为缺失数据处理和噪声数据处理。数据清洗的常用方法如图 6-3 所示。

图 6-3
数据清洗的
常用方法

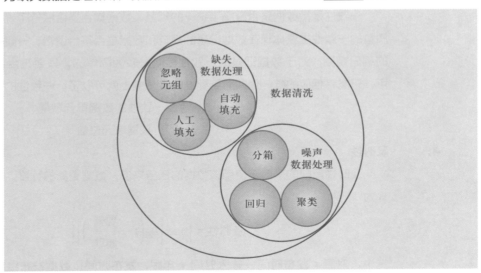

需要说明的是，数据清洗可能需要多轮迭代才能满足用户的期望，因此需要在每一轮清洗结束后进行判断，看是否达到了预期效果。

6.2.1 缺失数据处理

数据缺失是现实世界数据常见的问题。缺失数据处理的流程如图 6-4 所示。

图 6-4
缺失数据的
处理流程

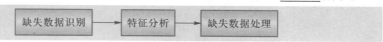

首先需要对缺失数据进行识别；然后在此基础上对其特征进行分析，判断缺失值的出现规律；最后确认其是否会影响后续的数据分析，如果有影响，则需要根据数据上下文来判断选择哪种处理方式。缺失值的处理通常包括以下几类方法。

1. 忽略元组

当缺少类标号时，通常采用忽略元组的方式处理数据。但是当元组中有多个属性值缺失时，该方法不是很有效。

2. 人工填充

通过人工填写缺失数据，可以一定程度上解决数据缺失的问题。但这种方法很费时间，当数据集很大并且出现很多缺失值时，不具备可行性。

3. 自动填充

通过采用全局常量、均值 / 中位数、预测值等方式对缺失值进行自动填充，但这类方式可能会产生数据偏差，从而导致填充的缺失值不正确。

6.2.2 噪声数据处理

噪声是被测量变量的随机误差和方差。噪声数据的主要表现形式有三种：错误数据、虚假数据及异常数据。错误数据和虚假数据的识别需要结合领域知识与专家经验才能进行很好的判断。在这里，主要对异常数据进行处理，通常包括以下几类方法。

1. 分箱

分箱方法是通过考查数据的"近邻"值，即通过周围的值来光滑有序数据的值。由于考查的是数据的近邻值，因此只能进行局部光滑。

分箱处理的基本思路是将数据集放入若干个箱子之后，用每个箱子的均值或边界值替换该箱内部的每个数据成员，进而达到噪声处理的目的。

例 6-3： 给出数据集 data = {40,45,47,52,56,57,64,67,70}，通过均值平滑技术的等深分箱方法进行噪声处理，其基本步骤如下。

第 1 步：将数据集放入以下三个箱中。

　　　　箱 1：40,45,47

　　　　箱 2：52,56,57

　　　　箱 3：64,67,70

第 2 步：计算每个箱的均值。

　　　　箱 1 的均值：44

　　　　箱 2 的均值：55

箱 3 的均值：67

第 3 步：用每个箱的均值替换对应箱内的所有数据成员，进而达到数据平滑（去噪声）的目的。

箱 1：44,44,44

箱 2：55,55,55

箱 3：67,67,67

第 4 步：合并各箱，得到数据集 data 的噪声处理后的数据集 data′，即 data′ = {44,44,44,55,55,55,67,67,67}。

2. 回归

光滑数据可以利用数学中的拟合函数来实现，称为回归。线性回归就是通过找出拟合两个属性的"最佳"直线，使得其中一个属性可以用于预测出另一个属性（见图 6-5）。而多元线性回归是线性回归的扩展，其涉及的属性多于两个，并且将数据拟合到一个多维曲面。更详细的回归分析将在下一章进行介绍。

图 6-5
通过回归方法
发现噪声数据

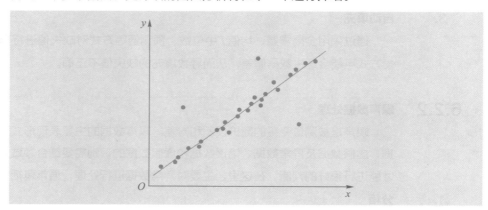

3. 聚类

聚类是将相似的值组织成"簇"，而落在"簇"集合外的值则称为"孤立点"。可以通过聚类的方法找出这些"孤立点"，并对其进行进一步处理，以去除噪声。

图 6-6 给出了一组数据的聚类效果，可以明显看到数据被分为 3 个簇，但有 4 个点落在簇外，这些点就是孤立点，也就是噪声。

图 6-6
通过聚类方法
发现噪声数据

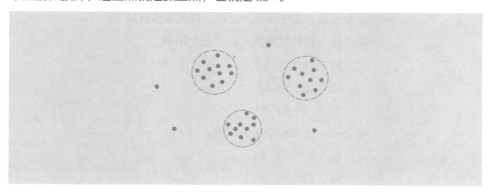

需要指出的是，许多数据光滑的方法也适用于数据离散化和数据归约。例如，分箱技术可以减少每个属性值的不同值的数量，而通常用于数据离散化的概念分层也可以用于数据光滑，这些方法会在后面进行介绍。

6.3 数据集成

在数据处理的过程中，往往需要对多个数据源的数据进行合并，以减少数据集的冗余和不一致，提高数据处理的准确性和速度。在数据集成的过程中，模式识别、数据冗余和冲突检测是需要考虑的重点问题。

6.3.1 模式识别和对象匹配

在集成数据时，需要匹配来自多个数据源的现实世界的等价实体，其中关键的是实体识别问题。例如，如何判断一个数据库中的 customer_id 字段与另一个数据库中的 customer_number 是相同的属性。实际上，每个属性的元数据包含名字、含义、数据类型和属性的值域及空值处理规则，这样的元数据可以用来帮助避免模式集成的错误。

在集成数据时，当一个数据库的属性与另一个数据库的属性匹配时，必须注意其数据结构，这可以保证系统中的函数依赖、参数约束与目标系统匹配。

6.3.2 数据冗余处理

如果一个属性能由另一个或者几个属性"导出"，那么这个属性就是冗余的。属性名称的不一致可能会导致数据集成时产生冗余。

冗余问题可以通过相关性分析检测得到。对于标称数据，可以使用卡方检验检测属性之间的相关性；对于数值属性，可以利用相关系数和协方差等方法来评估一个属性的值如何随着另外一个属性值变化。

例如，已知两个数值属性，则可以根据这两个属性的数值分析它们之间的相关度。属性 A 和属性 B 之间的相关度可以根据以下计算公式分析获得：

$$r_{A,B} = \frac{\sum(A - \bar{A})(B - \bar{B})}{(n-1)\sigma_A \sigma_B}$$

其中，$\bar{A}$ 和 $\bar{B}$ 分别表示属性 A 和 B 的平均值，即

$$\bar{A} = \frac{\sum A}{n}, \bar{B} = \frac{\sum B}{n}$$

而 σ_A 和 σ_B 则分别表示属性 A 和 B 的标准方差，即

$$\sigma_A = \sqrt{\frac{\sum(A - \bar{A})^2}{n-1}} , \quad \sigma_B = \sqrt{\frac{\sum(B - \bar{B})^2}{n-1}}$$

当 $r_{A,B} > 0$ 时，属性 A 和 B 之间是正关联，也就是说若 A 增加，B 也增加。$r_{A,B}$ 值越大，说明属性 A 和 B 正关联关系越密切。

当 $r_{A,B} = 0$ 时，属性 A 和 B 相互独立，二者之间没有关系。

当 $r_{A,B} < 0$ 时，属性 A 和 B 之间是负关联，也就是说若 A 增加，B 就减少。$r_{A,B}$ 绝对值越大，说明属性 A 和 B 负关联关系越密切。

6.3.3 冲突检测与处理

数据集成时，由于不同数据源的表示方式、度量方法或编码的区别，数值可能存在冲突。例如，质量属性可能在一个系统中以国际单位存放，而在另一个系统中以英制单位存放。对于大学采用的评分标准，一所大学采用 A、B、C、D、E 五级评分，另一所大学采用 1～100 分进行评分，这两所大学之间很难精准地进行课程成绩变换。

此外，一个系统中元组属性的抽象层可能比另一个系统中"相同的"属性低。例如，student_sum 在一个数据库中可能指一个学校的学生总数，而在另一个数据库中可能指一个班级的学生总数。

6.4 数据变换

数据变换是将数据变换或统一成适合数据挖掘的形式。常用的数据变换方法包括平滑处理、数据聚集、特征构造、数据规范化、数据离散化、数据泛化等。数据变换的类型见表 6-1。

表6-1
数据变换的类型

序号	方法	说明
1	平滑处理	去掉数据中的噪声，包括分箱、回归、聚类等
2	数据聚集	对数据进行汇总或聚集
3	特征构造	根据给定的数据构造新的属性并添加到属性集中
4	数据规范化	将数据属性按比例缩放，使之落入特定区间
5	数据离散化	数值属性数据的原始值用区间标签或概念标签替换
6	数据泛化	使用概念分层，用高层概念替换低层数据

实际上，数据预处理方法之间存在许多重叠。例如，平滑处理既可用于数据清洗，也可以用于数据变换；属性构造和聚集可以用于数据集成和数据归约；数据离散

化和概念分层既是数据归约形式，又是数据变换形式。

表 6-1 中前 3 种方法在前面章节或多或少有所提及，因此本节主要介绍数据规范化、数据离散化和数据泛化。

6.4.1　数据规范化

不同的度量单位可能会影响数据分析。例如，把长度的度量单位从米变成英寸，质量度量单位从公斤改成磅，可能导致完全不同的数据挖掘结果。一般而言，单位较小的属性将导致该属性具有较大的值域，一般这样的属性对数据分析结果影响较大。因此，为避免数据分析对度量单位选择的依赖性，数据应该规范化或标准化。

规范化数据试图赋予所有属性相等的权重。规范化对于涉及神经网络的分类算法、基于距离度量的分类和聚类特别有用。如果使用神经网络后向传播算法进行分类，对于训练元组中每个属性的输入值，规范化将有助于加快学习阶段的速度。对于基于距离的方法，规范化可以防止具有较大初始值域的属性权重过大。在没有数据的先验知识时，规范化也是有用的。

常用的数据规范化方法包括最小—最大规范化、z 分数规范化和按小数定标规范化。

1.　最小—最大规范化

给定 A 是数值属性，具有 n 和观测值 $x_1, x_2 \cdots, x_n$，假设 $\max_A$ 和 $\min_A$ 分别为属性 A 的最大值和最小值。最小—最大规范化计算方法为

$$x_i' = \frac{x_i - \min_A}{\max_A - \min_A}\left(\text{new}_{\max_A} - \text{new}_{\min_A}\right) + \text{new}_{\min_A}$$

实际上，最小—最大规范化是对原始数据进行线性变换。因此，最小—最大规范化可以保持原始数据值之间的联系。

例 6-4： 假设收入属性的最小值与最大值分别为 4 000 元和 8 000 元，现将收入属性映射到区间 [0.0,1.0]，根据最小—最大规范化，收入值 6 000 元将变换为

$$\frac{6\,000 - 4\,000}{8\,000 - 4\,000} \times (1.0 - 0.0) + 0.0 = 0.5$$

2.　z 分数规范化

z 分数规范化是基于属性 A 的均值和标准差的规范化。A 的值 x_i 被规范化为 x_i' 的计算方法为

$$x_i' = \frac{x_i - \bar{A}}{\sigma_A}$$

式中 $\bar{A}$ 和 σ_A 分别为属性 A 的均值和标准差，z 分数规范化适用于属性 A 的最小值和最大值未知或孤立点左右了最小—最大规范化的情况。

例 6-5： 假设属性收入的均值和标准差分别为 4 000 元和 1 000 元，使用 z 分

数规范化，收入 6 000 被转换为

$$\frac{6\,000 - 4\,000}{1\,000} = 2$$

对于孤立点来说，用均值绝对偏差（S_A）替换标准差可以获得更好的鲁棒性。此时 A 的值 x_i 被规范化为 $x_i{}'$ 的计算方法为

$$x_i{}' = \frac{x_i - \overline{A}}{S_A}$$

3.　小数定标规范化

小数定标规范化是通过移动属性 A 的值的小数点位置进行规范化。小数点的移动位数依赖于 A 的最大绝对值。A 的值 x_i 被规范化为 $x_i{}'$ 的计算方法为

$$x_i{}' = \frac{x_i}{10^j}$$

其中，j 是指使得 $\max(|x_i{}'|) < 1$ 的最小整数。

<u>例 6-6</u>：假设 A 的取值为 −258 ~ 261，因此为使用小数定标规范化，可以规定 $j=3$，即用 1 000 除以每个值。因此，−258 被规范化为 −0.258，而 261 被规范化为 0.261。

6.4.2　数据离散化

数据离散化按照离散过程是否使用类标签信息，可以分为监督的离散化方法和非监督的离散化方法。数据离散化方法如<u>图 6-7</u> 所示，下面分别对其进行介绍。

图 6-7
数据离散化方法

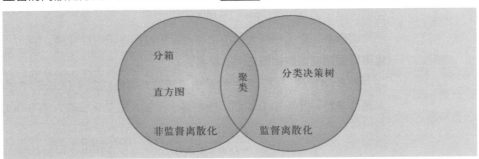

1.　分箱

利用分箱可以实现数据离散化。例如，通过使用等宽或等深分箱，然后用箱均值或中位数替换箱中的每个值，从而将属性值离散化。分箱需要预先制定箱的个数，并且对箱的个数敏感，也容易受到孤立点的影响。

2.　直方图

直方图也是一种非监督离散化技术。直方图把属性 A 的值划分成不相交的区间，理想情况下，使用等频直方图，每个分区包括相同个数的数据元组。直方图分析方法可以递归地用于每个分区，自动地产生多级概念分层，直到达到一个预先设定的概念

层数，过程终止。也可以对每一层使用最小区间长度来控制递归过程。最小区间长度设定为每层每个分区的最小宽度，或每层每个分区中值的最少数目。正如下面将介绍的，直方图也可以根据数据分布的聚类分析进行划分。

3. 聚类

聚类也是一种流行的离散化方法。通过将属性 A 的值划分成簇来离散化数值属性 A。层次聚类算法利用自顶向下的划分策略或自底向上的合并策略来产生属性 A 的概念分层，其中每个簇形成概念分层的一个节点。在自顶向下的划分策略中，每个初始簇或分区可以进一步分解成若干子簇，形成较低的概念层。在自底向上的合并策略中，通过反复地对邻近簇进行分组，形成较高的概念层。

4. 分类决策树

分类决策树算法是一种自顶向下的划分方法，也可以用于离散化。由于离散化的决策树方法使用类标号，因此它是一种监督型的离散化方法。例如，患者症状属性数据集中，每个患者有一个诊断结论类标号，可以使用类分布信息计算和确定划分点。也就是说，选择划分点使得一个给定的结果分区包含尽可能多的同类元组。

6.4.3 数据泛化

数据泛化也可以称为标称数据的概念分层变换。对于标称数据，人工定义概念分层是一项耗时的任务。实际上，很多标称数据的分层结构信息都隐藏在数据库的模式中，并且可以在模式定义中自动定义。例如，关系数据库中的地址属性包括街道名、城市名、省名、国家名。地址属性的概念分层可以自动产生，因为街道是属于某个城市的，城市是属于某个省的，而省是属于某个国家的。

常用的数据泛化方法有以下几种。

1. 在模式级中说明属性的序

通常标称属性的概念分层涉及一组属性，因此用户可以在模式级中通过说明属性的偏序或全序来定义概念分层。例如，如果数据仓库存在类似前面提到的地址属性，那么可以通过在模式级中说明这些属性的一个全序，如街道＜城市＜省＜国家，来定义其概念分层结构。

2. 通过显示数据分组说明分层结构的一部分

这实际上是一种人工定义概念分层结构的方法。在大型数据库中，通过显示的值枚举定义整个概念分层是不现实的。然而，对于一小部分中间层数据，可以很容易地显示分组。例如，在模式级说明了城市和省形成一个分层后，用户可以人工地添加一些中间层，如××市属于××省。

3. 说明属性集但不说明它们的偏序

用户可以说明一个属性集形成概念分层，但并不说明它们的偏序。然后，系统自动地产生属性的序，构造有意义的概念分层。例如，一个称为高层的概念通常包含若干从属的较低层概念，定义在较高概念层的属性（如省）与定义在较低概念层的属性（如街道）相比，通常包含较少的不同值。因此，可以根据给定属性集中每个属性不同值的个数，自动地产生概念分层。具有最多不同值的属性放在分层结构的最底层。一个属性的不同值个数越少，它在产生的概念分层结构中所处的层次越高。在很多情况下，这种启发式规则都非常有用。如果有必要，可以通过人工方式进行局部层次交换或调整。

4. 嵌入数据语义

在定义分层时，由于对分层结构概念模糊，可能在分层结构的说明中只包含了相关属性的一小部分。例如，对于地址属性，系统没有说明其全部属性，只说明了街道和城市。为处理这种部分说明的分层结构，可以在数据库模式中嵌入语义，使得与语义密切相关的属性能够捆绑在一起。这样一来，一个属性的说明可能触发与整个语义密切相关的属性组，形成一个完整的分层结构。

总之，概念分层可以用来把数据变换到多个粒度层。使用数据泛化可以揭示隐含在较高层的知识模式，而且它允许在多个抽象层进行挖掘，从而有利于提高数据挖掘的效果。

6.4.4 数据脱敏

数据脱敏是在不影响数据分析结果准确性的前提下，对原始数据进行一定的变换操作，对其中的敏感数据进行替换、过滤、删除等操作，以降低信息的敏感性，减少相关主题的信息安全隐患和个人隐私泄露风险。数据脱敏处理如图 6-8 所示。

图 6-8
数据脱敏处理

	序号	姓名	性别	出生年月	家庭住址	月收入	......
脱敏前	1	张三	女	2000.03	北京市朝阳区绿地中心C座	8 592	......
	2	李四	男	2002.05	武汉市武昌区八一路299号	7 158	......
	3	王五	女	2001.10	成都市高新区锦城大道366号	7 894	......

	序号	性别	出生年月	家庭住址	月收入	......
脱敏后	1	女	2000.03	北京	8 000~9 000	......
	2	男	2002.05	武汉	7 000~8 000	......
	3	女	2001.10	成都	7 000~8 000	......

需要注意的是，数据脱敏操作不能停留在简单的将敏感信息屏蔽掉或匿名处理。数据脱敏操作必须满足以下三个要求。

（1）**单向性**。数据脱敏操作必须具备单向性，即从原始数据可以容易得到脱敏数据，但无法从脱敏数据推导出原始数据。例如，如果字段"月收入"采用每个值均加 3 000 元的方法处理，用户可以通过对脱敏后的数据进行分析推导出原始数据的内容。

（2）　**无残留。**数据脱敏操作必须保证用户无法通过其他途径还原敏感信息。为此，除确保数据替换的单向性外，还需要考虑是否可能有其他途径来还原或估计被屏蔽的敏感信息。

（3）　**易于实现。**数据脱敏操作所涉及的数据量大，所以需要的是易于计算的简单方法，而不是具有高时间复杂度和高空间复杂度的计算方法。

　　数据脱敏包含三个基本活动：识别敏感信息、脱敏信息处理和评价。其中，脱敏信息处理可采用数据替换和数据过滤两种不同的方法。数据替换可以采用 Hash 函数进行数据的单向映射。

6.5　数据归约

　　数据归约是指在不影响数据完整性和数据分析结果正确性的前提下，通过减少数据规模的方式达到提升数据分析效果与效率的目的。因此，数据归约工作不应对后续数据分析结果产生影响，基于已归约处理后的新数据的分析结果应与基于原始数据的分析结果相同或没有本质性区别。常用的数据归约方法有维归约和数值归约两种。

6.5.1　维归约

　　维归约用于减少所考虑的随机变量或者属性的个数，常用方法包括离散小波变换和主成分分析等方法。这些方法实际上是将原始数据变换或投影到较小的空间，选择属性子集也是一种维归约方法，它将不相关、弱相关或者冗余的属性、维度删除，这实际上就是特征选择、降维的过程。

1.　离散小波变换

　　离散小波变换是一种线性信号处理技术，可以用于将数据向量 X 变换成不同数值的小波系数 X'。利用这种方法进行数据归约时，可以将元组看成是一个 n 维数据向量，即 $X = \{x_1, x_2, \cdots, x_n\}$。$x_i$ 对应元组各个属性测量值，通过变换成不同数值的小波系数向量 X'，然后按照某种规则截取 X'，也就是说保存一部分最强的小波系数，从而保留近似的压缩数据。例如，设定某个阈值，保留大于此值的所有小波系数，这样的结果是数据会非常稀疏，如果在此数据上进行计算，由于数据的稀疏性，数据处理速度将大大提高。

　　离散小波变换一般使用一种层次金字塔算法，这种方法通过迭代将数据减半，从而达到数据归约的目的。首先数据向量的长度 n 必须是 2 的整数次幂，如果不满足此条件，可以通过在向量后添加 0，然后利用求和或加权平均函数及加权差分函数分别作用于向量 X 中的数据点对，即 (x_{2i}, x_{2i+1})，每作用一次就会产生两个长度为 $n/2$ 的数据集。最后，迭代多次得到数据集中选择的值作为数据变换的小波系数。

例 6-7： 假如 $X = \{90,70,100,70\}$，可以取 $\frac{x_1 + x_2}{2}$ 和 $\frac{x_1 - x_2}{2}$ 来表示 x_1 和 x_2，即 $[90,70] \rightarrow [80,10]$。80 是平均数，10 是小范围波动数。同理，$[100,70] \rightarrow [85,15]$。可以看出，80 和 85 是局部平均值，它们反映数据的总体趋势，可以认为是数据的低频部分；而 10 和 15 是数据的局部变换情况，可以认为是数据的高频部分。进一步进行变换 $[80,85] \rightarrow [82.5,-2.5]$，这样数据就被压缩为 $[82.5,-2.5,10,15]$。

2. 主成分分析

主成分分析是一种数学变换的方法，它把给定的一组相关向量通过线性变换转成另一组不相关的向量。也就是说，给定数据向量 $X = \{x_1, x_2, \cdots, x_n\}$，通过主成分分析变换得到向量 $Y = \{y_1, y_2, \cdots, y_k\}$（其中 $k \leqslant n$），并且向量 Y 中的属性互不相关。实际上，这一过程是将原始数据投影到一个小得多的数据空间，实现维归约。

主成分分析的基本原理是计算出 k 个标准正交向量，这些向量称为主成分，且输入数据都可以表示为主成分的线性组合，然后将主成分按强度降序排列，去掉较弱的成分来归约数据。而利用较强的主成分，应该能够重构或者近似重构原始数据。因此，主成分分析通常可以发现数据隐含的特征，并给出不同寻常的数据解释。

6.5.2 数值归约

数值归约是用较小的数据集替换原数据集。常用的方法包括参数方法和非参数方法。对于参数方法而言，使用模型估计数据，使得一般只需要存放模型参数，而不是实际数据，如回归和对数线性模型。非参数方法包括：利用直方图来拟合数据的分布；对数据进行聚类，用聚类的簇替换实际数据；对数据进行抽样及数据立方体聚集等。

1. 回归和对数线性模型

回归和对数线性模型是参数化数据归约方法。在简单线性回归中，通过数据建模，可以将数据拟合到一条直线。例如，将随机变量 Y 表示为另一随机变量 X 的线性函数：

$$Y = wX + b$$

在数据挖掘中，X 和 Y 是数据的两个属性，w 和 b 称为回归系数，分别为直线的斜率和纵轴 Y 的截距。系数可以用最小二乘法求解，即最小化分离数据的实际直线与该直线的估计之间的误差。多元线性回归是简单线性回归的扩展，允许用两个或多个自变量的线性函数对变量 Y 建模。

对数线性模型近似离散的多维概率分布。给定 n 维元组的数据集，可以把每个元组看作 n 维空间的点。对于离散属性集，可以使用对数线性模型，基于属性子集选择，估计多维空间中每个点的概率，这使得高维数据空间可以由较低维空间构造。因此，对数线性模型也可以用于维归约和数据光滑。

2. 抽样

抽样也可以看作一种数据归约技术。抽样技术允许用小的随机样本表示大型数据集。常用于数据归约的抽样方法包括无放回简单随机抽样、有放回简单随机抽样、簇抽样以及分层抽样等方法。

与其他的数据归约方法相比，采用抽样技术的空间复杂度和时间复杂度较小，因为抽样技术得到样本的花费正比于样本集的大小，而不是数据集的大小。另外，对于固定的样本大小，抽样的复杂度紧随数据的维数 n 呈线性增加，而直方图的复杂度随 n 呈指数增加。

3. **数据立方体聚集**

在对现实世界数据进行采集时，采集到的往往并非用户感兴趣的数据，因而需要对数据进行聚集。例如，客户的收入数据，采集到的可能是每个月的收入，而用户感兴趣的是年收入数据，这时需要对数据进行汇总得到年收入数据。数据聚集可以减小数据量，但又不会丢失数据分析所需的信息。

数据立方体是一种多维数据模型，允许用户从多个维度对数据进行建模和观察。现实世界中关系数据库都是以二维表的形式存储数据的，数据立方体是二维表格的多维扩展，每个单元存放一个聚集值，对应于多维空间的一个数据点，每个属性都可能存在概念分层，允许在多个抽象层进行数据分析。

关键术语

- 数据质量
- 数据清洗
- 数据集成
- 数据变换
- 数据规约

本章小结

本章主要介绍了杂乱数据产生的原因，以及与之相联系的处理技术，以提高数据质量，从而提高数据挖掘结果的质量。需要注意的是，随着用户需求的不断变化，需要以数据质量为切入点，在数据预处理领域持续投入，才能确保技术的时刻发展和进化。

即测即评

第 7 章

大数据分析技术

■ 大数据处理与分析技术采用数据驱动的方式，综合运用数据库、统计分析、机器学习等方法，对数据进行分析和预测，从海量数据中挖掘隐含的模式或规则，从而满足用户的需求。

■ 本章首先介绍大数据分析基础，然后分别介绍回归分析、分类分析、聚类分析中典型方法的原理及实现，以及深度学习的内容，最后进行案例分析。

7.1 大数据分析基础

大数据处理与分析与各行各业密切相关，如金融领域、医疗领域等，具有学术价值和应用前景，已成为学术界和工业界共同关注的前沿技术。然而，传统处理与分析技术难以应用于大规模数据，影响了分析的准确性和应用效果。

在大数据上的机器学习，需要处理全量数据并进行大量的迭代计算，这就要求机器学习平台具备强大的处理能力和分布式计算能力。随着分布式文件系统的出现，可以对海量数据进行存储和管理，并在全量数据上进行分布式学习。

Apache Spark 是专为大规模数据处理而设计的快速通用的计算引擎。Spark 提供了一个基于海量数据的机器学习库 MLlib（Machine Learning Library），旨在简化机器学习的工程实践，并能够方便地扩展到更大规模数据。MLlib 提供了主要的机器学习算法，包括用于特征预处理的数理统计方法，特征抽取、转换和选择，以及分类、回归、聚类、关联规则、推荐、优化、算法的评估等。具体包括以下几方面的内容。

（1）**算法工具。**常用的学习算法，如分类、回归、聚类和协同过滤。

（2）**特征化工具。**特征提取、转化、降维和选择工具。

（3）**流水线（Pipeline）。**用于构建、评估和调整机器学习工作流的工具。

（4）**持久性。**保存和加载算法、模型和管道。

（5）**实用工具。**线性代数、统计、数据处理等工具。

MLlib 支持的机器学习算法见表 7-1。

表 7-1
MLlib 支持的
机器学习算法

类型	算法
基本统计	Summary Statistics、Correlations、Stratified Sampling、Hypothesis Testing、Random Data Generation
分类与回归	Support Vector Machines(SVM)、Logistic Regression、Linear Regression、Naive Bayesian
聚类	K-Means、Gaussian Mixture Model、Latent Dirichlet allocation (LDA)、Bisecting k-means
特征抽取与转换	Term Frequency-Inverse Document Frequency(TF-IDF)、Word2Vec、StandardScalet

本章内容介绍基于 Spark 分布式机器学习的大数据处理和分析技术，可以帮助读者了解机器学习的原理方法及其分布式实现，从而实现基于海量数据的学习和分析过程。

7.2 回归分析

回归分析（Regression Analysis）是一种用于确定两种或两种以上变量间相互依赖关系的统计分析方法，用于预测连续型数值，广泛应用于医学、金融、气象等领域，如预测子女身高与父母身高之间的关系、预测天气温度变化等。

回归分析的基本步骤如下。

（1）　分析预测目标，确定自变量（特征）和因变量（预测变量）。

（2）　建立合适的回归预测模型。

（3）　进行相关性分析。

（4）　检验回归预测模型，计算预测的误差。

（5）　计算并确定预测值。

按照问题所涉及变量的多少，可将回归分析分为一元回归分析（包含一个自变量）和多元回归分析（包含多个自变量）；按照自变量和因变量（目标变量）之间是否存在线性关系，可将回归分析分为线性回归和非线性回归分析。其中，一元线性回归分析对应一个自变量和一个因变量，并且自变量和因变量之间的函数关系能够用一条直线表示。

下面介绍线性回归（Linear Regression）等典型的回归分析方法。

7.2.1 线性回归

1. 原理

给定由 k 个特征描述的样本 $x = [x_1, \cdots, x_k]^{\mathrm{T}}$，其中 x_i 是 x 在第 i 个特征上的取值。线性回归的目标是通过学习得到一个由特征的线性组合表示的预测函数，即

$$f(x) = w_1 x_1 + \cdots + w_k x_k + b \tag{7.1}$$

注意，这里的"线性"指的是参数 $w = [w_1, \cdots, w_k]^{\mathrm{T}}$ 是线性的。

采用向量形式描述为

$$f(x) = w^{\mathrm{T}} x + b \tag{7.2}$$

其中权重向量 $w = [w_1, \cdots, w_k]^{\mathrm{T}}$，权重 w_i 直观表达了特征 x_i 在预测中的重要性，b 是直线的截距。w 和 b 确定后，线性回归模型就确定了，可用于预测。

以一元线性回归模型为例，分析自变量 x 和因变量 y 之间的联系。假设从样本空间中获得 n 组观测值 $(x_i, y_i), i = 1, \cdots, n$，其中 $x_i, y_i \in \mathbf{R}$。那么这 n 组观测值在二维平面中对应 n 个点，此时有多条曲线可以拟合这 n 个点（图 7-1），那么哪一条才是最佳拟合曲线呢？

确定最佳拟合曲线的标准是总拟合误差最小，也就是根据拟合曲线得到的预测值与样本真实值之间拟合误差之和最小。以总拟合误差最小为优化目标，通过参数估计计算权重 w 和截距 b 的取值，从而得到拟合曲线。

图 7-1

一元线性回归
拟合曲线示例

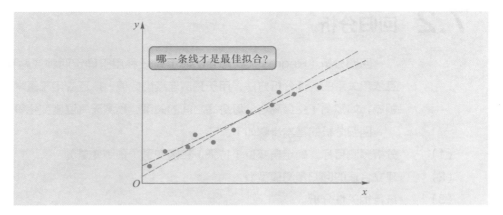

给定训练集 D，线性模型试图通过学习得到预测函数 $f(x)$，使得预测值与样本真实值 y 尽可能接近，也就是

$$f(x_i) = wx_i + b，使得 f(x_i) \approx y_i \tag{7.3}$$

那么如何确定 w 和 b 呢？关键在于如何衡量 $f(x)$ 与 y 之间的差别。确定最佳拟合曲线的标准是总拟合误差最小，其中均方误差（Mean Squared Error，MSE）是最常用的误差度量，它是学习器对预测变量的估计值与变量真实值之差平方的数学期望，衡量了"平均误差"，可以评估模型预测结果相对真实值的变化程度。均方误差越小，说明学习器的预测结果具有更好的精度。

相应的均方误差为

$$E(f;D) = \frac{1}{m}\sum_{i=1}^{m}\left(f(x_i) - y_i\right)^2 \tag{7.4}$$

因此线性回归的目标是使均方误差最小化，由此得到 w 和 b 的估计值为

$$\left(w^*, b^*\right) = \underset{(w,b)}{\arg\min}\sum_{i=1}^{m}\left(f(x_i) - y_i\right)^2 = \underset{(w,b)}{\arg\min}\sum_{i=1}^{m}\left(wx_i + b - y_i\right)^2 \tag{7.5}$$

均方误差的几何含义是欧几里得距离，简称欧氏距离。基于均方误差最小化求解模型参数的方法称为最小二乘法（Least Square Method）。在线性回归中，最小二乘法的目标就是找到一条直线，使所有样本到直线上的欧式距离之和最小。

求解 w 和 b 使式（7.5）对应的均方误差最小化的过程，称为线性回归模型的最小二乘法参数估计。根据式（7.5），对 w 和 b 分别求偏导，然后令偏导数等于零，可以得到 w 和 b 的最优解为

$$w = \frac{\sum\limits_{i=1}^{m} y_i(x_i - \overline{x})}{\sum\limits_{i=1}^{m} x_i^2 - \frac{1}{m}\left(\sum\limits_{i=1}^{m} x_i\right)^2} \tag{7.6}$$

$$b = \frac{1}{m}\sum_{i=1}^{m}\left(y_i - wx_i\right) \tag{7.7}$$

其中，$\overline{x} = \frac{1}{m}\sum\limits_{i=1}^{m} x_i$ 为 x 的均值。

2. 实现

（1） 基本流程。

基于 Spark 框架的 LinearRegression 方法实现线性回归，使用 Spark 自带示例数据（${SPARK_HOME}/data/mllib/sample_linear_regression_data.txt，${SPARK_HOME} 是指 Spark 安装主目录）实现整个过程，具体过程如下。

① 导入 Spark 包。

使用 Python 代码实现，首先必须导入 Spark 中的 pyspark 库，主要涉及两个类：一个是 SparkSession，另一个是 LinearRegression。

```
from pyspark.ml.regression import LinearRegression
from pyspark.sql import SparkSession
```

其中，SparkSession 类用于创建 Spark 会话，用于读取数据等操作，该类是从 Spark 2.0 版以后新引入的概念。SparkSession 在整个作业运行过程中起"中介"作用，通过 SparkSession 对象来使用 Spark 的其他功能。LinearRegression 是用于实现线性回归的类。

② 获取或创建 SparkSession 对象。

```
# spark 2.0 后使用该方式创建 SparkSession 对象
spark = SparkSession.builder.appName('Linear Regression with spark').getOrCreate()
```

其中，appName 参数也可以在提交作业到 Spark 集群时再指定。

③ 加载训练数据。

```
# 加载训练数据
# sample_linear_regression_data.txt 为 "libsvm" 格式
datas = spark.read.format('libsvm').load('/data/mllib/sample_linear_regression_data.txt')
```

加载训练数据使用 SparkSession 对象的 read 函数创建一个 DataFrameReader 对象，然后再规定输入数据格式为 "libsvm"，最后使用 load 方法进行数据加载。

关于数据路径的说明：load 函数中传入的路径，如果不是以 file:// 开头的，则读取的是 HDFS 集群对应目录下的文件，因此当把作业提交到集群运行时，首先应该在 HDFS 集群创建指定目录，并上传对应的数据文件。

```
[root@Master pyspark]# hdfs dfs -ls /data/mllib
Found 1 items
-rw-r--r--   3 root supergroup   119069 2020-11-30 01:50 /data/mllib/sample_line ar_regression_
data.txt
[root@Master pyspark]#
```

④ 创建线性回归模型。

```
# 创建线性回归模型
model = LinearRegression(maxIter=20, regParam=0.3, elasticNetParam=0.8)
```

参数说明如下。

a. maxIter。最大迭代次数，默认为 100。

b.　regParam。正则化参数，默认为 0.0。

c.　elasticNetParam。弹性网络混合参数。该参数为 0 时，选用 L2 作为惩罚函数；该参数为 1 时，选用 L1 作为惩罚函数；该参数位于（0，1）范围内时，惩罚函数是 L1 和 L2 的结合。默认为 0。

⑤　模型训练。

```
# 使用训练数据进行模型训练
model = model.fit(datas)
```

⑥　打印模型训练结果参数。

```
# 打印训练得到的模型参数
print('coefficients: %s' % str(model.coefficients))
print('intercept: %s' % str(model.intercept))
print('RMSE: %f' % summary.rootMeanSquaredError)
```

结果参数说明如下。

a.　coefficients 参数就是 *w* 参数，即权重系数。

b.　intercept 参数就是 *b* 参数，即截距。

c.　RMSE 为均方根误差。

⑦　提交集群。

将编写好的 Python 代码文件（以 my_spark_lr.py 为例）上传到 Spark 集群客户端，并使用下面的命令将作业提交到集群：

```
spark-submit sparkLinearRegression.py \
--master spark://Master:7077
```

其中，Master 为集群 Master 节点的主机名。

（2）　**数据格式。**

数据文件 sample_linear_regression_data.txt 中的数据为“libsvm”格式，具体格式如下：

```
label index1:value1 index2:value2 ...
```

①　label。标签值。

②　index。序号，个数与特征向量的维度保持一致，且 index 必须是升序。

③　value。特征各维度上的值。

sample_linear_regression_data.txt 实际数据格式如图 7-2 所示：

```
[root@Master 线性回归]# head -3 ../../data/mllib/sample_linear_regression_data.txt
-9.490009878824548 1:0.4551273600657362 2:0.36644694351969087 3:-0.382561089334680
47 4:-0.4458430198517267 5:0.33109790358914726 6:0.8067445293443565 7:-0.262434173
1773887 8:-0.44850386111659524 9:-0.07269284838169332 10:0.5658035575800715
0.2577820163584905 1:0.8386555657374337 2:-0.1270180511534269 3:0.499812362510895
4:-0.22686625128130267 5:-0.6452430441812433 6:0.18869982177936828 7:-0.5804648622
673358 8:0.6519317437756 42 9:-0.6555641246242951 10:0.17485476357259122
-4.438869807456516 1:0.5025608135349202 2:0.14208069682973434 3:0.1600497690041213
8 4:0.5050198971813 02 5:-0.9371635223468384 6:-0.2841601610457427 7:0.635593861671
2786 8:-0.1646249064941625 9:0.9480713629917628 10:0.4268125156464581 7
```

图 7-2　sample_linear_regression_data.txt 实际数据格式

（3）　完整代码。

```python
# encoding: utf-8

# 导入 spark 包
from pyspark.ml.regression import LinearRegression
from pyspark.sql import SparkSession

# spark 2.0 后使用该方式创建 SparkSession 对象
spark = SparkSession.builder.appName('Linear Regression with spark').getOrCreate()

# 加载训练数据
# sample_linear_regression_data.txt 文件格式为"libsvm"格式
datasets = spark.read.format('libsvm').load('/data/mllib/sample_linear_regression_data.txt')

# 创建线性回归模型
model = LinearRegression(maxIter=20, regParam=0.3, elasticNetParam=0.8)

# 使用训练数据进行模型训练
model = model.fit(datasets)

# 打印训练得到的模型参数
print('coefficients: %s' % str(model.coefficients))
print('intercept: %s' % str(model.intercept))

# 获取训练模型摘要信息
summary = model.summary

# 打印训练信息
print('numIterations: %d' % summary.totalIterations)
print('objectiveHistory: %s' % str(summary.objectiveHistory))

summary.residuals.show()

print('RMSE: %f' % summary.rootMeanSquaredError)
print('r2: %f' % summary.r2)
```

7.2.2 广义线性回归

1. 原理

与线性回归假设输出服从高斯分布不同，广义线性模型（Generalized Linear Model，GLM）指定线性模型的因变量服从指数型分布。GLM 要求的指数型分布可以为正则或者自然形式。自然指数型分布为

$$f_Y(y\mid\theta,\tau)=h(y\mid\tau)\exp\left(\frac{\theta\cdot y-A(\theta)}{d(\tau)}\right) \tag{7.8}$$

其中，θ 是强度参数；τ 是分散度参数。在 GLM 中，响应变量 Y_i 服从自然指数族分布，有

$$Y_i \sim f(\cdot\mid\theta_i,\tau)$$

其中，强度参数 θ_i 与响应变量 μ_i 的期望值联系为

$$\mu_i=A'(\theta_i) \tag{7.9}$$

其中，$A'(\theta_i)$ 由所选择的分布形式决定。GLM 同样允许指定连接函数，连接函数决定了响应变量期望值与线性预测器之间的关系，即

$$g(\mu_i)=\eta_i=x_i^{\mathrm{T}}\beta \tag{7.10}$$

通常，连接函数选择如 $A'=g^{-1}$，在强度参数与线性预测器之间产生一个简单的关系。这种情况下，连接函数也称为正则连接函数，有

$$\theta_i=A'^{-1}(\mu_i)=g(g^{-1}(\eta_i))=\eta_i \tag{7.11}$$

GLM 通过最大化似然函数来求得回归系数，即

$$\max_{\beta}\Gamma(\theta\mid y,X)=\prod_{i=1}^{N}h(y_i,\tau)\exp\left(\frac{y_i\cdot\theta_i-A(\theta_i)}{d(\tau)}\right) \tag{7.12}$$

其中，强度参数和回归系数的联系为

$$\theta_i=A'^{-1}(g^{-1}(x_i\beta)) \tag{7.13}$$

2. 实现

Spark 的 GeneralizedLinearRegression 接口允许指定 GLM 包括线性回归、泊松回归、逻辑回归等来处理多种预测问题。目前 spark.ml 仅支持指数型分布家族中的一部分类型。

Spark 在 pyspark.ml.regression 包中提供 GeneralizedLinearRegression 方法，进行广义线性回归分析。具体步骤如下。

（1）导入 pyspark 相关模块。

```
# encoding: utf-8
from pyspark.ml.regression import GeneralizedLinearRegression
from pyspark.sql import SparkSession
```

（2）创建 Sparksession 对象。

```
# 创建 SparkSession
```

```
spark = SparkSession.builder.appName('GeneralizedLinearRegressionTest').
getOrCreate()
```

（3）　加载数据集。

```
# 加载数据集
datasets = spark.read.format('libsvm').load('/data/mllib/sample_linear_regression_data.txt')
```

此处依旧使用 Spark 自带样例数据 sample_linear_regression_data.txt，注意 load 函数中该文件的具体位置，提交到集群时，默认使用 HDFS 集群中的数据，即前面 load 函数中 /data/mllib/sample_linear_regression_data.txt 路径为 HDFS 路径。

（4）　创建广义线性回归模型。

```
# 创建广义线性回归模型
model = GeneralizedLinearRegression(family='gaussian', link='identity', maxIter=20,
regParam=0.3)
```

Generalized Linear Regression 参数含义见表 7-2。

表 7-2
Generalized
Linear
Regression
参数含义

参数	类型	含义
family	字符串型	模型中使用的误差分布类型，可选 gaussian（默认）、binomial、poisson、gamma
featuresCol	字符串型	特征列名
fitIntercept	布尔型	是否训练截距对象
labelCol	字符串型	标签列名
link	字符串型	连接函数名，描述线性预测器和分布函数均值之间关系，可选 identity、log、inverse、logit、probit、cloglog、sqrt
linkPredictionCol	字符串型	连接函数（线性预测器列名）
maxIter	整数型	最大迭代次数（≥ 0）
predictionCol	字符串型	预测结果列名
regParam	双精度型	正则化参数（≥ 0）
solver	字符串型	优化的求解算法
tol	双精度型	迭代算法的收敛性
weightCol	字符串型	列权重

（5）　训练模型。

```
# 训练模型
model = model.fit(datasets)
```

（6）　获取模型训练参数并打印。

```
# 获取训练参数
coefficients = model.coefficients  # 权重参数
intercept = model.intercept   # 截距
# 打印模型参数
print('Coefficients: %s' % str(coefficients))
print('Intercept: %s' % str(intercept))
```

（7）　获取模型训练摘要信息并打印。

```
# 获取模型训练摘要信息
summary = model.summary
# 打印摘要信息
print("Coefficient Standard Errors: " + str(summary.coefficientStandardErrors))
print("T Values: " + str(summary.tValues))
print("P Values: " + str(summary.pValues))
print("Dispersion: " + str(summary.dispersion))
print("Null Deviance: " + str(summary.nullDeviance))
print("Residual Degree Of Freedom Null: " + str(summary.residualDegreeOf
FreedomNull))
print("Deviance: " + str(summary.deviance))
print("Residual Degree Of Freedom: " + str(summary.residualDegreeOfFreedom))
print("AIC: " + str(summary.aic))
```

模型摘要信息参数含义见表 7-3。

表 7-3
模型摘要信息
参数含义

参数	类型	含义
coefficientStandardErrors	矩阵	估计系数和截距的标准误
tValues	矩阵	估计系数和截距的 T 统计量，有些教材中也称之为"回归系数 t 值"
pValues	矩阵	系数和截距的双边 P 值，只有用 "normal" solver 才可用
dispersion	浮点型	离差，对于 binomial 和 poisson family 为 1，其他的由残差的 Pearson Chi 方统计量估计
nullDeviance	浮点型	空模型偏差
residualDegreeOfFreedomNull	整型	空模型残余自由度
deviance	整型	拟合模型的偏差
residualDegreeOfFreedom	整型	残差的自由度
AIC	浮点型	模型的 AIC 准则值

（8）　完整代码。

```python
# encoding: utf-8
from pyspark.ml.regression import GeneralizedLinearRegression
from pyspark.sql import SparkSession
import statsmodels.api as sm

# 创建 SparkSession
spark = SparkSession.builder.appName('GeneralizedLinearRegressionTest').
getOrCreate()

# 加载数据集
datasets = spark.read.format('libsvm').load('data/mllib/sample_linear_regression_data.txt')

# 创建广义线性回归模型
model = GeneralizedLinearRegression(family='gaussian', link='identity', maxIter=20,
regParam=0.3)

# 训练模型
model = model.fit(datasets)

# 获取训练参数
coefficients = model.coefficients   # 权重参数
intercept = model.intercept   # 截距

# 打印模型参数
print('Coefficients: %s' % str(coefficients))
print('Intercept: %s' % str(intercept))

# 获取模型训练摘要信息
summary = model.summary

# 打印摘要信息
print("Coefficient Standard Errors: " + str(summary.coefficientStandardErrors))
print("T Values: " + str(summary.tValues))
print("P Values: " + str(summary.pValues))
```

```
print("Dispersion: " + str(summary.dispersion))

print("Null Deviance: " + str(summary.nullDeviance))

print("Residual Degree Of Freedom Null: " + str(summary.residualDegreeOfFreedomNull))

print("Deviance: " + str(summary.deviance))

print("Residual Degree Of Freedom: " + str(summary.residualDegreeOfFreedom))

print("AIC: " + str(summary.aic))
```

7.3 分类分析

分类是一种重要的数据分析任务，目标是构建分类器（Classifier），根据数据的特征将其划分为特定的类别。例如，鸢尾花属于哪一个品种、科比投篮是否命中、贷款申请数据是"高风险"还是"低风险"、医疗诊断是"良性"或"恶性"肿瘤等，这些类别可以用离散数值表示，并且不考虑数值之间的次序。

分类属于有监督学习，包括学习和预测两个阶段。其中，学习阶段对标注了样本所属类别的训练集进行分析，建立基于样本特征区分类别的分类器。在此基础上，预测阶段采用分类器预测未知样本所属的类别。

分类问题的核心是选择一组特征，预测样本所属的类别。分类器不同，基于特征判定类别的原理也不同。常见的分类算法包括决策树分类器、贝叶斯分类器等。

7.3.1 决策树分类方法

1. 原理

决策树是一类常见的分类方法，采用树结构描述根据特征对样本进行分类的规则。例如，判断西瓜是否是好瓜的决策树如图 7-3 所示。

可以看到，决策树由一个根节点、若干中间节点和一组叶节点组成。其中，根节点和中间节点（非叶节点）代表基于特征的分类规则，相应的分支表示根据该特征分类后的输出，每个叶节点则对应一个类别。例如，图 7-3 中，非叶节点对应样本的特征用矩形表示，如纹理、根蒂、触感、色泽等；相应的分支对应特征的不同取值，如纹理 = 清晰、稍糊（稍微模糊）或模糊；叶节点对应样本的分类，即好瓜还是坏瓜，用椭圆形表示。

为确定一个样本的类别，从决策树的根节点出发，根据树结构代表的分类规则，测试这个样本在决策树特征节点上的取值，依次经过若干分支最终到达某个叶节点，形成一条由根到叶节点的路径，对应的叶节点就是该样本所属的类别。由此可见，图 7-3 中决策树描述了大家平时买瓜时，根据纹理、根蒂、触感、色泽等进行决策的过程。

图 7-3
判断西瓜是否是
好瓜的决策树
（示例来自：周志
华. 机器学习.
北京：清华大学
出版社，2016. ）

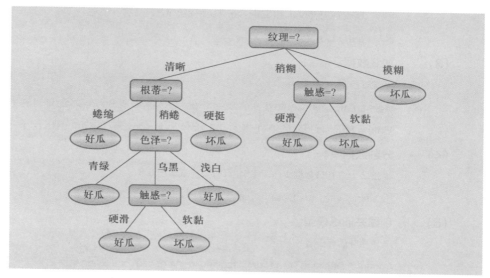

基于决策树描述的分类规则，针对样本的取值可以确定样本的分类。那么如何构造决策树呢？

因为分类是有监督的学习过程，所以需要采用带标注的训练集训练分类器。基于标注了类别的训练集，构造决策树的基本流程遵循简单直观的"分而治之"（Divide-and-Conquer）策略：从根节点出发，采用信息增益、增益率或基尼指数等指标，每次选择一个最优划分特征，对应决策树的一个节点；每个节点包含的样本集合，根据特征取值被划分到若干子节点中，对应若干分支；依次递归迭代，从根节点到每个叶节点的路径对应了一个判定样本分类的决策序列。度量按某种特征进行划分的优劣，其基本思想是根据特征划分得到各个分支，每个分支包含的样本尽可能属于同一个类别，"纯度"越高越好。

由于决策树的构造不需要领域知识或参数设置，树结构代表的分类规则直观、易于理解，并且准确率较高，因此适合于探索性知识发现，广泛应用于医学、生产制造、金融分析、分子生物等领域。

2. 实现

Spark 提供 DecisionTree 方法基于决策树进行分类，具体步骤如下。

（1） 导入 Spark 相关模块。

```
# encoding: utf-8
from pyspark.mllib.tree import DecisionTree, DecisionTreeModel
from pyspark.sql import SparkSession
from pyspark.mllib.util import MLUtils
```

（2） 创建 SparkSession 实例。

```
# 创建 SparkSession 实例
spark = SparkSession\
```

```
    .builder.appName("DecisionTreeTest")\
    .getOrCreate()
```

（3）　**加载数据。**

```
# 加载数据
sc = spark.sparkContext  # 从 SparkSession 对象获取 SparkContext 对象
data = MLUtils.loadLibSVMFile(sc，'data/mllib/sample_libsvm_data.txt')
```

（4）　**分割数据集。**

```
# 按 7：3 切分数据集，训练集占 0.7，测试集占 0.3。
(trainingData，testData) = data.randomSplit([0.7，0.3])
```

（5）　**创建并训练模型。**

```
# 创建并训练模型
model = DecisionTree.trainClassifier(trainingData, numClasses=2,
categoricalFeaturesInfo={}, impurity='gini', maxDepth=5, maxBins=32)
```

参数说明如下。

①　trainingData。训练数据集。

②　numClasses。分类器分类类别数。

③　categoricalFeaturesInfo。给出哪些特征是类别特征，以及这些特征包含多少类别值。

④　impurity。不纯度，用于测试切分点的不纯度的测量方法。

⑤　maxDepth。决策树最大深度。

⑥　maxBins。对连续特征离散化时采用的桶数。

（6）　**评估模型。**

```
# 评估模型
predictions = model.predict(testData.map(lambda x: x.features))
labelsAndPredictions = testData.map(lambda x: x.label).zip(predictions)
testErr = labelsAndPredictions\
    .filter(lambda x: x is not None)\
    .filter(lambda x: x[0] != x[1])\
    .count() / float(testData.count())
```

（7）　**打印错误率及 debug 信息。**

```
# 打印错误率
print('Test Error = ' + str(testErr))
print('Learned classification tree model:')
print(model.toDebugString())
```

（8）　　完整代码。

```
# encoding: utf-8
from pyspark.mllib.tree import DecisionTree, DecisionTreeModel
from pyspark.sql import SparkSession
from pyspark.mllib.util import MLUtils

# 创建 SparkSession 实例
spark = SparkSession\
    .builder\
    .appName("DecisionTreeTest")\
    .getOrCreate()

# 加载数据
# 从 SparkSession 对象获取 SparkContext 对象
sc = spark.sparkContext
data = MLUtils.loadLibSVMFile(sc, '/data/mllib/sample_libsvm_data.txt')

# 切分数据：训练集占 0.7，测试集占 0.3
(trainingData, testData) = data.randomSplit([0.7, 0.3])

# 创建并训练模型
model = DecisionTree.trainClassifier(trainingData, numClasses=2,
categoricalFeaturesInfo={}, impurity='gini', maxDepth=5, maxBins=32)

# 评估模型
predictions = model.predict(testData.map(lambda x: x.features))
labelsAndPredictions = testData.map(lambda x: x.label).zip(predictions)
print('++++')
print(labelsAndPredictions.foreach(print))
testErr = labelsAndPredictions\
    .filter(lambda x: x is not None)\
    .filter(lambda x: x[0] != x[1])\
    .count() / float(testData.count())
```

```
# 打印错误率
print('Test Error = ' + str(testErr))
print('Learned classification tree model:')
print(model.toDebugString())
```

（9）　打印输出。

```
Test Error = 0.02631578947368421
Learned classification tree model:
DecisionTreeModel classifier of depth 2 with 5 nodes
  If (feature 406 <= 126.5)
      If (feature 100 <= 193.5)
      Predict: 0.0
      Else (feature 100 > 193.5)
      Predict: 1.0
  Else (feature 406 > 126.5)
    Predict: 1.0
```

7.3.2　贝叶斯分类方法

1.　原理

贝叶斯分类方法是统计学分类方法，是一类分类算法的总称。这类算法均以贝叶斯定理为基础，可以预测样本属于某个类的概率（如一个西瓜属于好瓜的概率），所以称为贝叶斯分类。

分类问题的核心是选择一组特征，预测样本所属的类别。因此，贝叶斯分类的基本思想用文字表达就是

$$P(类别 \mid 特征集) = \frac{P(特征集 \mid 类别)P(类别)}{P(特征集)} \tag{7.14}$$

其中，$P(类别)$表示类别出现的先验（Prior）概率；$P(特征集)$则是特征集出现的概率（给定训练集，特征集出现的概率$P(特征集)$是确定的，可视为常数）；$P(特征集 \mid 类别)$是样本特征集相对于类别的条件概率（Conditional Probability），或者称为似然（Likelihood）；$P(类别 \mid 特征集)$是根据特征集将样本预测为某个类别的后验概率。

对应的贝叶斯定理的基本形式为

$$P(c \mid x) = \frac{P(x \mid c)P(c)}{P(x)} \tag{7.15}$$

其中，针对分类问题，令x表示样本的特征集，c表示类别。则$P(c)$是类别c的先验概率；$P(x)$是样本x出现的概率；$P(x \mid c)$是样本x相对于类别c的条件概率，或者称为似然；$P(c \mid x)$是将样本x分类为类别c的后验概率。

如果根据训练集能够知道 $P(c)$、$P(x)$ 和 $P(x|c)$ 的估计值，那么就可以估计样本 x 属于特定类别 c 的概率 $P(c|x)$。实际上，给定训练集，样本 x 出现的概率 $P(x)$ 是确定的，可视为常数。类别的先验概率 $P(c)$ 表达了样本空间中各类样本所占的比例。根据大数定律，当训练集包含足够多的独立同分布样本时，$P(c)$ 可以通过各类样本出现的频率进行估计。

难点在于估计条件概率 $P(x|c)$，因为条件概率 $P(x|c)$ 的计算涉及 x 包含的所有特征的联合概率，所以难以直接根据样本出现的频率来估计。这是因为样本在所有特征上可能的取值构成的样本空间往往远大于训练样本数，所以很多样本取值在训练集中没有出现，但是"未被观测到"并不代表"出现概率为零"。例如，假设样本包含 k 个特征，即使每个特征的取值数只有两种，则样本空间有 2^k 种可能，是指数规模的，很多样本取值可能在训练样本中根本没有出现，所以无法直接进行估计。

为解决这一问题，通常先假设条件概率 $P(x|c)$ 具有特定的概率分布形式，然后基于训练样本对概率分布的参数进行估计。当参数确定了时，相应的条件概率也就确定了。通常采用极大似然估计（Maximum Likelihood Estimation，MLE）进行参数估计。

下面以朴素贝叶斯分类法为例进行说明。朴素贝叶斯分类法是最简单、最常见的贝叶斯分类方法。为简化计算，朴素贝叶斯分类法假设对已知类别，所有属性相互独立（属性条件独立性假设），因此条件概率 $P(x|c)$ 可以简化表示为

$$P(x|c) = \prod_{i=1}^{k} P(x_i|c) \qquad (7.16)$$

其中，k 是特征数目，x_i 是样本 x 在第 i 个特征上的取值。

根据属性条件独立性假设，式（7.16）可以表示为

$$P(c|x) = \frac{P(x|c)P(c)}{P(x)} = \frac{P(c)}{P(x)} \prod_{i=1}^{k} P(x_i|c) \qquad (7.17)$$

给定训练集 D，样本 x 出现的情况是确定的，不随类别变化而变化，因此 $P(x)$ 是常数。朴素贝叶斯分类法的训练过程就是基于训练集 D 估计先验概率 $P(c)$，以及每个特征的条件概率 $P(x_i|c)$。令 D_c 表示训练集中第 c 类样本组成的集合，如果有足够的独立同分布样本，则很容易估计每个类别的先验概率，即

$$P(c) = \frac{|D_c|}{|D|} \qquad (7.18)$$

对于离散属性，令 D_{c,x_i} 表示 D_c 中第 c 类样本在第 i 个特征上取值为 x_i 的样本组成的集合，于是条件概率 $P(x_i|c)$ 可以估计为

$$P(x_i|c) = \frac{|D_{c,x_i}|}{|D|} \qquad (7.19)$$

由此就可以根据式（7.18）估计样本 x 属于类别 c 的概率 $P(c|x)$，从而得到样本所属类别的概率估计。

对于连续属性可以根据概率密度函数进行估计。假设 $P(x_i|c) \sim N(\mu_{c,i}, \sigma_{c,i}^2)$，其中 $\mu_{c,i}$ 和 $\sigma_{c,i}^2$ 分别是第 c 类样本在第 i 个特征上取值的均值和方差，于是条件概率 $P(x_i|c)$ 可以估计为

$$P(x_i|c) = \frac{1}{\sqrt{2\pi}\sigma_{c,i}} \exp\left(-\frac{(x_i - \mu_{c,i})^2}{2\sigma_{c,i}^2}\right) \tag{7.20}$$

2. 实现

Spark 提供 NaiveBayes 方法支持贝叶斯分类，详细步骤及流程如下。

（1）导入 Spark 模块。

```
# 导入 Spark 模块
from pyspark.ml.classification import NaiveBayes
from pyspark.sql import SparkSession
from pyspark.ml.evaluation import MulticlassClassificationEvaluator
```

（2）创建 SparkSession 实例。

```
# 创建 SparkSession 实例
spark = SparkSession\
    .builder\
    .appName('NaiveBayesModelTest')\
    .getOrCreate()
```

（3）加载数据。

```
# 加载数据
data = spark\
    .read\
    .format('libsvm')\
    .load('data/mllib/sample_libsvm_data.txt')
```

（4）分割数据集。

```
# 切分数据
(train_datas, test_datas) = data.randomSplit([0.7, 0.3], 1234)
```

（5）创建朴素贝叶斯模型。

```
# 创建模型
nb_model = NaiveBayes(smoothing=1.0, modelType='multinomial')
```

（6）训练模型。

```
# 训练模型
model = nb_model.fit(train_data)
```

（7）评估模型。

```
# 评估模型
```

```
prediction = model.transform(test_datas)
# 获取预测值以及标签
predictionAndLabels = prediction.select("prediction", "label")
# 计算精确度
evaluator = MulticlassClassificationEvaluator(metricName="accuracy")
print("Accuracy: " + str(evaluator.evaluate(predictionAndLabels)))
```

（8）　　完整代码。

```
# encoding: utf-8

# 导入 Spark 模块
from pyspark.ml.classification import NaiveBayes
from pyspark.sql import SparkSession
from pyspark.ml.evaluation import MulticlassClassificationEvaluator

# 创建 SparkSession 实例
spark = SparkSession\
    .builder\
    .appName('NaiveBayesModelTest')\
    .getOrCreate()

# 加载数据
data = spark\
    .read\
    .format('libsvm')\
    .load('data/mllib/sample_libsvm_data.txt')

# 切分数据
(train_data, test_data) = data.randomSplit([0.7, 0.3], 1234)

# 创建模型
nb_model = NaiveBayes(smoothing=1.0, modelType='multinomial')

# 训练模型
model = nb_model.fit(train_data)
```

```
# 评估模型
# 计算精确度
prediction = model.transform(test_datas)
predictionAndLabels = prediction.select("prediction", "label")
evaluator = MulticlassClassificationEvaluator(metricName="accuracy")
print("Accuracy: " + str(evaluator.evaluate(predictionAndLabels)))
```

（9）　打印输出。

```
Accuracy: 1.0
```

7.4　聚类分析

　　　　分类和回归分析都是有监督学习方法，需要采用带标注的训练集训练学习器。而标注数据需要耗费大量的时间和资源，现实中大量的应用缺乏标注数据，需要采用无监督学习开展分析。

　　　　聚类分析（Cluster Analysis）属于无监督学习方法，用于对未知类别的样本进行划分。基于特定的性能和距离度量，聚类分析把数据对象划分成若干个类簇，把相似（距离相近）的样本聚在同一个类簇中，把不相似的样本分为不同类簇，揭示样本之间内在的性质及相互之间的联系规律。聚类技术广泛应用于金融、生物、医学、军事、安全、商务智能、图像模式识别和 Web 搜索等诸多领域。

　　　　下面介绍 $k-$ 均值（$k-$means）等典型的聚类方法。$k-$ 均值属于基于划分方法的聚类，其基本思想是给定 n 个样本组成的集合，构建 k 个簇（$k \le n$），把数据划分为 k 个组，使得同一个簇中的样本尽可能相互"接近"或相关，而不同簇中的样本尽可能"远离"或不同，主要基于距离度量样本之间的接近或远离程度。根据应用问题的不同，常用的距离度量包括欧氏距离、曼哈顿距离、明氏距离、余弦距离等。

7.4.1　$k-$ 均值聚类

1.　原理

　　　　给定样本集 $D = \{x_1, \cdots, x_n\}$，$k-$ 均值算法通过聚类得到一组簇划分 $C = \{C_1, \cdots, C_k\}$，目标是使划分后的平方误差和最小，即

$$E = \sum_{i=1}^{k} \sum_{x \in C_i} \| x - \mu_i \|^2 \tag{7.21}$$

其中，$\mu_i = \dfrac{1}{|C_i|} \sum_{x \in C_i} x$ 是簇 C_i 的均值向量。

　　　　式（7.21）首先计算簇 C_i 内所有样本 x 与簇 C_i 的均值向量的平方误差和，进一

步计算所有簇划分的平方误差和。

由此可见，式（7.21）刻画了簇内样本围绕簇均值向量的紧密程度，值越小，簇内样本相似度越高。因此，$k-$ 均值聚类的目标是最小化平方误差和，找到最优的簇划分。

但最小化平方误差和需要考虑样本集 D 所有可能的簇划分，是 NP 难问题。因此，$k-$ 均值采用贪心策略，从训练集 D 中随机选择 k 个样本作为初始均值向量，根据距离最近的均值向量确定每个样本所属的簇，然后根据簇划分的结果计算新的均值向量，不断迭代更新，直到簇划分的均值向量不再发生改变，得到的簇划分就是聚类的结果。

2. **实现**

Spark 提供 k-means 方法支持聚类分析，具体流程及步骤如下。

（1）　导入 Spark 模块。

```
# 导入 Spark 包
from pyspark.ml.clustering import KMeans
from pyspark.sql import SparkSession
from pyspark.ml.evaluation import ClusteringEvaluator
```

（2）　创建 SparkSession 对象。

```
# 创建 SparkSession
spark = SparkSession.builder.appName('GeneralizedLinearRegressionTest').getOrCreate()
```

（3）　加载数据。

```
# 加载数据
data = spark.read.format('libsvm').load('data/mllib/sample_kmeans_data.txt')
```

（4）　创建模型。

```
# 创建模型
kmeans = KMeans().setK(2).setSeed(1)
```

（5）　训练模型。

```
# 训练模型
model = kmeans.fit(data)
```

（6）　预测。

```
# 预测
prediction = model.transform(data)
```

（7）　计算轮廓系数。

```
# 轮廓系数
evaluator = ClusteringEvaluator()
```

```
silhouette = evaluator.evaluate(prediction)
# 打印轮廓系数
print('Silhouette with squared euclidean distance: %s' % silhouette)
```

（8）　获取聚类中心。

```
# 获取聚类中心并打印
centers = model.clusterCenters()
print('Cluster centers: ')
for center in centers:
    print(center)
```

（9）　完整代码。

```
# encoding: utf-8

# 导入 Spark 包
from pyspark.ml.clustering import KMeans
from pyspark.sql import SparkSession
from pyspark.ml.evaluation import ClusteringEvaluator

# 创建 SparkSession
spark = SparkSession.builder.appName('GeneralizedLinearRegressionTest').
getOrCreate()
# 加载数据
data = spark.read.format('libsvm').load('data/mllib/sample_kmeans_data.txt')

# 创建模型
kmeans = KMeans().setK(2).setSeed(1)

# 训练模型
model = kmeans.fit(data)

# 预测
prediction = model.transform(data)

# 轮廓系数
evaluator = ClusteringEvaluator()
silhouette = evaluator.evaluate(prediction)
```

```
# 打印轮廓系数
print('Silhouette with squared euclidean distance: %s' % silhouette)

# 获取聚类中心并打印
centers = model.clusterCenters()
print('Cluster centers: ')
for center in centers:
    print(center)
```

7.4.2　高斯混合模型

1.　原理

　　高斯混合模型（Gaussian Mixture Model，GMM）是一种概率式的聚类方法，属于生成式模型。它假设所有的数据样本都是由某一个给定参数的多元高斯分布生成的。具体地，给定类个数 K，对于给定样本空间中的样本 x，一个高斯混合模型的概率密度函数可用多元高斯分布组合成的混合分布表示，即

$$p(x) = \sum_{i=1}^{K} w_i \cdot p(x \mid \mu_i, C_i) \tag{7.22}$$

其中，$p(x \mid \mu, C)$ 是以 μ 为均值向量，C 为协方差矩阵的多元高斯分布的概率密度函数。可以看出，高斯混合模型由 K 个不同的多元高斯分布共同组成，每一个分布被称为高斯混合模型中的一个成分（Component），而 w_i 为第 i 个多元高斯分布在混合模型中的权重，且有 $\sum_{i=1}^{K} w_i = 1$。

　　假设存在一个高斯混合模型，那么样本空间中样本的生成过程是以 $w_1, w_2, \cdots, w_K$ 作为概率选择一个混合成分，根据该混合成分的概率密度函数，采样产生出相应的样本。实际上，权重可以直观理解成相应成分产生的样本占总样本的比例。利用 GMM 进行聚类的过程便是利用 GMM 生成数据样本的"逆过程"：给定聚类簇数 K，通过给定的数据集，以某一种参数估计的方法，推导出每一个混合成分的参数（即均值向量 μ、协方差矩阵 C 和权重 w），每一个多元高斯分布成分即对应于聚类后的一个簇。

　　高斯混合模型在训练时使用了极大似然估计法，最大化以下对数似然函数，即

$$L = \log \prod_{j=1}^{m} p(x_j) = \sum_{j=1}^{m} \log \left[\sum_{i=1}^{K} w_i \cdot p\left(x_j \mid \mu_i, C_i\right) \right] \tag{7.23}$$

　　L 无法直接通过解析方式求得解，因此可采用期望 – 最大化（Expectation-Maximization，EM）方法求解。具体过程如下。

（1）　根据给定的 K 值，初始化 K 个多元高斯分布及其权重。

（2）　根据贝叶斯定理，估计每个样本由每个成分生成的后验概率（EM 方法中的 E 步）。

（3）　根据均值、协方差的定义及（2）中求出的后验概率，更新均值向量、协方差矩阵和权重（EM 方法中的 M 步）。

（4）　重复（2）和（3），直到似然函数增加值已小于收敛值，或达到最大迭代次数。

　　　当参数估计过程完成后，对于每一个样本点，根据贝叶斯定理计算出其属于每一个簇的后验概率，并将样本划分到后验概率最大的簇上去。相对于 k-means 等直接给出样本点的簇划分的聚类方法，GMM 这种给出样本点属于每个簇的概率的聚类方法，称为软聚类（Soft Clustering）。

2.　实现

　　　Spark 提供 GMM 方法支持聚类分析，高斯混合模型在 pyspark.ml.clustering 包下，使用 GaussianMixture 类进行聚类分析。具体步骤如下。

（1）　导入 Spark 模块。

```
# 导入 Spark 模块
from pyspark.ml.clustering import GaussianMixture
from pyspark.sql import SparkSession
```

（2）　创建 SparkSession 实例。

```
# 创建 SparkSession 实例
spark = SparkSession\
    .builder\
    .appName("GaussianMixtureExample")\
    .getOrCreate()
```

（3）　加载数据集。

```
# 加载数据集
data = spark.read.format('libsvm').load('/data/mllib/sample_kmeans_data.txt')
```

（4）　创建模型。

```
# 创建模型
gmm = GaussianMixture().setK(2).setSeed(87218192)
```

（5）　训练模型。

```
# 训练模型
model = gmm.fit(data)
```

（6）　输出模型参数。

```
# 输出模型参数
for i in range(2):
    print("weight = ", model.weights[i])
print('Gaussians shown as a DataFrame: ')
model.gaussiansDF.show(truncate=False)
```

（7） 训练输出（见图 7-4）。

图 7-4 训练输出

```
weight =  0.5019124415986296
weight =  0.4980875584013704
Gaussians shown as a DataFrame:
+-----------------------------------------------------------+---------------------------------------------------------------------------------------
-----------------------------------------------------------------------------------------------------------------------+
|mean                                                       |cov
                                                                                                                       |
+-----------------------------------------------------------+---------------------------------------------------------------------------------------
-----------------------------------------------------------------------------------------------------------------------+
|[4.683300425306823,4.683300425306823,4.683300425306823]|20.249727705540334  20.249727705540334  20.249727705540334
20.249727705540334  20.249727705540334  20.249727705540334
20.249727705540334  20.249727705540334  20.249727705540334  |
|[4.516059899215028,4.516059899215028,4.516059899215028]|20.249620726418982  20.249620726418982  20.249620726418982
20.249620726418982  20.249620726418982  20.249620726418982
20.249620726418982  20.249620726418982  20.249620726418982  |
+-----------------------------------------------------------+---------------------------------------------------------------------------------------
-----------------------------------------------------------------------------------------------------------------------+
```

（8） 完整代码。

```
# encoding: utf-8

# 导入 Spark 模块
from pyspark.ml.clustering import GaussianMixture
from pyspark.sql import SparkSession

# 创建 SparkSession 实例
spark = SparkSession\
    .builder\
    .appName("GaussianMixtureExample")\
    .getOrCreate()

# 加载数据集
data = spark.read.format('libsvm').load('data/mllib/sample_kmeans_data.txt')

# 创建模型
gmm = GaussianMixture().setK(2).setSeed(87218192)
# 训练模型
model = gmm.fit(data)

# 输出模型参数
for i in range(2):
    print("weight = ", model.weights[i])

print('Gaussians shown as a DataFrame: ')
model.gaussiansDF.show(truncate=False)
```

7.5 深度学习

近几十年来，随着传感器和互联网的普及和发展，各个领域积累了海量的大数据，计算机的存储和计算能力也日新月异，为基于统计的数据分析和挖掘方法提供了可能。深度学习是统计学习方法的最新成果，引发了人工神经网络的热潮，在图像、自然语言处理等领域均取得了显著进展。大数据及数据驱动深度学习技术成为推动人工智能发展的重要动力。下面以卷积神经网络和循环神经网络为例进行介绍。

7.5.1 卷积神经网络

1. 卷积神经网络概述

卷积神经网络（Convolutional Neural Networks，CNN）是一类包含卷积计算且具有深度结构的前馈神经网络（Feedforward Neural Networks），是深度学习的代表算法之一。随着深度学习理论的提出和计算设备性能的提升，卷积神经网络得到快速发展，被广泛应用于计算机视觉、自然语言处理等领域。

2. CNN网络结构

卷积神经网络主要由输入层、卷积层、池化层和全连接层构成。根据应用需要将这些层叠加起来，就可以构建一个特定卷积神经网络，CNN 网络基本结构如图 7-5 所示。

图 7-5
CNN 网络基本结构

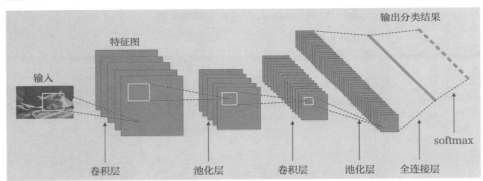

（1） 卷积层。

卷积层是构建卷积神经网络的核心层。卷积运算依次作用于输入数据的局部区域，每个卷积核都是一种特征提取方式，学习到特定类型的特征就激活。卷积运算具有稀疏交互（Sparse Interactions）、参数共享（Parameter Sharing）等特性，可以降低参数规模和计算开销，避免由于参数过多而造成过拟合。

稀疏交互也称稀疏连接（Sparse Connectivity）或者稀疏权重（Sparse Weights），通过使核的大小远小于输入的大小来实现。例如，一张图像可能包含成千上万个像素点，可以通过只包含几十或上百个像素点的核来检测有意义的特征，如图像的边缘。这意味着需要存储的参数更少，不仅减少了模型的存储需求和计算量，还提高了统计效率。

　　参数共享是指在一个模型的多个函数使用相同的参数。在卷积神经网络中，核的每一个元素都作用在输入的每一个位置上，参数共享保证了只需要学习一个参数集合，不用对每一个位置都要学习一个单独的参数集合，从而可以显著降低参数规模和计算开销，防止由于参数过多而造成过拟合，使得卷积在存储和统计方面极大优于稠密矩阵的乘法运算。CNN 参数共享机制如图 7-6 所示。

图 7-6
CNN 参数共享
机制

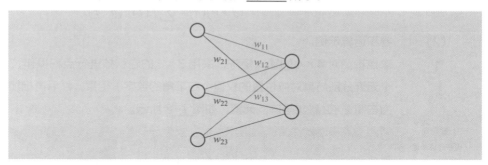

（2）　池化层。

　　池化（Pooling）操作也叫做子采样（Subsampling）或降采样（Downsampling），构建卷积神经网络时，往往用在卷积层之后，通过池化来降低卷积层输出的特征维度，有效减少网络参数的同时防止过拟合现象。

　　目前存在多种池化操作，例如最大 / 平均池化、随机池化、中值池化等，其工作原理如图 7-7 所示。以最大（MAX）池化操作为例，假设输入空间大小为 4×4，使用大小为 3×3 的卷积核，以步长为 1 对每个子区域进行降采样，每个 MAX 操作从 9 个数字中取最大值，将其余的信息都丢掉，得到输出空间大小为 2×2。各种池化操作在进行降维过程中采用的方案存在一定差异，需要针对不同的场合采用适合的池化方法。

图 7-7
池化层工作原理

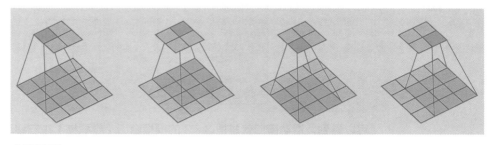

（3）　全连接层。

　　在全连接层中，神经元对于前一层中的所有激活数据是全部连接的，与常规神经网络一样。

3.　卷积运算

　　卷积（Convolution）是对两个实变函数的一种数学运算，是分析数学中一种重要的运算。

（1）　**卷积的定义。**

卷积运算通常用星号表示，$(f*g)(n)$ 称为 f、g 的卷积，其连续的定义为：

$$(f*g)(n)=\int_{-\infty}^{+\infty}f(\tau)g(n-\tau)\mathrm{d}\tau \qquad （7.24）$$

其离散的定义为：

$$(f*g)(n)=\sum_{-\infty}^{+\infty}f(\tau)g(n-\tau) \qquad （7.25）$$

（2）　**卷积运算示例。**

①　求点积。对 4×4 的输入矩阵，采用 3×3 的卷积核进行点积操作，将浅色区域中每个元素分别与其对应位置的权值（右下角的数字）相乘，然后再相加，所得到的值作为右侧 2×2 输出矩阵的元素，如图 7-8 所示。

图 7-8
点积计算原理

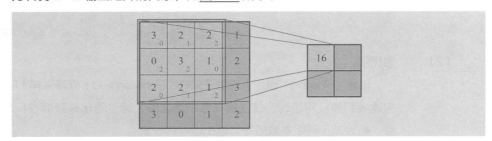

右侧 2×2 输出矩阵中第一个元素 16 计算过程如下：

3×0+2×1+2×2+0×2+3×2+1×0+2×0+2×1+1×2=16

②　滑动窗口。然后将 3×3（浅色区域）向右移动一个格（即步长为 1），将此时浅色区域内每个元素分别与对应的权值相乘再相加，所得到的值作为输出矩阵的第二个元素，如图 7-9 所示。

图 7-9
滑动窗口

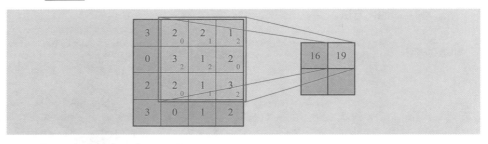

可以看到，滑动窗口就是把 3×3 的模板窗口（卷积核）往右移动一个步长。

③　重复移动窗口，直到遍历完所有的像素点。到达区域边界后，卷积核从第二行开始，重复上述"求点积—滑动窗口"操作，直至输出矩阵所有值被填满。

卷积核在二维输入数据上"滑动"，对当前输入部分的元素进行点积运算，然后将结果汇为单个输出，重复这个过程直到遍历整张图像，这个过程就叫做卷积。权值矩阵就是卷积核。卷积操作后的图像称为特征图（Feature Map）。

下面我们来看看一张图片经过卷积运算以后的效果，原图如图 7-10 所示。

图 7-10

卷积运算前的图片

分别采用下面三个卷积核对图片进行卷积运算，得到图 7-11 的效果。

图 7-11

采用三种卷积核
进行运算的效果

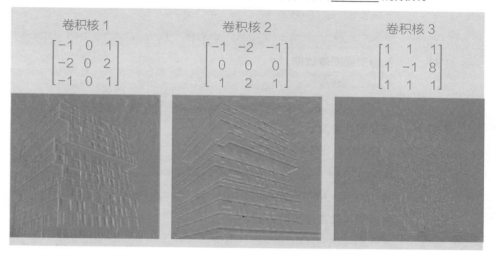

从图 7-11 可以看出，竖直方向的卷积核（卷积核 1）对图像进行卷积之后，得到的第一个图像显示出显著的竖直方向的边缘特征；水平方向的卷积核（卷积核 2）对图像进行卷积之后，得到的第二个图像显示出显著的水平方向的边缘特征；第三个卷积核（卷积核 3）没有明显竖直或水平方向的特征，得到的第三个图像兼顾了不同方向的特征。

4.　编程实例

本节将演示 CNN 在图像识别中的应用，基于 keras 的 CNN 实现手写数字识别。在开始本章节内容前，请先确认是否安装了 keras 模块，如果没有，可以使用 pip install keras 命令安装。使用的数据集是经典的 MNIST 手写数字图片集，读者可以从指定网站获取数据，该图片集共分为训练集和测试集两类，其中训练集有 60 000 张，测试集有 10 000 张。全部准备好以后，就可以开始编码过程，具体步骤如下。

（1）　引入相关模块。

```
from keras.datasets import mnist

import matplotlib.pyplot as plt

from keras.models import Sequential

from keras.layers import Conv2D, MaxPool2D, Flatten, Dropout, Dense

from keras.utils import np_utils

from keras.optimizers import Adadelta
```

（2）　加载数据集。

```
# 加载数据
# train_input: (60000, 28, 28)
# train_output: (60000, 1)
# test_input:  (10000, 28, 28)
# test_output: (10000, 1)
(train_input, train_output), (test_input, test_output) = mnist.load_data()
```

（3）　备份二维图像数据。

```
# 备份二维图像数据
test_input_bak, test_output_bak = test_input, test_output
```

（4）　转换图片维度。

```
# 转换维度：将每一幅图由二维转换为一维
train_input = train_input.reshape(-1, 28, 28, 1)

test_input = test_input.reshape(-1, 28, 28, 1)
```

（5）　转换图片像素点数据类型。

```
# 将像素值转换为浮点类型
train_input = train_input.astype('float32')

test_input = test_input.astype('float32')
```

（6）　数据归一化。

```
# 输入数据归一化
train_input /= 255

test_input /= 255
```

（7）　标签转换为 one-hot 向量格式。

```
# 标签转换为 one-hot 向量格式
train_output = np_utils.to_categorical(train_output, num_classes=10)

test_output = np_utils.to_categorical(test_output, num_classes=10)
```

（8）　创建模型。

```
# 创建模型
```

```
model = Sequential()
```

（9）　设计网络结构。

```
# 增加网络层
model.add(Conv2D(32, (5, 5), activation='relu', input_shape=[28, 28, 1]))
model.add(Conv2D(64, (5, 5), activation='relu'))
model.add(MaxPool2D(pool_size=(2, 2)))
model.add(Flatten())
model.add(Dropout(0.5))
model.add(Dense(units=128, activation='relu', input_shape=[28, 28, 1]))
model.add(Dropout(0.5))
model.add(Dense(units=10, activation='softmax'))
```

（10）　打印模型结构及基本信息。

```
# 打印模型基本信息
model.summary()
```

（11）　编译模型。

```
# 编译模型
model.compile(optimizer=Adadelta(), loss='categorical_crossentropy', metrics=['accuracy'])
```

（12）　模型训练。

```
# 模型训练
model.fit(train_input, train_output, batch_size=64, epochs=20, validation_split=0.05)
```

（13）　模型评估。

```
# 评估模型
loss, accuracy = model.evaluate(test_input, test_output, verbose=1)
```

（14）　打印总损失和模型精度。

```
# 打印总损失和模型精度
print('+++ loss: %.4f, accuracy: %.4f' % (loss, accuracy))
```

（15）　保存模型。

```
# 保存模型
model.save('models/mnistmodel.h5')
```

（16）　模型预测。

```
# 根据测试集获取预测值
predict = model.predict_classes(test_input)
```

（17）　打印部分测试结果。

```
# 打印前 16 张测试图片的预测结果
for i in range(16):
```

```
    plt.subplot(4, 4, i+1)
    plt.xticks([]) # 去掉 X 坐标刻度
    plt.yticks([]) # 去掉 y 坐标刻度
    plt.imshow(test_input_bak[i], cmap='gray')
    plt.title(Number: %d' % predict[i])
plt.show()
```

CNN 手写数字识别部分结果显示如图 7-12 所示。

图 7-12
CNN 手写数字
识别部分结果
显示

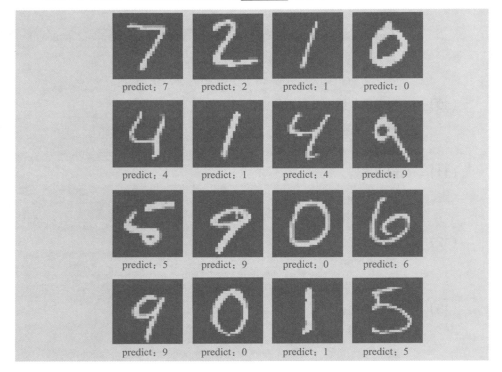

7.5.2 循环神经网络

1. 循环神经网络概述

现实生活中很多数据是序列数据，数据前后具有关联性，例如时间序列数据、自然语言等。普通的神经网络和卷积神经网络不能很好地处理这类数据。

循环神经网络（Recurrent Neural Network，RNN）是一类以序列数据为输入，在序列的演进方向进行递归且所有节点（循环单元）按链式连接的递归神经网络（Recursive Neural Network）。循环神经网络具有记忆功能，适合处理序列数据，广泛应用于语音识别、自然语言处理、机器翻译等领域。

2. RNN的基本网络结构

循环神经网络的基本结构如图 7-13 所示，其隐藏层之间的节点是有连接的，隐藏层的输入不仅包括输入层的输出，还包括上一时刻隐藏层的输出。因此，循环神经网络能够记忆之前的信息，并利用之前的信息影响后面节点的输出。

图 7-13
RNN 基本网络
结构

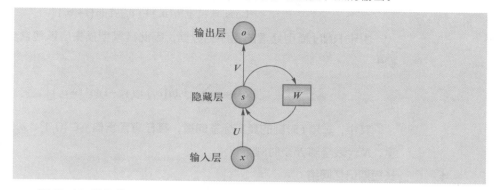

图 7-13 所示的 RNN 网络结构中，x 表示输入层向量，s 表示隐藏层向量，o 表示输出层向量；U 是输入层到隐藏层的权重矩阵，V 是隐藏层到输出层的权重矩阵。循环神经网络当前隐藏层的值 s 不仅仅取决于当前的输入 x，还取决于上一时刻隐藏层的值，其中权重矩阵 W 对应上一时刻隐藏层的值，作为当前时刻输入的权重。

那么循环神经网络是如何体现"循环"这个概念的呢？把图 7-13 所示的结构进行展开，如图 7-14 所示。

图 7-14
循环神经网络按
时间展开的结构

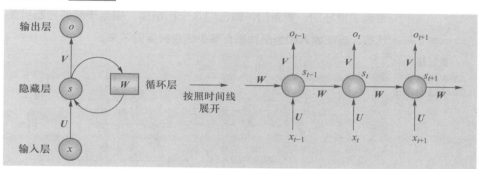

可以发现，循环神经网络在 t 时刻接收到输入 x_t 之后，隐藏层的值是 s_t，输出值是 o_t。而 s_t 的值不仅仅取决于 x_t，还取决于上一时刻隐藏层的值 x_{t-1}，可以用下面的公式来表示循环神经网络的计算过程：

$$o_t = g(V \cdot s_t) \tag{7.26}$$

$$s_t = f(U \cdot x_t + W \cdot s_{t-1}) \tag{7.27}$$

3. 损失函数

交叉熵损失函数（Cross Entropy Loss）是机器学习中使用最广泛的损失函数之一，其表达式如下所示：

$$\text{Loss} = -\sum_{i=1}^{n} y_i \ln y_i^* \tag{7.28}$$

其中，y_i 是真实的标签值，y_i^* 是模型给出的预测值，计算 n 维输出向量的损失之和得到最终的损失值。

基于交叉熵函数，RNN 模型在 t 时刻的损失函数记作如下形式：

$$\text{Loss}_t = -\left[\boldsymbol{y}_t \ln(\boldsymbol{o}_t) + (\boldsymbol{y}_t - 1)\ln(1 - \boldsymbol{o}_t)\right] \quad （7.29）$$

由于 RNN 模型处理的是序列数据，因此其模型损失应该包含全部 N 个时刻的损失：

$$\text{Loss} = -\sum_{t=1}^{N}\left[\boldsymbol{y}_t \ln(\boldsymbol{o}_t) + (\boldsymbol{y}_t - 1)\ln(1 - \boldsymbol{o}_t)\right] \quad （7.30）$$

其中，$\boldsymbol{y}_t$ 是 t 时刻的真实标签向量，其任意元素值 $y_i \in \{0,1\}$，$\boldsymbol{o}_t$ 为模型的预测向量，N 代表全部 N 个时刻。

4. 长短期记忆网络

由于 RNN 训练过程中存在"健忘"的问题，记不住较远距离对当前的影响，因此使用 RNN 处理长序列数据时效果不佳。针对上述情况，研究人员对 RNN 进行改进，提出长短期记忆网络（Long Short Term Memory，LSTM），能够学习长距离依赖关系。

RNN 与 LSTM 的结构对比如图 7-15 所示，其中 x_t 是 t 时刻的输入，h_t 是 t 时刻的输出。标准 RNN 中，每个循环单元只有单个 tanh 层；与 RNN 相比，LSTM 设置了遗忘门、更新门、输出门 3 个门结构，相当于阈值控制机关，分别控制之前状态、当前输入和当前状态有多少信息被保留下来。

图 7-15
标准 RNN 和
LSTM 网络结构对比

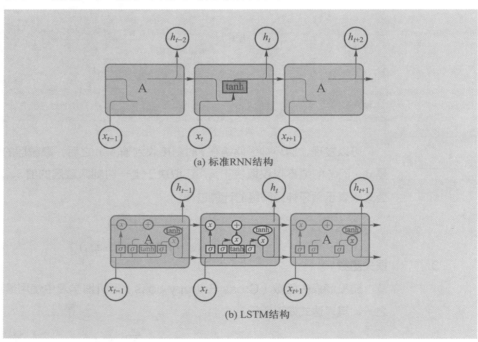

(a) 标准 RNN 结构

(b) LSTM 结构

（1） 遗忘门（Forget Gate）。

遗忘门决定了前一时刻状态 C_{t-1} 有多少信息保留到当前状态 C_t，如图 7-16 所示。遗忘门的输入是前一时刻输出 h_{t-1} 和当前输入 x_t，W_f 和 b_f 表示权重和偏置项，

σ 符号表示 Sigmoid 函数，通过计算得到输出 f_t，表示前一时刻状态 C_{t-1} 应该保留的比例，结果是 0 至 1 间的实数，数值越大表示信息保留得越多：

$$f_t = \sigma(W_f \cdot [h_{t-1}, x_t] + b_f) \tag{7.31}$$

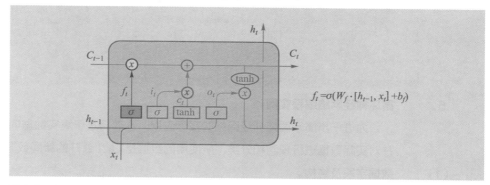

图 7-16
遗忘门

（2）　输入门（Input Gate）。

输入门决定当前输入 x_t 有多少信息输入到 C_t 状态中，如图 7-17 所示。根据 h_{t-1} 和 x_t，通过 Sigmoid 函数生成需要保留信息的比例 i_t：

$$i_t = \sigma(W_i \cdot [h_{t-1}, x_t] + b_i) \tag{7.32}$$

然后 tanh 函数生成一个新的候选数值 $\widetilde{C}_t$ 加入神经元状态中：

$$\widetilde{C}_t = \tanh(W_C \cdot [h_{t-1}, x_t] + b_C) \tag{7.33}$$

进一步，$\widetilde{C}_t$ 与前一时刻状态 C_{t-1} 通过遗忘门保留的信息相加，从而得到当前时刻的状态 C_t：

$$C_t = f_t * C_{t-1} + i_t * \widetilde{C}_t \tag{7.34}$$

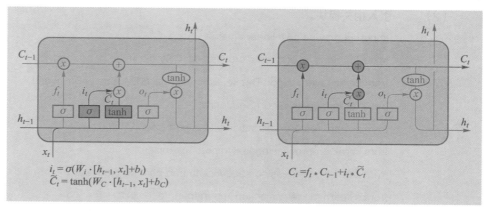

图 7-17
输入门

（3）　输出门（Output Gate）。

输出门决定了当前时刻的输入 x_t 有多少比例影响当前时刻的输出 h_t，如图 7-18 所示。

$$O_t = \sigma(W_o \cdot [h_{t-1}, x_t] + b_o) \tag{7.35}$$

$$h_t = O_t * \tanh(C_t) \tag{7.36}$$

可见 h_t 的值不但跟 h_{t-1} 和 x_t 有关，还与当前时刻的状态 C_t 有关。

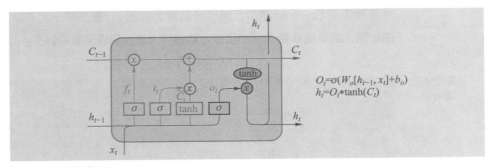

图 7-18
输出门

$O_t = \sigma(W_o[h_{t-1}, x_t] + b_o)$
$h_t = O_t * \tanh(C_t)$

5. 循环神经网络编程实例

为进一步演示循环神经网络的实际应用，本节将基于真实数据训练 LSTM 模型，并对实际数据进行预测和分类，所使用的数据是 UCI 公开的新闻数据。

（1）数据字段及结构。

UCI 新闻数据中，共包含 8 个字段，数据集共 422 938 条记录，字段之间使用制表符（\t）分隔，训练数据格式如图 7-19 所示。

图 7-19
训练数据格式

```
ID  TITLE  URL PUBLISHER  CATEGORY  STORY  HOSTNAME  TIMESTAMP
1   Fed official says weak data caused by weather, should not slow taper
http://www.latimes.com/business/money/la-fi-mo-federal-reserve-plosser-stimulus-economy-20140310,0,1312750.story\?tr
ack=rss Los Angeles Times  b  ddUyU0Vzz0BRneMioxUPQVP6sIxvM  www.latimes.com 1394470370698
2   Fed's Charles Plosser sees high bar for change in pace of tapering
http://www.livemint.com/Politics/H2EvwJSK2VE6OF7iK1g3PP/Feds-Charles-Plosser-sees-high-bar-for-change-in-pace-of-ta.
html    Livemint  b  ddUyU0Vzz0BRneMioxUPQVP6sIxvM  www.livemint.com  1394470371207
3   US open: Stocks fall after Fed official hints at accelerated tapering
http://www.ifamagazine.com/news/us-open-stocks-fall-after-fed-official-hints-at-accelerated-tapering-294436 IFA
Magazine  b  ddUyU0Vzz0BRneMioxUPQVP6sIxvM  www.ifamagazine.com 1394470371550
4   Fed risks falling 'behind the curve', Charles Plosser says
http://www.ifamagazine.com/news/fed-risks-falling-behind-the-curve-charles-plosser-says-294430  IFA Magazine
b   ddUyU0Vzz0BRneMioxUPQVP6sIxvM  www.ifamagazine.com 1394470371793
5   Fed's Plosser: Nasty Weather Has Curbed Job Growth
http://www.moneynews.com/Economy/federal-reserve-charles-plosser-weather-job-growth/2014/03/10/id/557011
Moneynews  b  ddUyU0Vzz0BRneMioxUPQVP6sIxvM  www.moneynews.com  1394470372027
```

熟悉数据基本格式后，即可以开始编码。

（2）引入相关模块。

```python
import numpy as np # linear algebra

import pandas as pd # data processing, CSV file I/O (e.g. pd.read_csv)

from keras.layers import Dense, Embedding, LSTM, SpatialDropout1D

from keras.models import Sequential

from sklearn.feature_extraction.text import CountVectorizer

from keras.preprocessing.text import Tokenizer

from keras.preprocessing.sequence import pad_sequences

from sklearn.model_selection import train_test_split

from keras.utils.np_utils import to_categorical

from keras.callbacks import EarlyStopping

import matplotlib.pyplot as plt
```

（3）　加载数据集。

```
# 加载数据集
data = pd.read_csv ('./data/ugi_news/uci-news-aggregator.csv', sep='\t', usecols=['ID',
'TITLE', 'URL', 'PUBLISHER', 'CATEGORY', 'STORY', 'HOSTNAME', 'TIMESTAMP'])
```

（4）　统计 CATEGORY 字段数量。

```
# 统计数据中 CATEGORY 数量
category_counts = data.CATEGORY.value_counts()
print(category_counts)
```

　　　　打印 CATEGORY 字段信息如图 7-20 所示。

图 7-20
打印 CATEGORY
字段信息

```
e    152469
b    115967
t    108344
m     45639
Name: CATEGORY, dtype: int64
```

（5）　构造训练数据。

```
# 构造数据
num_of_categories = 45000
shuffled = data.reindex(np.random.permutation(data.index))
e = shuffled[shuffled['CATEGORY'] == 'e'][:num_of_categories]
b = shuffled[shuffled['CATEGORY'] == 'b'][:num_of_categories]
t = shuffled[shuffled['CATEGORY'] == 't'][:num_of_categories]
m = shuffled[shuffled['CATEGORY'] == 'm'][:num_of_categories]
concated = pd.concat([e, b, t, m], ignore_index=True) # 连接
```

（6）　训练数据进行随机打乱。

```
# 打乱数据
concated = concated.reindex(np.random.permutation(concated.index))
concated['LABEL'] = 0
```

（7）　设置分类类别。

```
# 划分类别
concated.loc[concated['CATEGORY'] == 'e', 'LABEL'] = 0
concated.loc[concated['CATEGORY'] == 'b', 'LABEL'] = 1
concated.loc[concated['CATEGORY'] == 't', 'LABEL'] = 2
concated.loc[concated['CATEGORY'] == 'm', 'LABEL'] = 3
```

（8）　转换标签字段向量格式。

```
# 将标签转换为 one-hot 向量形式
print(concated['LABEL'][:10])
```

```
labels = to_categorical(concated['LABEL'], num_classes=4)

if 'CATEGORY' in concated.keys():
    concated.drop(['CATEGORY'], axis=1)
print(labels[:10])
```

标签字段转换前后相关信息如图 7-21 所示。

```
114407    2         [0. 0. 1. 0.]
51073     1         [0. 1. 0. 0.]
1992      0         [1. 0. 0. 0.]
80745     1         [0. 1. 0. 0.]
27624     0         [1. 0. 0. 0.]
130801    2         [0. 0. 1. 0.]
129437    2         [0. 0. 1. 0.]
120713    2         [0. 0. 1. 0.]
57917     1         [0. 1. 0. 0.]
68460     1         [0. 1. 0. 0.]
Name: LABEL, dtype: int64
```

图 7-21
标签字段转换前后相关信息

（9） 处理新闻标题字段。

```
# 对 TITLE 字段进行处理
n_most_common_words = 8000
max_len = 130
tokenizer = Tokenizer(num_words=n_most_common_words, filters='!"#$%&()*+,-./:;<=>?
@[\]^_`{|}~', lower=True)
tokenizer.fit_on_texts(concated['TITLE'].values)
sequences = tokenizer.texts_to_sequences(concated['TITLE'].values)
word_index = tokenizer.word_index
print('Found %s unique tokens.' % len(word_index))
```

（10） 分割数据集。

```
# 分割数据集和训练集
X = pad_sequences(sequences, maxlen=max_len)
X_train, X_test, y_train, y_test = train_test_split(X , labels, test_size=0.25, random_
state=42)
```

（11） 设置训练参数。

```
# 训练参数
epochs = 10
emb_dim = 128
batch_size = 256
labels[:2]
```

```
print((X_train.shape, y_train.shape, X_test.shape, y_test.shape))
```

数据集分割情况如图 7-22 所示。

图 7-22
数据集分割情况

```
Found 52347 unique tokens.
((135000, 130), (135000, 4), (45000, 130), (45000, 4))
```

（12）　**创建模型。**

```
# 创建模型
model = Sequential()
model.add(Embedding(n_most_common_words, emb_dim, input_length=X.shape[1]))
model.add(SpatialDropout1D(0.7))
model.add(LSTM(64, dropout=0.7, recurrent_dropout=0.7))
model.add(Dense(4, activation='softmax'))
```

（13）　**模型训练。**

```
# 训练模型
model.compile(optimizer='adam', loss='categorical_crossentropy', metrics=['acc'])
print(model.summary())
history = model.fit(X_train, y_train, epochs=epochs, batch_size=batch_size, validation_
split=0.2, callbacks=[EarlyStopping(monitor='val_loss', patience=7, min_delta=0.0001)])
```

模型信息如图 7-23 所示。

模型训练过程如图 7-24 所示。

图 7-23
模型信息

```
Model: "sequential"

Layer (type)                    Output Shape             Param #
=================================================================
embedding (Embedding)           (None, 130, 128)         1024000

spatial_dropout1d (SpatialDr    (None, 130, 128)         0

lstm (LSTM)                     (None, 64)               49408

dense (Dense)                   (None, 4)                260
=================================================================
Total params: 1,073,668
Trainable params: 1,073,668
Non-trainable params: 0
```

图 7-24
模型训练过程

```
Epoch 1/10
422/422 [==============================] - 419s 994ms/step - loss: 0.7354 - acc: 0.7037 - val_loss: 0.3008 - val_acc: 0.8997
Epoch 2/10
422/422 [==============================] - 429s 1s/step - loss: 0.3478 - acc: 0.8793 - val_loss: 0.2449 - val_acc: 0.9162
Epoch 3/10
422/422 [==============================] - 422s 1000ms/step - loss: 0.2854 - acc: 0.9009 - val_loss: 0.2289 - val_acc: 0.9199
Epoch 4/10
422/422 [==============================] - 419s 994ms/step - loss: 0.2551 - acc: 0.9126 - val_loss: 0.2202 - val_acc: 0.9229
Epoch 5/10
422/422 [==============================] - 425s 1s/step - loss: 0.2359 - acc: 0.9190 - val_loss: 0.2200 - val_acc: 0.9244
Epoch 6/10
422/422 [==============================] - 452s 1s/step - loss: 0.2242 - acc: 0.9225 - val_loss: 0.2164 - val_acc: 0.9250
Epoch 7/10
422/422 [==============================] - 460s 1s/step - loss: 0.2161 - acc: 0.9261 - val_loss: 0.2137 - val_acc: 0.9257
Epoch 8/10
422/422 [==============================] - 466s 1s/step - loss: 0.2081 - acc: 0.9282 - val_loss: 0.2153 - val_acc: 0.9255
Epoch 9/10
422/422 [==============================] - 456s 1s/step - loss: 0.2012 - acc: 0.9295 - val_loss: 0.2168 - val_acc: 0.9248
Epoch 10/10
422/422 [==============================] - 429s 1s/step - loss: 0.1956 - acc: 0.9319 - val_loss: 0.2165 - val_acc: 0.9253
1407/1407 [==============================] - 47s 33ms/step - loss: 0.2188 - acc: 0.9268
```

（14） 模型评估。

```
# 评估模型
accr = model.evaluate(X_test, y_test)
print('Test set\n  Loss: {:0.3f}\n  Accuracy: {:0.3f}'.format(accr[0], accr[1]))
```

模型评估输出如图 7-25 所示。

图 7-25
模型评估输出

```
Test set
  Loss: 0.219
  Accuracy: 0.927
```

（15） 绘制训练与验证准确度对比曲线。

```
# 画图
acc = history.history['acc']

val_acc = history.history['val_acc']

loss = history.history['loss']

val_loss = history.history['val_loss']

epochs = range(1, len(acc) + 1)

plt.plot(epochs, acc, 'bo', label='Training acc')

plt.plot(epochs, val_acc, 'b', label='Validation acc')

plt.title('Training and validation accuracy')

plt.legend()
```

训练与验证准确度对比曲线如图 7-26 所示。

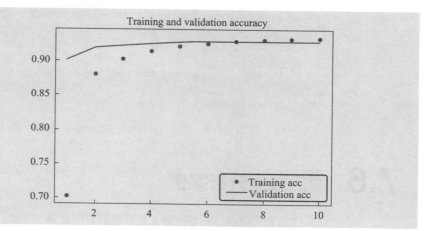

图 7-26
训练与验证准确度
对比曲线

（16） 生成训练与验证损失对比曲线。

```
plt.figure()
plt.plot(epochs, loss, 'bo', label='Training loss')
plt.plot(epochs, val_loss, 'b', label='Validation loss')
plt.title('Training and validation loss')
plt.legend()
plt.show()
```

训练与验证损失对比曲线如图 7-27 所示。

图 7-27
训练与验证损失
对比曲线

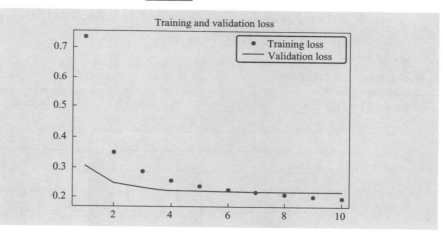

（17） 模型泛化。

模型训练结束后，使用真实数据进行预测和分类，具体过程如下：

```
# 真实数据预测
txt = ["Regular fast food eating linked to fertility issues in women"]
seq = tokenizer.texts_to_sequences(txt)
padded = pad_sequences(seq, maxlen=max_len)
pred = model.predict(padded)
```

```
labels = ['entertainment', 'business', 'science/tech', 'health']
print(pred, labels[np.argmax(pred)])
```

输出如下：

```
[[9.2756265e-05 4.0027127e-04 7.6563883e-05 9.9943036e-01]] health
```

7.6 酒店数据分析案例

本节利用数据分析与挖掘工具开展数据挖掘案例实践，通过调用相应的模块支持开展高效的数据分析和挖掘。

7.6.1 问题背景

随着人民生活水平的提高，我国旅游业近年来一直保持着蓬勃发展的态势，2018 年全年国内旅游人数达 55.39 亿人次，实现旅游总收入 5.97 万亿元。而酒店又是旅游业的重要组成部分，是旅游业生存与发展的核心要素。因此，酒店入住数据的商业价值凸显了出来。

我国酒店行业供给持续增长，酒店客房数量从 2015 年的 215.01 万间增长到了 2019 年的 414.97 万间，期间的年均复合增长率为 17.87%。2015—2019 年我国酒店客房数量情况如图 7-28 所示。

图 7-28
2015—2019 年
我国酒店客房
数量情况

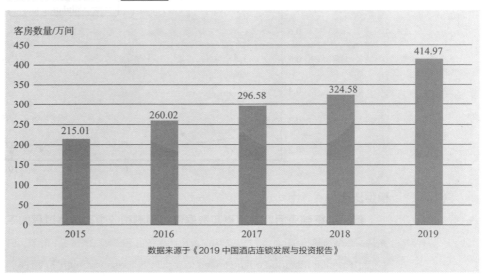

数据来源于《2019 中国酒店连锁发展与投资报告》

随着社会经济的不断发展，酒店业也逐渐和其他行业进行融合，因此酒店数据分析价值日益凸显出来，基于数据分析，可以帮助酒店合理高效进行市场运营决策，以期在激烈的市场竞争中占据竞争优势，实现利益最大化。

7.6.2　任务描述

　　本节的主要任务是基于 Spark 对酒店数据进行清洗和分析，通过本例为读者演示酒店数据的清洗、分析等数据挖掘过程，帮助读者进一步掌握基于 Spark 的数据分析方法和过程。

　　本节主要分为以下几个步骤展开。

（1）　**数据清洗。**

①　清洗原始数据中存在某行不足 23 个字段的情况。

②　将出生日期改为 ××××－××－×× 格式（如 19000101 改为 1900-01-01，如果该属性为空则不做处理）。

（2）　**数据分析。**

①　通过入住时间和入住总时长计算用户离开时间。

②　计算酒店被入住次数最多的三家和它们的平均得分及所在城市。

③　分析每个用户每年去酒店次数及入住总时长。

　　以上就是本节中对酒店数据要进行的清洗和分析工作，酒店数据的格式及字段信息见表 7-4。

表 7-4
酒店数据的格式及字段信息

字段名	字段类型	字段说明
id	String	住户 id
Name	String	姓名
CtfTp	String	卡片类型
CtfId	String	卡片编号
Gender	String	性别
Birthday	String	出生日期
Address	String	地址
Zip	String	邮编
Duty	String	职务
Mobile	String	移动手机
Tel	String	电话
Fax	String	传真号码
EMail	String	邮箱
Nation	String	国家
Taste	String	体验
Education	String	教育程度
Company	String	公司
Family	String	家庭
Version	String	入住时间

字段名	字段类型	字段说明
Hotel	String	酒店名称
Grade	String	评分
Duration	String	入住总时长
City	String	城市

7.6.3　实验步骤

（1）　数据清洗。

根据上文阐述可知，数据清洗的主要工作内容包含两个：原始数据中存在某行不足 23 个字段的情况及将出生日期改为 ××××－××－×× 格式。下面分别针对以上两个内容进行编码测试。

① 清洗原始数据中存在某行不足 23 个字段的情况。

此处可以将数据读入后，使用 RDD 的 filter 操作，将分割后字段数量不足 23 个的行进行过滤，但是这里采用一个小技巧，在读取数据时可以使用 DataFrame 机制，将数据全部读入，原始数据中不足 23 个字段的行，在 DataFrame 中对应字段会以 null 值替代，在后面进行数据分析时会进行统一过滤。

② 将日期改为 ××××－××－×× 格式。

原始数据中，只有生日字段（Birthday）为日期格式，且格式为"××××××××"（如 19000101），因此此处将字符串中的年月日分别进行分割，然后组装成 ××××－××－×× 格式，但是在处理数据过程中要注意，原始数据中 Birthday 字段有可能存在个别的字符串为空值的情况。此外，入住时间字段（Version）中年月日信息也存在不完整不规范情况，如"2011-9-1 13:59:14"，因此为便于后续处理，也需要将 Version 字段的格式进行规范化，规范处理为"2011-09-01 13:59:14"，清洗以后的数据以 CSV 格式保存到单独的文件。详细代码如下。

```
#encoding:utf-8

from pyspark.sql import SparkSession

# 创建 SparkSession 实例
spark=SparkSession.builder.appName('Hoteldatacleaning').getOrCreate()

# 加载数据集
df=spark.read.option('header',True).option('delimiter',',').csv('data/hotel/hotel.csv')
```

```python
# 创建临时视图
df.createTempView("data")

# 创建处理日期格式函数并注册
def process_date_format(s):
if s is not None and len(s)>=8:
        year=s[:4]
        month=s[4:6]
        day=s[6:8]
return year+'-'+month+'-'+day
else:
        return '0000-00-00'
```

```python
# 处理 Version（入住时间）字段，将"2012-9-29 14:21:24"格式转换为"2012-09-29 14:21:24"
def format_version_date(s):
    ret='0000-00-0000:00:00'
    if s is not None and len(s)>=10:
        parts=s.split('')
        if len(parts)>=2:
            date_parts=parts[0].split('-')
        if len(date_parts)>=3:
            year=date_parts[0]
            month=date_parts[1]
            day=date_parts[2]
        if len(month)==1:
            month='0'+month
        if len(day)==1:
            day='0'+day
        ret=year+'-'+month+'-'+day+" "+parts[1]
    return ret

# 注册函数
spark.udf.register('process_date_format',lambdax:process_date_format(x))
spark.udf.register('format_version_date',lambdax:format_version_date(x))
```

```
# 将出生日期改为 ××××-××-×× 格式（例如 19000101：1900-01-01，如果该属性为空
不做处理，结果只取前 10 行）
spark.sql("select id,Name,CtfTp,Ctfld,Gender,process_date_format(Birthday) as Birthday,
Address,Zip,Duty,Mobile,Tel,Fax,EMail,Nation,Taste,Education,Company,Family,format_
version_date(Version) as Version,Hotel,Grade,Duration,City from data").createTempView
("data2")
df1=spark.sql("select * from data2")


# 保存清洗后的数据
df1.write.format('csv').option('header',True).option('delimiter','\t').save('data/hotel/hotel_
cleaned.csv')
```

（2） **数据分析。**

分析任务共分为以下三个子任务。

① 通过入住时间和入住总时长计算用户离开时间。

```
#encoding:utf-8
# 通过入住时间和入住总时长计算用户离开时间


# 导入 Spark 模块
from pyspark.sql import SparkSession


# 创建 SparkSession 实例
spark=SparkSession.builder.appName('hotelanalysis1').getOrCreate()


# 加载清洗后的数据
df=spark.read.option('header',True).option('delimiter',',').csv('data/hotel/hotel_cleaned.csv')


# 创建临时视图
df.createOrReplaceTempView("data")


# 通过入住时间和入住总时长计算用户离开时间
df1=spark.sql("select Name,from_unixtime(unix_timestamp(Version)+Duration*3600,
'yyyy-MM-dd HH:mm:ss') from data where Version!='' and Duration!=''")


df1.limit(100).show()
```

关于 DataFrame 的 createOrReplaceTempView 函数的说明如下。

CreateOrReplaceTempView 的作用是将 DataFrame 的数据临时在"本地"中创建一个视图（表）进行保存。创建好视图后，可以像操作关系数据库表一样使用 sql 语句对 DataFrame 中的数据进行操作，因此往往在 CreateOrReplaceTempView 操作后，紧接着使用 spark.sql() 的方式传入 sql 语句对数据进行操作。

② 计算酒店被入住次数最多的三家和它们的平均得分及所在城市。

本分析任务也是基于已经清洗后的数据进行的，其过程与前一个分析任务类似：首先是引入 Spark 模块，然后创建 SparkSession 实例，再加载已经清洗的数据集，最后使用 DataFrame 创建临时视图，并使用 sql 语句进行分析，得到结果。

```
#encoding:utf-8
# 计算酒店被入住次数最多的 3 家和它们的平均得分以及所在城市


# 导入 Spark 模块
from pyspark.sql import SparkSession


# 创建 SparkSession 实例
spark=SparkSession.builder.appName('hotelanalysis2').getOrCreate()


# 加载清洗后的数据
df=spark.read.option('header',True).option('delimiter',',').csv('data/hotel/hotel_cleaned.csv')


# 创建临时视图
df.createOrReplaceTempView("data")


# 计算酒店被入住次数最多的 3 家和它们的平均得分以及所在城市
df1=spark.sql("select City,Hotel,avg from(select count(Hotel) as num,Hotel,City,round(avg
(Grade),2) as avg from data where Grade!='' group by Hotel,City) order by num desc")


df1.show()
```

被入住次数最多的三家酒店及对应评分如图 7-29 所示。

图 7-29
被入住次数最多
的三家酒店及对
应评分

```
+----+--------+-----+
|City|   Hotel| avg|
+----+--------+-----+
|武汉|     艾美|2.95|
|成都|     雅阁|2.05|
|苏州|   铂尔曼|2.69|
|天津|     君澜|2.48|
|天津|     恒大|2.35|
|杭州| 云上四季|3.03|
|苏州|     锦江|2.17|
|苏州|   华美达|2.67|
|广州|   欣燕都| 4.0|
|成都| 云上四季|3.23|
```

③   分析每个用户每年去酒店次数及入住总时长。

```
#encoding:utf-8
# 分析每个用户每年去酒店次数及入住总时长


# 导入 Spark 模块
from pyspark.sql import SparkSession


# 创建 SparkSession 实例
spark=SparkSession.builder.appName('hotelanalysis3').getOrCreate()


# 加载清洗后的数据
df=spark.read.option('header',True).option('delimiter',',').csv('data/hotel/hotel_cleaned.csv')


# 创建临时视图
df.createOrReplaceTempView("data")


# 分析每个用户每年去酒店次数及入住总时长
df1=spark.sql("select Name,count(Id),sum(Duration),time from (select Name,Id,Duration,
year(Version) as time from data where Version!=")group by time,Name limit 10")


df1.show()
```

每个用户每年去酒店次数及入住总时长如图 7-30 所示。

图 7-30
每个用户每年去酒店次数及入住总时长

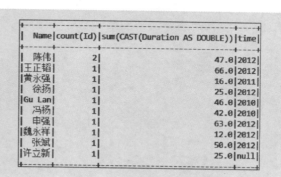

```
+--------+---------+---------------------------+----+
|  Name  |count(Id)|sum(CAST(Duration AS DOUBLE))|time|
+--------+---------+---------------------------+----+
|   陈伟 |        2|                       47.0|2012|
| 王正韬 |        1|                       66.0|2012|
| 黄永强 |        1|                       16.0|2011|
|   徐扬 |        1|                       25.0|2012|
| Gu Lan |        1|                       46.0|2010|
|   冯杨 |        1|                       42.0|2010|
|   申强 |        1|                       63.0|2012|
| 魏永祥 |        1|                       12.0|2012|
|   张斌 |        1|                       50.0|2012|
| 许立新 |        1|                       25.0|null|
+--------+---------+---------------------------+----+
```

关键术语

- 回归
- 线性回归
- 分类
- 决策树分类
- 贝叶斯分类

- 聚类
- $k-$ 均值聚类
- 高斯混合模型
- 卷积神经网络
- 循环神经网络

本章小结

本章介绍了数据挖掘的典型技术与方法,通过案例展示了数据挖掘的过程及不同方法的效果。实际应用中,需要通过不断实践来加深对技术方法的理解,根据任务的特点构造合适的特征集合,集成多种方法获得好的效果。

即测即评

第 8 章

可视化展现

■　数据本身很枯燥，但通过可视化展现可以直观、生动地呈现出来，使人们更容易分析数据。可视化展现对于用户的知识结构要求较低，即便是没有统计学基础的人也能够较好地理解可视化处理结果。对于复杂的海量数据，已有的统计分析或数据挖掘方法往往是对数据的简化和抽象，隐藏了数据集的真实结构，而数据可视化则可以真实还原乃至增强数据中的结构和具体细节。

■　本章将围绕可视化，探讨可视化的主要类型、基本模型、数据交流常用方法及典型数据可视化生成方式等内容，并且给出代表性的可视化案例。

8.1 可视化主要类型

"数据可视化"的定义方法有以下两种。

(1) 狭义上，数据可视化与信息可视化、科学可视化、可视分析学一起，是可视化理论的重要组成部分，特指用来处理统计图形、抽象的地理信息或概念模型的空间数据。

(2) 广义上，数据可视化是信息可视化、科学可视化、可视分析学等可视化理论的泛称，其处理对象可以扩展至任何类型的数据。

可见，在狭义上，数据可视化是与信息可视化，科学可视化和可视分析学平行的概念；而在广义上，数据可视化可以包含这三类可视化技术。为在数据科学中综合运用可视化技术，本章主要采用广义的定义方法。

8.1.1 科学可视化

科学可视化（Scientific Visualization）是可视化领域最早出现也是最为成熟的一个研究领域，面向的领域主要是自然科学，如物理、化学、气象气候、航空航天、医学、生物学等各个学科。这些学科需要对数据和模型进行解释、操作与处理，旨在寻找其中的模式、特点、关系及异常情况。

根据科学数据的特征，科学可视化可分为以下几种。

(1) **标量场可视化。** 标量指单个数值，即在每个记录的数据点上有一个单一的值。标量场指二维、三维或四维空间中每个采样处都有一个标量值的数据场。例如，图 8-1 所示的等高线图就是一种典型的标量场可视化案例。

(2) **向量场可视化。** 与标量场可视化不同的是，向量场在每个采样点处都是一个向量（一

图 8-1
等高线图

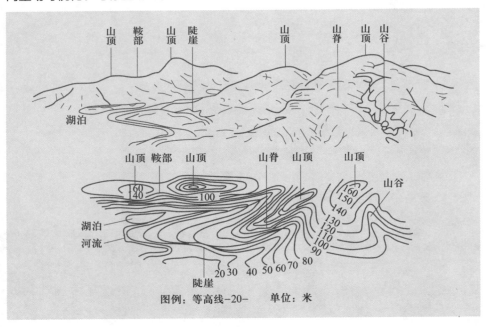

维数据组）。向量代表某个方向或趋势，如风向等。向量场可视化主要关注点是其中蕴含的流体模式和关键特征区域。

（3）　**张量场可视化。**张量是向量的延伸，标量是 0 阶张量，而矢量是 1 阶张量，图 8-2 所示为张量示意图。张量场的可视化方法有三种，即基于纹理、几何和拓扑的可视化方法。

图 8-2
张量示意图

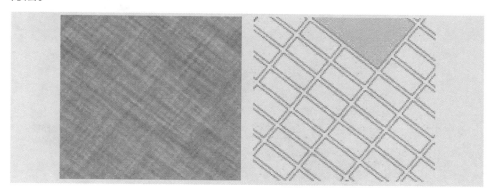

8.1.2　信息可视化

　　信息可视化（Information Visualization）是对抽象数据进行交互式的可视化表示以增强人类感知的研究。抽象数据包括数值和非数值数据，如文本和地理信息。然而，信息可视化不同于科学可视化：信息可视化侧重于选取的空间表征；而科学可视化注重于给定的空间表征。"信息可视化"处理的数据更为抽象，柱状图、趋势图、流程图、UML 图都属于信息可视化，这些图形的设计都将"抽象"的概念转化成为可视化信息。

　　根据可视化对象的不同，信息可视化可归为以下几个方向。

（1）　**时空数据可视化。**即采用多维变量数据的可视化技术实现地理信息的可视化和时变数据的可视化等。

（2）　**数据库及数据仓库的可视化。**即采用关系、视图、树、网络等结构可视化传统数据库、数据仓库、NoSQL 数据库、面向对象数据库中存储的数据。

（3）　**文本信息的可视化。**即采用标签云、新闻地图、文献指纹等方法可视化文本库。

（4）　**多媒体或富媒体数据的可视化。**即采用与动画、视频、音频等相结合且支持一定交互的富媒体手段达到可视化数据的目的。

8.1.3　可视分析学

　　可视分析学（Visual Analytics）的术语最早于 2004 年提出，Thomas 将可视分析学定义为"由高度交互可视化界面支撑的分析推理的科学"。可视分析学是一门以可视交互为基础，综合运用图形学、数据挖掘和人机交互等多个学科领域的知识，并以人机协同方式完成可视化任务为主要目的的一种分析推理性学科。可视分析学的基本理论仍在不断变化之中，可视分析学示意图如图 8-3 所示。

可视分析学是一门跨学科性较强的新兴学科，主要涉及的学科领域有科学 / 信息可视化、数据挖掘、统计分析、分析推理、人机交互、数据管理。

图 8-3
可视分析学示意图

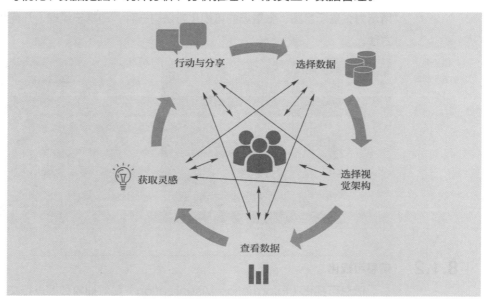

8.2 可视化基本模型

模型是对认知世界进行抽象的方法。随着数据可视化领域的发展和演变，不同的模型不断深化了人们对数据可视化工作的认识。

8.2.1 线性模型

在科学可视化技术的发展初期，可视化工作被认为是由数据的分析、过滤、映射和绘制等活动组成的线性操作流，可用顺序模型进行抽象和刻画。1990 年，Robert B. Haber 和 David A. McNabb 提出了一套线性模型（图 8-4）。可以看出，线性模型所表示的可视化工作是从原始数据（Raw Data）到图像数据（Image Data）的一系列转换过程，会涉及四种处理活动和三类中间数据。

（1）　四种处理活动。数据分析（Analysis）、过滤（Filtering）、映射（Mapping）和绘制（Rendering）。

（2）　三类中间数据。就绪数据（Prepared Data）、焦点数据（Focus Data）和几何数据（Geometric Data）。

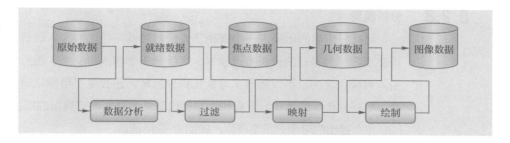

图 8-4
数据可视化的
线性模型

8.2.2 循环模型

随着可视化技术的深入发展，人们逐渐意识到了"信息反馈"和"用户交互"在可视化中的重要地位。缺少了人的因素的可视化技术是不完整的。然而，图 8-4 所示的线性模型中没有体现出人参与的互动，即信息反馈和用户交互。因此，人们试图将信息反馈与用户交互引入可视化模型之中，提出了非线性、多主体参与的交互式模型，比较典型的是由 C. Solte 等提出的数据可视化循环模型，如图 8-5 所示。

图 8-5
数据可视化
循环模型

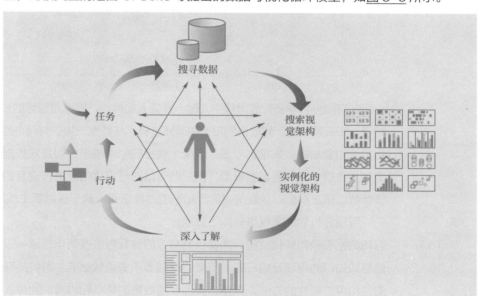

从图 8-5 中可以看出，与线性模型相比，循环模型打破了人们对数据可视化的线性思维模式，其主要变化体现在以下三个方面。

（1）　**重视信息反馈。**循环模型的不同阶段之间增加了信息反馈活动，打破了人们对数据可视化过程的线性思维模式，强调了可视化是一种不断优化的循环渐进的非线性过程。

（2）　**突出用户交互。**循环模型将"人"放在整个模型的中心，强调了"人"在可视化操作过程中的主动性和交互性。

（3）　**强调任务导向。**循环模型还强调了可视化工作应具备显著的任务导向性。数据可视化工作应根据具体任务的特点和要求选择恰当的可视化方法与技术。数据可视化的任务导向性也说明同一个数据在不同任务导向的情况下可能生成不同的可视化结果。

8.2.3 分析模型

可视分析学的出现进一步推动了人们对数据可视化的深入认识。作为一门以可视交互界面为基础的分析推理学科，可视分析学将人机交互、图形学、数据挖掘等引入可视化之中，不仅拓展了可视化研究范畴，还改变了可视化研究的关注点。因此，可视分析学的活动、流程和参与者也随之改变，比较典型的模型是 Keim D. 等（2008）提出的可视分析学模型，如图 8-6 所示。

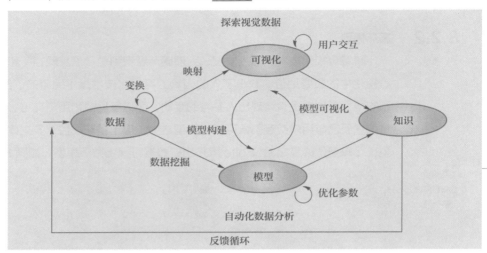

图 8-6
可视分析学模型

在可视分析学模型的流程中，起点是输入的数据，终点是提炼的知识，是从数据到知识、知识到数据、数据再到知识的循环过程。从数据到知识有两个途径：交互的可视化方法和自动的数据挖掘方法。这两个途径的中间结果分别是对数据的交互可视化结果和从数据中提炼的数据模型。用户既可以对可视化结果进行交互的修正，也可以调节参数以修正模型。从数据中洞悉知识的过程主要依赖于这两条主线的互动与协作。

可视分析学的流程具有如下特点。

（1）**强调数据表示和转化过程**。需要研究有效的数据提炼或简化方法，以最大限度地保持信息和知识的内涵及相应的上下文。有效表示海量数据的主要挑战在于采用具有可伸缩性和可扩展性的方法，以便忠实地保持数据的特征和内容。此外，将不同类型、不同来源的信息合成为一个统一的表示，将数据转换为知识，而不仅仅是停留在数据的可视化呈现层次上。

（2）**强调可视化分析与自动化建模之间的相互作用**。从图 8-6 可以看出，二者的相互作用主要体现在：一方面，可视化技术的结果可作为数据建模中参数优化的依据；另一方面，数据建模也可以支持数据可视化活动，为更好地实现用户交互提供参考。

（3）**强调数据映射和数据挖掘的重要性**。从图 8-6 可以看出，从数据到知识转换的两种途径（可视化分析与自动化建模）分别通过数据映射和数据挖掘两种不同方法实现。因此，数据映射和数据挖掘技术是数据可视化的两个重要支撑技术。用户可以通过两种方法的配合使用实现模型参数调整和可视化映射方式的优化，尽早发现中间步骤中的错误，进而提升可视化操作的信度与效度。

（4）　**强调数据预处理工作的必要性。** 从图 8-6 可以看出，为允许有效的可视化、分析和记录，输入数据必须从原始状态转换到一种便于计算机处理的结构化数据表示形式。通常这些结构存在于数据本身，需要研究有效的数据提炼或简化方法以最大限度地保持信息和知识的内涵。

（5）　**强调人机交互的重要性。** 从图 8-6 可以看出，可视化过程往往涉及人机交互操作，交互是通过可视化的手段辅助分析决策的直接推动力。有关人机交互的探索已经持续了很长时间，但智能、适用于海量数据可视化的交互技术，如任务导向的、基于假设的方法还是一个未解难题，其核心挑战是新型的可支持用户分析决策的交互方法，因此需要重视人与计算机在数据可视化工作中的互补性优势。

8.3　数据交流常用方法

可视化模型主要给出了可视化工作的基本框架与主要特点，但并没有给出其具体的数据交流方法。从方法体系看，数据可视化的常用方法可以分为三个不同层次。

（1）　**方法论基础。** 主要是指"视觉编码方法论"。"视觉编码方法论"为其他数据可视化方法提供了方法论基础，奠定了数据可视化方法体系的理论基础。

（2）　**基础方法。** 一些共性的通用方法，包括统计图表、图论方法、视觉隐喻和图形符号学等。

（3）　**领域方法。** 以上述可视化方法为基础面向特定领域或任务范围。与基础方法不同的是，领域方法虽不具备跨领域 / 任务性，但在所属领域内其可视化的信度和效度往往高于基础方法的直接应用。常见的领域类方法有地理信息可视化、空间数据可视化、时变数据可视化、文本数据可视化、跨媒体数据的可视化、不确定性数据的可视化、实时数据的可视化等。

8.3.1　视觉编码

数据可视化的本质是视觉编码。视觉编码描述的是将数据映射到最终可视化结果上的过程。需要注意的是，采用可视化编码生成的图形应符合目标用户的视觉感知特征，能够准确刻画被可视化数据的特征。这里的可视化结果可能是图片，也可能是一个网页等。"编码"二字中，"编"是指设计、映射的过程，"码"是指一些图形符号。

从视觉编码的实现方法看，一般涉及两个不同维度，即采用图形元素和视觉通道可分别描述可视化数据的质和量的特征。

（1）　**图形元素。** 通常为几何图形元素，如点、线、面、体等，主要用来刻画数据的性质，决定数据所属的类型。例如，<u>图 8-7</u> 中采用图形元素"柱形"代表班级人数，而不代表其他属性（如身高、体重、生源、性别等）。

图 8-7
2020 级某专业各
班班级人数

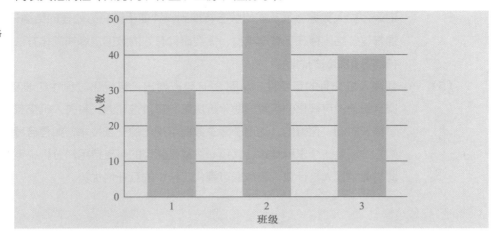

使用 Seaborn 这个工具中的 countplot 函数能够方便地绘制柱状图，假设导入的数据为 df（可替换为自定义的输入数据），绘出的图如<u>图 8-8</u> 所示。

```
# 制柱状图
import seaborn as sns

sns.set(style = 'whitegrid')
sns.countplot(x = 'neighbourhood',
            data = df,
            order = df['neighbourhood'].value_counts(ascending=False).head(5).index)
plt.xticks(rotation=90)
```

图 8-8
柱状图示例

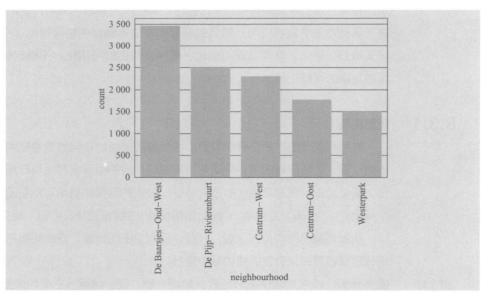

（2）　**视觉通道。**是指图形元素的视觉属性，如长度、面积、体积、透明度、模糊／聚焦、动画等。视觉通道的存在进一步刻画了图形元素，使同一个类型（性质）的不同数据有了不同的可视化效果。数据可视化理论的创始人之一 Jacques Bertin 初版的 *Semiology of Graphics*（《图形的符号学》）一书提出了图形符号与信息的对应关系（图 8-9），奠定了可视化编码的理论基础。

图 8-9
图形符号与信息
的对应关系

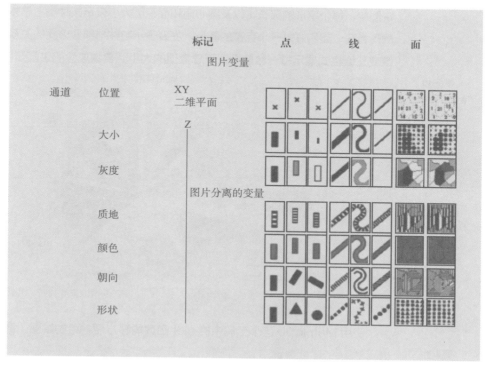

人类对视觉通道的识别有两种基本的感知模式：第一种感知模式得到的信息是关于对象本身的特征和位置等，对应视觉通道的定性性质和分类性质；第二种感知模式得到的信息是对象某一属性在数值上的大小，对应视觉通道的定量性质或者定序性质。因此，可以将视觉通道分为两大类。

（1）　**定性（分类）的视觉通道。**如形状、颜色的色调、控件位置等。

（2）　**定量（连续、有序）的视觉通道。**如直线的长度、区域的面积、空间的体积、斜度、角度、颜色的饱和度和亮度等。

然而，两种分类不是绝对的。例如，位置信息既可以区分不同的分类，又可以分辨连续数据的差异。

视觉编码设计的两大原则如下。

Mackinlay 和 Tversky 分别提出了两套可视化设计的原则，Mackinlay 强调表达性和有效性，Tversky 强调一致性和理解性，二者可以糅合起来。

（1）　**表达性、一致性。**可视化的结果应该充分表达数据想要表达的信息，且没有多余。

（2）　**有效性、理解性。**可视化之后比前一种数据表达方案更加有效，更加容易让人理解。

8.3.2 统计图表

统计图表是数据可视化中最为常用的方法之一，主要用于可视化数据的统计特征，代表了一张图像化的数据，并经常以所用的图像命名，如饼图、柱形图、折线图、条形图、散点图等，这些方法应用广泛。下面对其概念和使用方法进行介绍。

（1）**饼图（Pie Chart）**。饼图，又称饼状图，是一个可划分为几个扇形的圆形统计图表。在饼图中，每个扇形的弧长（以及圆心角和面积）大小表示该种类占总体的比例，且这些扇形合在一起刚好是一个完整的圆形，主要表示整体与部分之间的关系，一般用于以二维或三维格式显示每一数值相对于总数值的大小。食物成分的饼图示例如图 8-10。

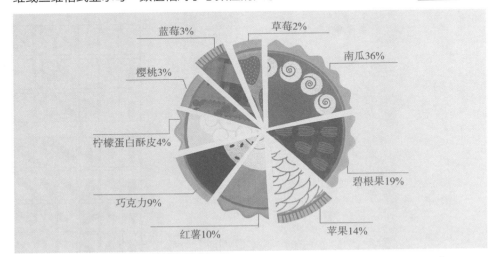

图 8-10
食物成分的饼图
示例

使用 Matplotlib 这个工具中的 plot 函数能够方便地绘制饼图（图 8-11）。

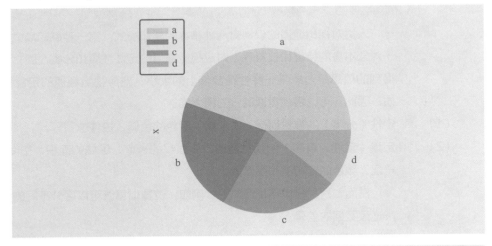

图 8-11
绘制饼图示例

```
# library

import pandas as pd


# --- dataset 1: just 4 values for 4 groups:
```

```
df = pd.DataFrame([4,2,2,1], index=['a', 'b', 'c', 'd'], columns=['x'])

# make the plot
df.plot(kind='pie', subplots=True, figsize=(8, 8))
```

（2）　散点图（Scatter Diagram）。散点图是将所有的数据以点的形式展现在平面直角坐标系上的统计图表。它至少需要两个不同变量，一个沿 x 轴绘制，另一个沿 y 轴绘制，每个点在 x、y 轴上都有一个确定的位置。众多的散点叠加后，有助于展示数据集的"整体景观"，从而帮助分析两个变量之间的相关性，或找出趋势和规律。此外，还可以添加附加的变量，来给散点分组、着色、确定透明度等。散点图常被用于分析变量之间的相关性。如果两个变量的散点看上去都在一条直线附近波动，则称变量之间是线性相关的；如果所有点看上去都在某条曲线（非直线）附近波动，则称此相关为非线性相关；如果所有点在图中没有显示任何关系，则称变量间是不相关的。

使用 Seaborn 这个工具中的 scatterplot 函数能够方便地绘制散点图，假设导入的数据为 df，包含了一些坐标点的经纬度数据，经纬度的散点图示例如图 8-12 所示。

```
# 绘制散点图
sns.scatterplot(x = 'longitude',
                y = 'latitude',
                s = 10,
                data = df)
```

图 8-12
经纬度的散点图
示例

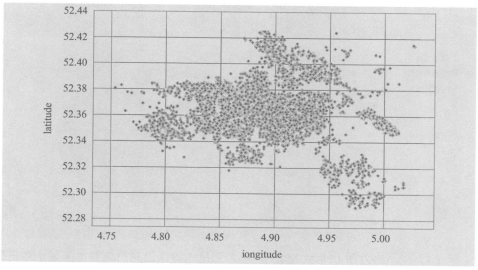

（3）　维恩图（Venn Diagram）。维恩图是 1880 年由 John Venn 在他的论文中首次介绍给世人的。维恩图中重叠的圆圈表示不同群组中相同的部分。维恩图显示在一个有限的集合中所有可能的逻辑关系，并且常用于教导基本的集合论和阐述简单的集合关系。当圆圈重合时就说明它们有共同点。通常情况下，维恩图有两个或者三个圆圈，可以指定圆圈的大小和重合区的个数。维恩图可以使用在电子制表软件、邮件信息、展示或者文件中，维恩图示例如<u>图 8-13</u> 所示。

图 8-13
维恩图示例

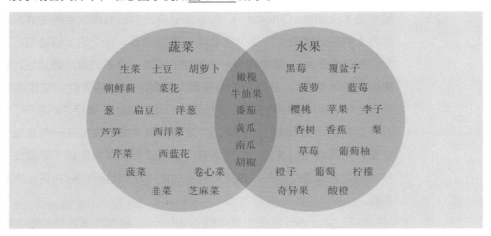

使用 matplotlib_venn 能够方便地绘制维恩图，绘制的维恩图示例如<u>图 8-14</u>所示。

```
# 绘制维恩图
import matplotlib.pyplot as plt
from matplotlib_venn import venn2

# call the 2 group Venn diagram:
venn2(subsets = (20, 5, 10), set_labels = ('Group A', 'Group B'))
plt.show()
```

图 8-14
绘制的维恩图
示例

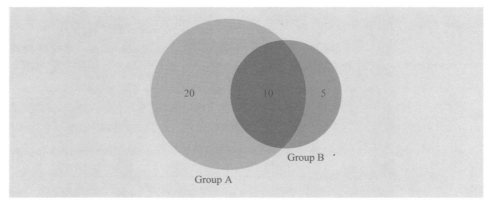

（4） **热力图（Heat Map）**。热力图是一种通过对色块着色来显示数据的统计图表。绘图时，需指定颜色映射的规则。例如，较大的值由较深的颜色表示，较小的值由较浅的颜色表示；较大的值由偏暖的颜色表示，较小的值由偏冷的颜色表示；等等

（图 8-15）。从数据结构来划分，热力图一般分为两种：第一，表格型热力图，也称色块图，它需要两个分类字段和一个数值字段，分类字段确定 x、y 轴，将图表划分为规整的矩形块，数值字段决定了矩形块的颜色；第二，非表格型热力图，它需要三个数值字段，可绘制在平行坐标系中（两个数值字段分别确定 x、y 轴，一个数值字段确定着色）。热力图适合用于查看总体的情况、发现异常值、显示多个变量之间的差异及检测它们之间是否存在任何相关性。

图 8-15
网页元素的被
点击次数制成
热力图

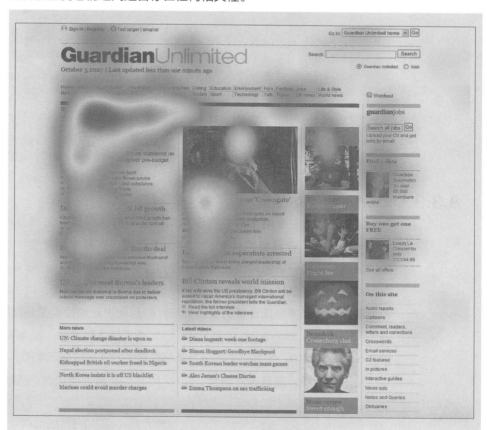

更清晰图片
请扫码

使用 Seaborn 这个工具中的 heatmap 函数能够方便地绘制热力图，假设导入的数据为 df，包含了多个变量之间的相关性，绘制的表示变量间相关性的热力图示例如图 8-16 所示。

```
sns.heatmap(df[['price','minimum_nights','availability_365','reviews_per_month','number_
of_reviews']]

            .corr()

            , cmap="Blues"

            , annot=True)
```

图 8-16
绘制的表示变量
间相关性的热力
图示例

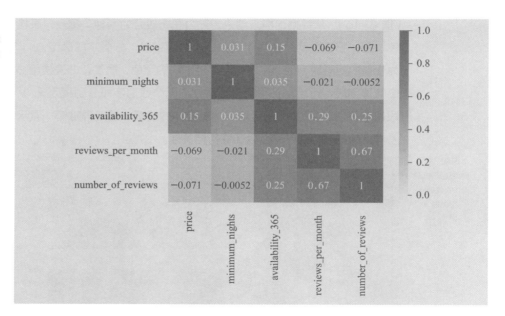

8.3.3 图论方法

图（Graph）是用于研究对象和实体之间成对关系的数学结构。它是离散数学的一个分支，在计算机科学、化学、语言学、运筹学、社会学等领域有多种应用。数据科学和分析领域也使用图来模拟各种结构和问题。近年来，图论方法在数据可视化，尤其是社会网络类数据的可视化中得到广泛应用，其主要原因在于图论不仅直接支持很多数据计算的复杂算法，而且便于处理社会关系类数据，如邻接矩阵（Adjacency Matrix）、关联矩阵（Incidence Matrix）、距离矩阵（Distance Matrix）等。例如，图 8-17 所示为英超联赛中的球员网络示意图。

从形式上看，图是一对集合。$G = (V, E)$，V 是顶点集合，E 是边集合，E 由 V

图 8-17
英超联赛中的球员
网络示意图

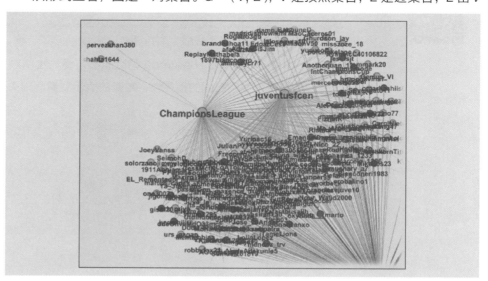

中的元素对组成（无序对）。有向图（Di Graph）也是一对集合。$D = (V, A)$，V 是顶点集合，A 是弧集合，A 由 V 中的元素对组成（有序对）。在有向图的情况下，(u,v) 和 (v, u) 之间存在区别，通常在这种情况下边称为弧，以指示方向的概念。

图在数据可视化分析中的应用非常广泛。下面来看几个案例。

（1） **市场分析**。图能够用于找出社交网中最具有影响力的人。广告商和营销人员能够通过将信息引导至社交网络中最有影响力的人处来试图获取最大的营销效益。

（2） **银行交易**。图能够用于找出不同寻常的交易者，帮助减少欺诈交易。曾经在很多案例中，犯罪活动都被国际银行网络中货币流分析监测到了。

（3） **供给链**。图能帮助找出运送货物的最优路线，还能帮助选定仓库和运送中心的位置。

（4） **制药**。制药公司可以使用图论来优化推销员的路线，这样可以帮助推销员降低成本，并缩短旅途时间。

（5） **电信**。电信公司通常会使用图（Voronoi 图）来计算出信号塔的数量和位置，并且还能够保证最大覆盖面积。

值得一提的是，以图论为基础的社会网络数据的可视化工作表现出了较强的专业化发展趋势，并已积累了独特的算法、技术和工具。社会网络分析软件，如 Graphviz、Graphchi、HyperCube 等，一般支持原始数据及其处理结果的可视化功能。

8.3.4 视觉隐喻

隐喻是人类古老的思维方式，也是学术研究始终关注的重要话题。人类在探索未知世界的过程中，往往会用已知的或者熟悉的事物意向来表达抽象的知识。表达物与被表达物之间是以某种相似性连接起来的，这种通过相似的特点和类型连接起两类知识的思维过程称为隐喻思维。视觉隐喻就是采用隐喻思维进行可视化的展现，具体如下。

（1） 直接在现实图像上进行视觉隐喻，图 8-18 就是直接在食物的图像上进行了视觉隐喻。

（2） 对现实事物，甚至是虚拟事物（如龙等）进行一定的抽象处理之后，再进行视觉隐喻，比较典型的是鱼刺图，如图 8-19 所示。

图 8-18
视觉隐喻的示例：
直发器的功效

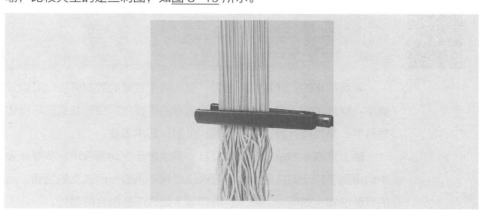

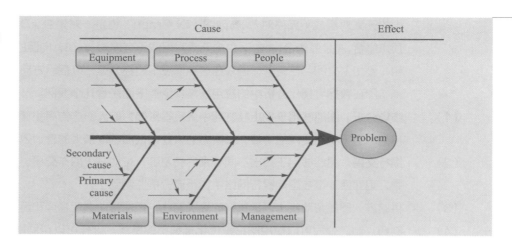

图 8-19
鱼刺图的示例

8.3.5 面向领域的方法

　　近年来，数据可视化技术的发展呈现出了高度专业化趋势，很多应用领域已出现了自己独特的数据可视化方法。例如，1931 年，一位名叫 Henry Beck 的机械制图员借鉴电路图的制图方法设计出了伦敦地铁线路图（图 8-20）。1933 年，伦敦地铁试印了 75 万份他设计的线路图，随后逐渐成为全球地铁路线的标准可视化方法，沿用至今。

图 8-20
1933 年 Henry
Beck 设计的伦敦
地铁图

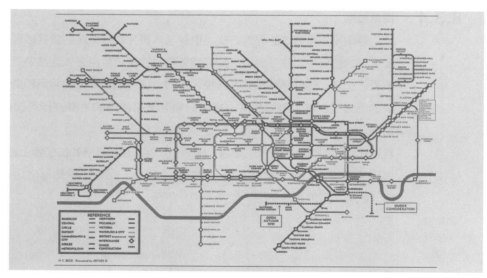

更清晰图片
请扫码

　　从可视化的实现技术角度看，面向特定领域的数据可视化可以分为以下几个主要类型：软件工程；项目管理；地理信息的可视化；空间数据的可视化，如等值线；生命科学；高性能计算；商务智能；金融；艺术表达。

　　除上述基本方法外，人机交互、多维表示、动画表示、多媒体表示在数据可视化中也得到了广泛的应用。数据可视化过程不再是一门孤立的活动，而是呈现出与人类的其他感知（如听觉、触觉、味觉等）处理不断融合的趋势。

8.4 典型数据可视化生成方式

数据可视化生成方式可以分为编程、交互与自动生成三种。面向不同的应用领域，出现了众多可视化编程工具，如常用的 OpenGL、VTK、D3.js 等。编程方式的优点在于丰富的表达能力，缺点在于需要使用者具有编程经验。交互方式提供了一种不需要编程的可视化生成方式（如 PowerBI、Tableau、Qlik 等），推动了数据可视化工具的普及。近年来，一些学者提出了根据数据自动生成图表的方法，其优点是不需要用户具备数据可视化背景，缺点是自动生成的图表类型有限，未能体现使用者的个性化需求。下面对其代表性工具进行介绍。

8.4.1 入门级工具

Excel 是微软公司的办公软件 Office 家族的系列软件之一，可以进行各种数据的处理、统计分析和辅助决策操作，已经广泛地应用于管理、统计、金融等领域。Excel 是日常数据分析工作中最常用的工具，简单易用，用户不需要复杂的学习就可以轻松使用 Excel 提供的各种图表功能，尤其是制作折线图、饼状图、柱状图、散点图等各种统计图表时，Excel 是普通用户的首选工具。但是，Excel 在颜色、线条和样式上可选择的范围较为有限。

8.4.2 信息图表工具

信息图表是信息、数据、知识等的视觉化表达，它利用人脑对于图形信息相较于文字信息更容易理解的特点，更高效、直观、清晰地传递信息，在计算机科学、数学以及统计学领域有着广泛的应用。

1. Google Chart API

Google Chart API 是谷歌公司的制图服务接口，Google Chart API 是一款强大又易于使用且免费的资料分析工具（图 8-21），属于 Google Developers 中的产品，可以用来分析统计数据并自动生成图片。该工具使用非常简单，不需要安装任何软件，可以通过浏览器在线查看统计图表。Google Chart API 为每个请求返回一个 PNG 格式图片。目前提供如下类型图表：折线图、柱状图、饼图、维恩图、散点图。

图 8-21
Google Chart API

2.　D3.js

D3.js 是最流行的可视化库之一，D3.js 是一个遵循 web 标准，用于数据可视化的 JavaScript 库，帮助通过 SVG、Canvas、HTML 可视化数据。D3.js 结合可视化布局（如各种 layout 算法，用于处理原始数据，方便绘制图表等）和协作工具（如比例尺等），通过数据驱动（Data-Driven）操作节点，提高了编程效率及灵活性。D3.js 已被数十万个网站使用，最常被运用在在线新闻网站呈现交互式图形、呈现数据的图表和呈现含有地理信息的数据。另外，SVG 的输出功能也使得 D3.js 能用于出版物的绘制上。

3.　Tableau

Tableau 是桌面系统中最简单的商业智能工具软件，更适合企业和部门进行日常数据报表和数据可视化分析工作。作为一种数据可视化工具或商业智能工具，Tableau 可以快速分析和显示图表或报表中的数据。它非常易于使用，因为不需要任何编程技巧。Tableau 的功能如下。

（1）　**数据混合**。数据混合是 Tableau 中最重要的功能。当组合来自多个数据源的相关数据时，可以使用它在单个视图中一起分析并以图形的形式表示。示例：假设在 Excel 工作表中的关系数据库和销售目标数据中有销售数据。现在，必须将实际销售额与目标销售额进行比较，并根据共同维度混合数据以获取访问权限。参与数据混合的两个来源称为主数据源和辅助数据源。在主数据源和辅助数据源之间创建左连接，其中包含来自辅助数据源的主数据行和匹配数据行的所有数据行以混合数据。

（2）　**实时分析**。实时分析使用户能够快速理解和分析动态数据，当速度很高时，数据的实时分析很复杂。Tableau 可以通过交互式分析帮助从快速移动的数据中提取有价值的信息。

（3）　**数据协作**。数据分析不是孤立的任务，这就是 Tableau 为协作而构建的原因。团队成员可以共享数据进行后续查询，并将易于理解的可视化转发给可以从数据中获取价值的其他人，确保每个人都了解数据并做出明智的决策对成功至关重要。

4.　大数据魔镜

大数据魔镜是一款优秀的国产数据分析软件，它丰富的数据公式和算法可以让用户真正理解数据，用户只要通过一个直观的拖放界面就可以创造交互式的图表和数据挖掘模型。大数据魔镜是一款基于 Java 平台开发的可扩展、自助式分析的大数据分析产品。魔镜在垂直方向上采用三层设计：前端为可视化效果引擎，中间层为魔镜探索式数据分析模型引擎，底层对接各种结构化或非结构化数据源。

大数据魔镜提供了大量绚丽实用的可视化效果库。通过魔镜，企业积累的各种来自内部和外部的数据，如网站数据、销售数据、ERP 数据、财务数据、社会化数据、MySQL 数据库等，都可将其整合在魔镜中进行实时分析。魔镜移动 BI（Business Intelligence）平台可以在 iPad/iPhone/iPod Touch、安卓智能手机和平板上展示

KPI（Key Performance Indicator）、文档和仪表盘，而且所有图标都可以进行交互、触摸，可以随意查看和分析业务数据。

8.4.3 地图工具

地图可以说是当下最常用的数据可视化表现形式。好的地图将信息融入地理语境，高信息量与美感兼备。地图工具在数据可视化中较为常见，它在展现数据基于空间或地理分布上有很强的表现力，可以直观地展现各分析指标的分布、区域等特征。当指标数据要表达的主题与地域有关联时，就可以选择以地图作为大背景，从而帮助用户更加直观地了解整体的数据情况，同时也可以根据地理位置快速地定位到某一地区来查看详细数据。

1. Google Fusion Tables

Fusion Tables 属于 Google Drive 产品中的一项应用，是一个功能庞杂的制图工具（不仅用于地图），初次使用者可能不太摸得着头脑，但熟悉之后就会发现这是一个强大的工具，包括 CSV 和 Excel 在内的常见数据表格式都适用。Fusion Tables 最大的特点之一是可以融合不同的数据集，而其在地理信息编码上的功能也十分突出，用于记录地理信息的 KML（Keyhole Markup Language）是其常用格式。另外，该应用还提供色彩选项来呈现数据。

2. My Maps

谷歌的这款工具非常适合新手使用，只要数据表至少包含一栏地址信息或 GPS（全球卫星定位系统）坐标数字就可以了。可以在地图上把某个特定的区域用不规则的图形圈出来，还可以添加向导资料等。

3. MapShaper

MapShaper 适用的数据形式不再是一般人都能看懂的表格，而是需要特定格式标准，包括 shapefiles（文件名一般以 .shp 为后缀）、geoJSON（一种开源的地理信息代码，用于描述位置和形状）及 topoJSON（geoJSON 的衍生格式，主要用于拓扑形状）。因此，对于需要自定义地图中各区域边界和形状的制图师来说，MapShaper 是个极好的入门级工具，其简便性也有助于地图设计师随时检查数据是否与设计图相吻合，修改后还能够以多种格式输出，进一步用于更复杂的可视化产品。

4. Leaflet

Leaflet 是一个专门用于制作移动端交互地图的 JavaScript 函数库（Library）。所谓函数库，简单来说就是一堆预先编写好的程序模块，可以实现特定的功能，程序员在需要时从"库"里调用相应的模块即可，不必重复编写大段代码。而 Leaflet 就是一个用 JavaScript 程序语言来绘制地图的"库"。

8.4.4　时间线工具

时间线（Timeline）是以时间顺序显示一系列事件的图像化方式。某些时间线甚至按时间长度比例绘制，而其他的则只按顺序显示事件。时间线的主要功能是传达时间相关信息，用于分析或呈现历史故事。如果是按比例绘制的时间线，可以通过查看不同事件之间的时间间隔，了解事件发生的时间或即将在何时发生，从中查找时间段内的事件是否遵循任何模式，或者事件在该时间段内如何分布。有时时间线会与图表相互结合，显示定量数据随时间的变化。

1.　Timetoast

Timetoast 是在线创作基于时间轴事件的网站，提供个性化的时间线服务，可以用不同的时间线来记录个人某个方面的发展历程、心理过程、进度过程等。Timetoast 基于 Flash 平台，可以在类似 Flash 时间轴上任意加入事件，定义每个事件的时间、名称、图像、描述，最终在时间轴上显示事件在时间序列上的发展，事件显示和切换十分流畅，随着鼠标点击可显示相关事件，操作简单。

2.　Xtimeline

Xtimeline 是一个免费的绘制时间线的在线工具网站，操作简便，用户通过添加事件日志的形式构建时间表，同时也可给日志配上相应的图表。不同于 Timetoast 的是，Xtimeline 是一个社区类型的时间轴网站，其中加入了组群功能和更多的社会化因素，除可以分享和评论时间轴外，还可建立组群讨论所制作的时间轴。

8.4.5　高级分析工具

1.　R

R 是属于 GNU 系统的一个自由、免费、源代码开放的软件，它是一个用于统计计算和统计制图的优秀工具，使用难度较高。R 的功能包括数据存储和处理系统、数组运算（具有强大的向量、矩阵运算功能）、完整连贯的统计分析、优秀的统计制图、简便而强大的编程，可操纵数据的输入和输出，实现分支、循环及用户自定义等，通常用于大数据集的统计与分析。

2.　Weka

Weka 是一款免费、基于 Java 环境、开源的机器学习及数据挖掘软件，不仅可以进行数据分析，还可以生成一些简单图表。Weka 是由新西兰怀卡托大学开发的智能分析系统（Waikato Environment for Knowledge Analysis）。Weka 平台提供一个统一界面，汇集了当今最经典的机器学习算法及数据预处理工具，作为知识获取的完整系统，包括了数据输入、预处理、知识获取、模式评估等环节，以及对数据及学习结果的可视化操作。

3.　Gephi

Gephi 是一款比较特殊也很复杂的软件，主要用于社交图谱数据可视化分析，可以生成非常酷炫的可视化图形。Gephi 是一个面向各种网络和复杂系统、动态和层次图的交互式可视化和探索平台。Gephi 为人们提供了一个用图像解释和探索数据的工具，就像大家熟知的 Photoshop 软件，可以进行颜色、形状、图层等相关图像的交互操作。Gephi 可以帮助数据分析人员在分析数据的过程中发现规律、过滤数据等。相对于传统的数据分析工具，Gephi 具有强大的数据与图形交互功能，因此更有助于数据分析人员进行数据推理。这是一个用于探索性数据分析的软件，是数据可视化分析领域中出现的一种新系统。

8.5 可视化典型案例

8.5.1 实时推文

Tweetping.net 提供的地图显示出目前全球范围内实时发出的推文信息，每一条个人推文都会在地图上点亮一个仅仅闪光几秒的光点，随后又会有更多光点陆续亮起。热点地图显示出世界上哪些地区推文发送活动最为活跃。屏幕下方的统计数据显示的是这些长度为 140 B 的文本来自何方，以及最后记录下的 @ 回复与摘要标签（图片可自行网上搜索）。

8.5.2 世界语言分布图

世界上总共有 2 600 多种语言，通过将语言映射在地理图上，能够看到世界范围内的语言分布和各种语言之间的相互关联（图片可自行网上搜索）。

8.5.3 全球变暖的成因

通过 Bloomberg Business 的可视化分析，能够发现全球变暖的成因不是在于自然因素而是人文因素。从图 8-22 中能看到全球气温一直在升高，同时显示了不同因素对温度升高的贡献度。

图 8-22
各种因素对全球
变暖的影响

更清晰图片
请扫码

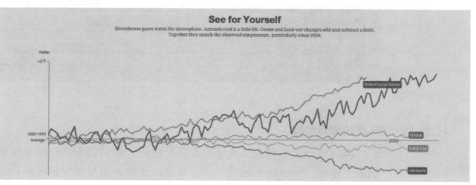

8.5.4 美国风力图

美国风力图实时显示了美国境内所有的风速和风向。其中，速度的大小创造性地用线条颜色深度来表示，风向用线条方向来表示，非常直观。同时，在图边还有相应的颜色风速指示（图片可自行网上搜索）。

8.5.5 名人作息安排

Daily Rituals 一书中包含了众多名人的生活作息，通过对其作息规律进行可视化能够清晰看到每个人在不同时间段在进行什么活动（图 8-23）。

图 8-23
名人一天的作息
安排活动图

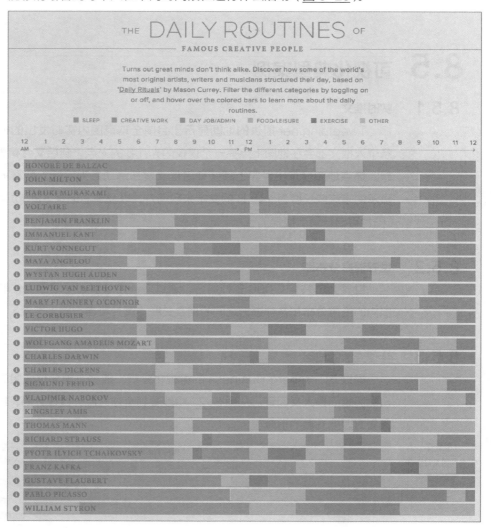

8.5.6 年度新闻趋势图

通过对一年中有关 1.8 亿推文进行分析，能看到不同时期发生的新闻以及相应的热度。其中，时间作为横轴，而纵轴通过高低直观展现了事件的热度（图 8-24）。

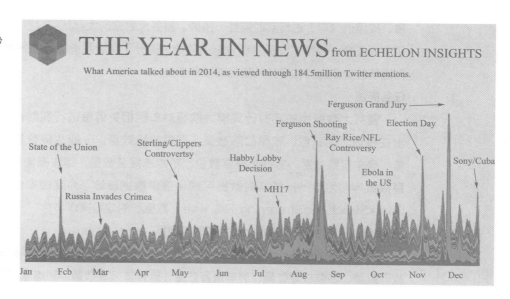

图 8-24
年度新闻趋势

8.5.7　社交网络联系图

　　麻省理工学院的 Immersion 项目以用户的 Gmail、雅虎及微软 Exchange 账户为基础，整理出发送邮件数量最多的对象。用户联系网络如图 8-25 所示，它还能识别出联系人之间存在着怎样的交互关系，这一切都建立在往来消息的元数据基础之上。

图 8-25
用户联系网络

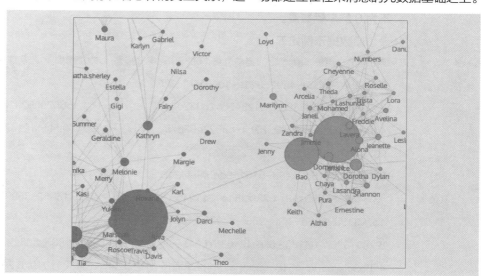

更清晰图片
请扫码

8.6　案例分析

　　警务大数据的大屏幕实时数据监控以车联网为基础，对车辆的基础信息（电池信息、故障信息等）进行实时监控、预警。警务大数据的大屏幕实时数据监控充分保障了交通安全，发挥了交通基础设施的效能，提升了交通系统运行的效率和管理水平，为通畅的公众出行和可持续的经济发展服务。

1. **任务描述**

   警务大数据中的实时计算模块需要对车辆相关信息进行实时计算，实时计算出在线数、活跃数、致命故障数量、严重故障数量、一般故障数量、轻微故障数量、房车报警数量、旅行车报警数量、轿跑车报警数量、跑车报警数量、敞篷车报警数量等，为下一步的实时数据可视化提供数据基础。为完成本任务，需要使用 SparkStructuredStreaming 完成 Kafka 数据源的读写操作。

2. **从Kafka的名为demo的topic中抽取原数据**

   对原数据进行统计，统计在线数、活跃数、致命故障数量、严重故障数量、一般故障数量、轻微故障数量、房车报警数量、旅行车报警数量、轿跑车报警数量、跑车报警数量、敞篷车报警数量。

（1） **在线数**。由于数据是通过车联网进行获取的，因此每辆车只要进行了登录认证操作，就会产生一个事件日志（原数据），该日志存储在 Kafka 的名为 demo 的 topic 上，这样就表示该车辆在线。简单来说，统计在线数就是统计原数据的条数。

（2） **活跃数**。活跃数是指正在行驶的车辆数量。简单来说，统计活跃数就是统计当前速度不为 0 的车辆数量。

原数据示例如下：

用户 ID	用户车型类型	当前位置（GPS）	电池报警	故障类型	当前速度	当前时间戳
727a89e7-dc6b-4592-821c-1d46fd70d3f7	4	[-7.270634526508699,24.123450576022044]	1	3	0	1565253529786
4decc0c4-3a4f-4082-87c4-cb622e0367fa	4	[-6.7230800414171625,51.0222416789372]	1	1	93	1565253529787
02f425d7-216b-4e8d-b101-9ae5f9ef424d	3	[-13.544738575515874,22.72544131194552]	0	0	97	1565253529787
1b79312d-386a-4f9c-9e6f-6e922dcfe788	4	[-8.236163649041863,0.7940463576615592]	1	1	63	1565253529787
4f4f59cb-e10c-4516-96aa-a7edf8ba0f1f5		[-5.5472184904194926,29.171738156862073]	0	4	0	1565253529787
6d96186f-7a2f-4842-819b-09140bf18366	3	[-11.602061258667678,31.691991340842332]	1	2	0	1565253529787
cb111b3a-2a2c-47fc-97c9-99a28e791c04	5	[-12.939696226141464,0.35756787694238046]	1	2	0	1565253529787

列与列之间以制表符 \t 进行分割。每一条数据存储在名为 demo 的 topic 中的

value 上。汽车类型：房车、旅行车、轿跑车、跑车、敞篷车（分别对应为 5、4、3、2、1）。故障类型：致命故障、严重故障、一般故障、轻微故障、未发生故障（分别对应为 4、3、2、1、0）。

其将统计的结果写入 Kafka 的名为 demo2 的 topic 中（各项数据以英文逗号进行分割存储到 value 中），代码如下：

```scala
import org.apache.spark.sql.SparkSession
object KafkaSparkStreaming {
  def main(args: Array[String]): Unit = {
    val spark = SparkSession.builder().master("local").appName("demo").getOrCreate()
    spark.sparkContext.setLogLevel("error")
    /********begin *********/
    val straem = spark
      .readStream
      .format("kafka")
      .option("kafka.bootstrap.servers", "127.0.0.1:9092")
      .option("subscribe", "demo")
      .load()
    val frame = straem.selectExpr("CAST(value AS STRING)")
    import spark.implicits._
    val query = frame.as[String].map(x => {
      val arr = x.split("\t")
      val carType = arr(1).toInt
      val warning = arr(3).toInt
      val fault = arr(4).toInt
      val speed = arr(5).toInt
      // 在线数、活跃数、致命故障数量、严重故障数量、一般故障数量、轻微故障数量、房车报警数量、旅行车报警数量、轿跑车报警数量、跑车报警数量、敞篷车报警数量
      val online = 1
      val activeCount = if (speed > 0) 1 else 0
      val fault_4 = if (fault == 4) 1 else 0
      val fault_3 = if (fault == 3) 1 else 0
      val fault_2 = if (fault == 2) 1 else 0
      val fault_1 = if (fault == 1) 1 else 0
      val warning_5 = if (warning == 1 || carType == 5) 1 else 0
      val warning_4 = if (warning == 1 || carType == 4) 1 else 0
```

```
        val warning_3 = if (warning == 1 || carType == 3) 1 else 0
        val warning_2 = if (warning == 1 || carType == 2) 1 else 0
        val warning_1 = if (warning == 1 || carType == 1) 1 else 0
        event(online, activeCount, fault_4, fault_3, fault_2, fault_1, warning_5, warning_4,
warning_3, warning_2, warning_1, 0)
    })
    query.groupBy("flag")
      .sum("onlineCount", "activeCount", "fault_4", "fault_3", "fault_2", "fault_1",
"warning_4", "warning_4", "warning_3", "warning_2", "warning_1")
        .map(x => {
          var result = ""
          for (i <- 1 to 11) {
            result = result + x.get(i) + ","
          }
          result.substring(0, result.length − 1)
        })
        .writeStream.outputMode("complete")
        .format("kafka")
        .option("kafka.bootstrap.servers", "127.0.0.1:9092")
        .option("checkpointLocation", "/root/sparkStreaming")
        .option("topic", "demo2")
        .start().awaitTermination()
    /********end ********/
  }
  // 在线数、活跃数、致命故障数量、严重故障数量、一般故障数量、轻微故障数量、房车报警数
  量、旅行车报警数量、轿跑车报警数量、跑车报警数量、敞篷车报警数量
  case class event(onlineCount: Int, activeCount: Int, fault_4: Int, fault_3: Int, fault_2: Int,
fault_1: Int, warning_5: Int, warning_4: Int, warning_3: Int, warning_2: Int, warning_1: Int,
flag: Int)
}
```

生成如下相应的输出：

```
38843,15627,7606,7903,7707,7763,23237,23237,23213,23114,23246
95003,38244,18859,19062,18838,19039,56961,56961,56805,56806,56793
146483,58911,29001,29394,29177,29136,87935,87935,87742,87659,87676
200419,80521,39863,40123,39912,39862,120258,120258,119971,119961,120013
```

346,129,77,74,66,66,204,204,201,204,202

66561,26797,13114,13433,13217,13282,39871,39871,39699,39705,39764

121808,49007,24106,24435,24260,24281,73118,73118,72956,72901,72940

175431,70445,34845,35179,34962,34890,105253,105253,105033,104926,105024

229217,91962,45707,45828,45720,45643,137631,137631,137215,137329,137513

255247,102366,50953,51021,50907,50883,153207,153207,152798,152989,153169

3. 使用WebSocket完成kafka数据推送及数据可视化

实时可视化将数据进行实时展示，其流程图如图 8-26 所示。

图 8-26
流程图

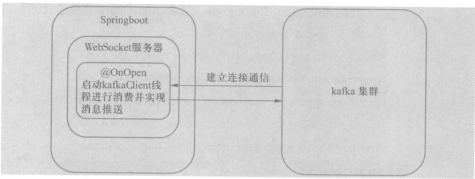

首先通过 WebSocketServer.java，完成 WebSocket 服务端功能，程序如下：

```java
package net.educoder.app.service;

import net.educoder.app.utils.kafkaClient;

import org.springframework.stereotype.Component;

import javax.websocket.OnOpen;

import javax.websocket.Session;

import javax.websocket.server.ServerEndpoint;

import java.io.IOException;

@ServerEndpoint("/websocket")

@Component

public class WebSocketServer {

    /**

     * 需求如下：

     * 客户端与 WebSocket 服务端建立连接之后，启动 kafkaClient 线程，将当前 session 作为
参数传入

     */

    /********** begin **********/

    /**

     * 连接建立成功调用的方法
```

```java
         */
        @OnOpen
        public void onOpen(Session session) {
            // 启动 kafkaClient 线程
            new Thread(new kafkaClient(session)).start();
        }
        /********** end **********/
}
```

然后通过 kafkaClient.java，完成 kafkaClient 消费数据功能，程序如下：

```java
import com.alibaba.fastjson.JSON;
import net.educoder.app.entity.Event;
import net.educoder.app.service.WebSocketServer;
import org.apache.kafka.clients.consumer.ConsumerRecord;
import org.apache.kafka.clients.consumer.ConsumerRecords;
import org.apache.kafka.clients.consumer.KafkaConsumer;
import javax.websocket.Session;
import java.io.IOException;
import java.util.Arrays;
import java.util.Properties;
public class kafkaClient implements Runnable {
    private Session session;
    public kafkaClient(Session session) {
        this.session = session;
    }
    /********** begin **********/
    @Override
    public void run() {
        // 1. 创建 Properties 对象
        Properties props = new Properties();
        // 2. 配置连接 kafka 的参数
        /**
         *      bootstrap.servers:127.0.0.1:9092
         *      group.id:my_group
         *      enable.auto.commit:true
         *      auto.commit.interval.ms:1000
```

```
                    *
key.deserializer:org.apache.kafka.common.serialization.StringDeserializer
                    *
value.deserializer:org.apache.kafka.common.serialization.StringDeserializer
            */
        props.put("bootstrap.servers", "127.0.0.1:9092");
        props.put("group.id", "my_group");
        props.put("enable.auto.commit", "true");
        props.put("auto.commit.interval.ms", "1000");
        props.put("key.deserializer",
"org.apache.kafka.common.serialization.StringDeserializer");
        props.put("value.deserializer",
"org.apache.kafka.common.serialization.StringDeserializer");
        //3. 创建 kafkaConsumer 对象
        kafkaConsumer<String, String> consumer = new kafkaConsumer<>(props);
        //4.订阅名为 demo2 的 topic
        consumer.subscribe(Arrays.asList("demo2"));
        //5. 死循环，不断消费订阅的数据
        while (true) {
            //6. 使用 kafkaConsumer 抽取数据
            ConsumerRecords<String, String> records = consumer.poll(100);
        //7. 遍历数据，将数据封装到 Event 对象中，使用 fastjson 将 Event 对象转换成 JSON
字符串，最后调用 session.getBasicRemote().sendText(String msg); 将数据推送到前端页面
            /**
             *
             * kafka 消费的数据如下：
             * 在线数，活跃数，致命故障数量，严重故障数量，一般故障数量，轻微故障数量，房
车报警数量，旅行车报警数量，轿跑车报警数量，跑车报警数量，敞篷车报警数量
             *
3608335,1802435,25809,63260,15879,38612,77507,29697,10542,67913,42963
             *
1745818,1365579,29449,46912,58208,29464,46830,55611,90398,94499,89332
             *
3768443,2243235,32830,12980,26930,61768,44310,20354,11672,91021,52017
             *
```

```
             *
             * Event 对象属性如下：
             *     private String onlineCount;    在线数
             *     private String activeCount;    活跃数
             *     private String fault4Count;    致命故障数量
             *     private String fault3Count;    严重故障数量
             *     private String fault2Count;    一般故障数量
             *     private String fault1Count;    轻微故障数量
             *     private String warning5Count;   房车报警数量
             *     private String warning4Count;   旅行车报警数量
             *     private String warning3Count;   轿跑车报警数量
             *     private String warning2Count;   跑车报警数量
             *     private String warning1Count;   敞篷车报警数量
             *
             * Event 对象有参构造如下：
             *     public Event(String onlineCount, String activeCount, String fault4Count,
String fault3Count, String fault2Count, String fault1Count, String warning5Count, String
warning4Count, String warning3Count, String warning2Count, String warning1Count){...}
             *
             */
            for (ConsumerRecord<String, String> record : records) {
                String value = record.value();
                String[] arr = value.split(",");
                if (arr.length == 11) {
                    // 在线数、活跃数、致命故障数量、严重故障数量、一般故障数量、轻微
故障数量、房车报警数量、旅行车报警数量、轿跑车报警数量、跑车报警数量、敞篷车报警数量
                    Event event = new Event(arr[0], arr[1], arr[2], arr[3], arr[4], arr[5],
arr[6], arr[7], arr[8], arr[9], arr[10]);
                    String s = JSON.toJSONString(event);
                    try {
                        session.getBasicRemote().sendText(s);
                    } catch (IOException e) {
                        e.printStackTrace();
                    }
                }
```

```
                    }
                }
            }
        }
        /********** end **********/
    }
}
```

通过 index.html ，完成图表可视化功能，其核心部分代码如下：

```
var socket;
    if (typeof(WebSocket) == "undefined") {
        console.log(" 您的浏览器不支持 WebSocket");
    } else {
        console.log(" 您的浏览器支持 WebSocket");
        // 实现 WebSocket 对象，指定要连接的服务器地址与端口，建立连接
        var href = window.location.href;
        var arr = href.split(":");
        var ip = arr[1];
        var port = arr[2];
        socket = new WebSocket("ws://" + ip + ":" + port + "/websocket");
        // 打开事件
        socket.onopen = function () {
            console.log("Socket 已打开 ");
        };
        // 获得消息事件
        socket.onmessage = function (msg) {
            /********** begin **********/
            //1. 获取 WebSocket服务端推送过来的数据，将其转换成 JSON 对象并命名为 d
            var d = JSON.parse(msg.data);
            //2. 从 JSON 对象 d 中获取 carCount、onlineCount、activeCount 并将其分别替
换 id 为 CountNum、OnlineNum、activeNum 的文本内容
            $("#CountNum").text(d.carCount);
            $("#OnlineNum").text(d.onlineCount);
            $("#activeNum").text(d.activeCount)
            $("#liveness").text(d.active)
            var runningNum = numberHandle(d.activeCount);
            $("#runningNum").html(runningNum)
            //3. 汽车故障图表生成，创建一个存储 4 种故障类型数据的数组（fault4Count、
```

fault3Count、fault2Count、fault1Count），调用 fault(Array arr) 函数生成图表

　　　　　var faultList = new Array(d.fault4Count, d.fault3Count, d.fault2Count, d.fault1Count)

　　　　　fault(faultList)

　　　　　//4. 汽车电池警告图表生成，创建一个存储 5 种电池警告类型数据的数组（warning5Count、warning4Count、warning3Count、warning2Count，warning1Count），调用 warning(Array arr) 函数生成图表

　　　　　var warningList = new Array(d.warning5Count, d.warning4Count, d.warning3Count, d.warning2Count, d.warning1Count)

　　　　　warning(warningList)

　　　　　/********** end **********/

　　　};

　　　// 关闭事件

　　　socket.onclose = function () {

　　　　　console.log("Socket 已关闭 ");

　　　};

　　　// 发生了错误事件

　　　socket.onerror = function () {

　　　　　alert("Socket 发生了错误 ");

　　　}

　　}

　　在完成这三个步骤之后，就可以实现关键数据的可视化展示（图 8-27 ）。

图 8-27
可视化效果图

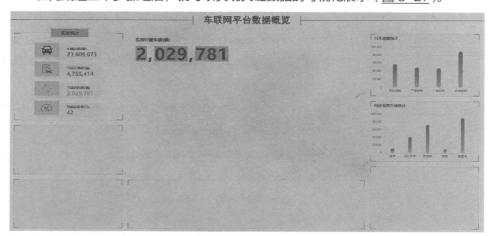

关键术语

本章小结

大数据时代，数据应用需求多种多样，数据特点发生了本质的变化。智能硬件的丰富与普及，互联网、物联网、移动化、智能化的浪潮，给数据可视化带来新的机遇与挑战。

本章重点介绍了数据可视化展现的内容。鉴于人脑处理信息的方式，使用图表或图形来可视化大量复杂数据要比研读电子表格或报告容易，随着大数据时代数据量的井喷，可视化展现显得愈发重要。本章介绍了可视化的三种主要类型，即科学可视化、信息可视化、可视分析学，并对可视化的演变、概念的内涵和外延进行了讲解。其中，可视分析学因其交互性强、面向任务等优势而成为现在比较主流的可视化分析方式。此外，本章还介绍了可视化基本模型，以及具体的数据交流常用方法，对可视化的常用工具进行了简介，并按照不同类型进行了归类划分，具体在使用过程中需要根据任务需求选择合适的工具。本章还提供了可视化的典型案例。

即测即评

第 9 章

《西游记》
文本分析案例

■　《西游记》全书共 100 回，内容充实，描述丰富，具有较强的分析研究价值。本章以《西游记》一书为对象，介绍该书的文本处理分析过程，包含分词、数据预处理、词频统计、筛选特征词、主成分分析等。

9.1 案例目标

（1）　数据的准备、数据预处理、字典生成、分词等。

（2）　全书各个章节的字数、词数、段落等相关方面的关系。

（3）　整体词频的展示。

（4）　对全书前三十回、中间四十回和后三十回进行聚类分析并可视化。

（5）　针对文章中的用词频率比较各个章节的特点，分析文章不同时间段情节内容。

9.2 案例准备

9.2.1 环境准备

本次分析使用 Python 3.6 版本，需要准备《西游记》原文的 txt 文本，为 utf8 编码。

9.2.2 数据预处理

由于原文不适合直接进行分词，因此需要做一些文本预处理工作，要根据标点符号，把每一个分句都切开，然后用统一的符号（实验程序使用的是 # 号）来标记切分点，这样对于后面的程序来说就好处理一些了。

虽然目标很简单，然而有些细节需要额外处理。例如，准备的文本中，有一些网站链接和网站广告，这种文字和符号需要删掉，不能当作分割符号；另外，每章开头的回目编号也需要去掉，因为这不算小说的内容；最后，文本中出现了一些计算机中没有的罕见字，理论上可以把这些内容替换成一些原文中没有的字符（比如特殊符号），最后再替换回去。不过本次实验不做这样的替换，因为理论上罕见字对后面的分析也不会有很大影响，后面涉及的都是出现频率比较高的单词。

直接运行 preprocess.py 程序，输入文件为 hlm.txt（工程中准备好了），是《西游记》小说文件，输出文件为 preprocessing.txt，是预处理后的文本，生成在工程根目录中。

文本经过程序预处理后的效果如图 9-1 所示。

图 9-1
文本预处理效果图

灵根育孕源流出　心性修持大道生#诗曰#混沌未分天地乱#茫茫渺渺无人见#自从盘古破鸿蒙#开辟从兹清浊辨#覆载群生仰至仁#发明万物皆成善#欲知造化会元功#须看西游释厄传#盖闻天地之数#有十二万九千六百岁为一元#将一元分为十二会#乃子#丑#寅#卯#辰#巳#午#未#申#酉#戌#亥之十二支也#每会该一万八百岁#且就一日而论#子时得阳气#而丑则鸡鸣#寅不通光#而卯则日出#辰时食后#而巳则挨排#日午天中#而未则西蹉#申时晡而日落酉#戌黄昏而人定亥#譬于大数#若到戌会之终#则天地昏蒙而万物否矣#再去五千四百岁#交亥会之初……

9.2.3 构建全文索引

得到处理后的文本之后，需要建立一个全文索引。这样是为了快速地查找原文内容，加速后面的计算。本次实验使用了后缀树这个结构作为索引。这个数据结构比较复杂，所以先从更简单的字典树来了解。

1. 字典树

字典树结构如图 9-2 所示。

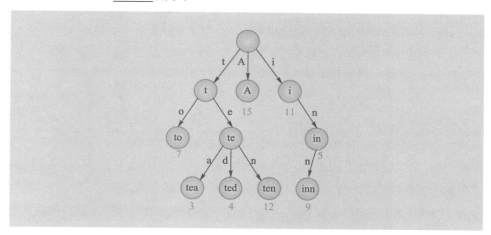

图 9-2 中，每个圆圈是一个节点，代表着一个字符串（就是圆圈内的内容）；节点之间的连线是边，代表着一个字母；最上面的节点，也就是空着的那个节点，是根节点。如果从根节点不断向下走到某个节点，那么把经过的每一条边上的字母拼起来，就是这个节点代表的字符串了。这就是字典树的特点。

举例来说，假如想在这棵字典树里查找"to"这个单词，就可以先从根节点下面的边里找到第一个字母，也就是"t"这条边，从而找到"t"这个节点，然后再从"t"节点下面的边里找到第二个字母，也就是"o"这条边，就找到"to"这个节点了。假如"to"这个节点里储存了"to"的中文解释，那么只通过两次操作就找到了 to 的中文意思，这样比一个词一个词地找的方法快多了。这很像查字典时，先看第一个字母在字典中的位置，然后再看第二个字母……最终找到单词，因此称为字典树。

2. 后缀树

后缀树的前身是后缀字典树。后缀字典树其实就是字典树，只不过里面的内容不是单词，而是一个字符串的所有后缀：从第一个字母到最后一个字母的内容，从第二个字母到最后一个字母的内容……依此类推。例如，"banana"的所有后缀就是 banana、anana、nana、ana、na 和 a，把这些内容都加到字典树里，就构成了后缀字典树。图 9-3（a）所示就是 banana 的后缀字典树。

图 9-3

后缀字典树及后缀树

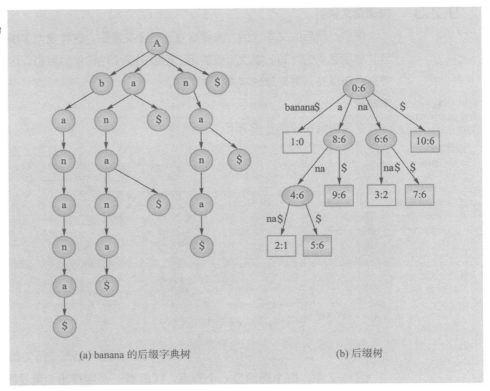

(a) banana 的后缀字典树   (b) 后缀树

而后缀树和后缀字典树的区别就是，在后缀树中，要把下面只有一条边的节点去掉，然后把这个节点连接的两条边压缩成一条。例如，图 9-3（a）后缀字典树中的 b-a-n-a-n-a，在图 9-3（b）的后缀树中被压缩成了 banana 这一条边。此外，后缀树还使用了一个技巧，就是不储存边的内容，而是储存这些内容在原文中的位置。因为后缀树中的很多内容都是重复的，所以这个小技巧可以大大减小索引的大小。

后缀树最大的用途就是检索字符串中间的内容。例如，假如想查找 an 在 banana 中哪里出现过，只需要查找代表 an 的节点，就找到了所有以 an 开头的节点：anana 和 ana。由于每次出现 an 的地方都一定会产生一个以 an 开头的后缀，而所有的后缀都在后缀树中，因此这样一定能够找到所有 an 出现的位置。后缀树的强大之处在于，即使把 banana 换成一篇很长很长的文章，也能很快地进行这样的检索。

本次实验使用 Ukkonen 算法快速地创建了整篇《西游记》的后缀树。Ukkonen 算法比较复杂，本次实验不做详细讲解。

运行 preprocess_chapters.py 程序，输入文件为 hlm.txt（工程中自带），为《西游记》小说文件，输出文件为工程中 chapters 文件夹中的所有文件，文件格式以数字命名，从数字 1 开始，将全文按章节划分为多个 txt 文件，留待之后的程序使用。

9.2.4　制作字典

为进行分词，需要先找出文章中哪些内容是单词，才能确定如何进行切分。

为确定哪些内容是单词，最容易的办法是把所有出现次数高的片段都当成单词。用后缀树查询《西游记》中的所有重复的片段，然后按出现次数排序（图 9-4）。

图 9-4
用后缀树查询并排序

行者(4337)、八戒(1808)、师父(1633)、行者道(1612)、三藏(1382)、一个(1298)、大圣(1270)、唐僧(1005)、沙僧(816)、和尚(788)、菩萨(783)、那里(780)、怎么(774)、笑道(772)、不知(754)、我们(725)、长老(662)、妖精(634)、老孙(617)、两个(596)

上面是出现频率前 20 的片段，括号内是出现次数。可以看到效果不错，基本上这些片段都是单词。然而，实验中排名第 32 的单词是"有一"，显然这不是一个单词，所以这样的筛选方法是有一定问题的。而且，这样被误当成单词的片段还有很多，如排名 40 的"见了"、排名 47 的"真个"。究其原因，是因为出现次数排名前 5 的单字分别是"了、的、行、一、者"，所以它们的组合也会经常出现。为排除这样的组合，就可以用"凝固度"来进行进一步的筛选。

1.　凝固度

凝固度的定义是：一个片段出现的频率比左右两部分分别出现的频率的乘积高出的倍数（注意，频率表示的是出现的比例，而频数表示的是出现的次数）。用公式来描述这句话是：如果 $P(AB)$ 是片段出现的频率，$P(A)$ 是片段左边的字出现的频率，$P(B)$ 是右边的字出现的频率，那么凝固度 co 就是

$$co = \frac{P(AB)}{P(A) \cdot P(B)} \tag{9.1}$$

式（9.1）中，$P(A) \cdot P(B)$ 就是左右部分在完全随机组合的情况下被组合到一起的概率。凝固度的思想是：如果片段实际出现的概率比随机组合出来的概率高出很多倍，就说明这样的组合应该不是意外产生的，而是有一些关联的，这个关联很可能就是因为这个片段是一个不可分割的整体，也就是单词。

对于超过两个字的片段，可以尝试每一种拆分方法（如"行者道"有"行 / 者道"和"行者 / 道"两种拆分方法），然后取各种方法凝固度的最小值。

选出《西游记》中出现次数大于 5 的片段，对它们的凝固度做排序，如图 9-5 所示。

图 9-5
对凝固度做排序

玳瑁(142982.29)、蟆城(142982.29)、踌躇(142982.29)、媳妇(142982.29)、跋涉(142982.29)、簸箕(142982.29)、琥珀(142982.29)、蝴蝶(142982.29)、屹𫜪(142982.29)、呲牙(119151.91)、蜈蚣(119151.91)、蝼蚁(119151.91)、咆哮(119151.91)、痨病(119151.91)、姊妹(119151.91)、觔斗(119151.91)、麋鹿(102130.20)、酆都(102130.20)、涅槃(102130.20)、笤帚(102130.20)

图 9-5 是凝固度排名前 20 的组合，括号内是凝固度，可以看到效果很好。

接着往下看，在排名前 21—100 中也基本没有不是单词的条目（图 9-6）。

图 9-6
凝固度排名前
20—100

牟尼，瀑布，螃蟹，荔枝，旃檀，嫉妒，哂笑，谣言，姹女，亘古，颌下，瞑目，辕门，攥着，芍药，葡萄，翡翠，芙蓉，缭绕，馒头，劲节，魍魉，蹭蹬，猕猴，撤身，伫立，珊瑚，暧雾，蘑菇，聪明，沽酒，玻璃，踊跃，獬豸洞，嫦娥，玛瑙，霹雳，呻吟，鲇鱼，薜萝，辄敢，虱子，铠甲，煅炼，嵯峨，缤纷，琪花，馕糠，骤雨，鹫峰，懈怠，琵琶，篾丝，蔓菁，瞌睡，猖獗，觌面，迅速，驾鸯，胭脂，筛锣，馕糟的，囹圄，獠牙，崎岖，豭猴，勉强，旷野，麒麟，胁下，狡兔，褊衫，屁股，偿命，稽首，稻草，馨香，粘涎，拼命，枷锁

然而凝固度也有一定的局限性。再往后看的话，会发现里面还有很多片段是半个词，而它们的凝固度也挺高的，如"牟尼"（完整的词应该是"释迦牟尼"）。这些片段虽然是半个词，但是它们确实也与完整的单词一样是"凝固"在一起的。因此，单看凝固度是不够的，还要通过上下文判断这个词是否完整。这时候就可以通过自由度来过滤。

2.　自由度

为排除掉不完整的单词，使用自由度这个概念来继续过滤。自由度的思想是：如果一个组合是一个不完整的单词，那么它总是作为完整单词的一部分出现，所以相邻的字就会比较固定。例如，"牟尼"在原文中出现了 7 次，而"释迦牟尼"出现了 4 次，也就是说"释迦"在"牟尼"的左边一起出现的频率比较高，所以有把握认为"牟尼"不是完整的单词。而自由度描述的就是一个片段的相邻字有多么的多样、不固定。如果片段的自由度较高，就说明这个词应该是完整的。

因为相邻字分为左侧和右侧，所以自由度也分为左右两部分。以左侧的自由度为例，计算公式就是左侧相邻字的每一种字的频率的总信息熵。也就是说，如果 H_{left} 是左侧自由度，P_1 到 P_i 是每种左侧相邻字出现的频率，那么

$$H_{\text{left}} = -\sum_{i=1}^{n} P_i \cdot \log_2 P_i \qquad (9.2)$$

3.　最终的单词表

有了这些明确的评判标准，就可以把单词筛选出来了。最终选择的判断标准是：出现次数大于等于 5，且凝固度、左侧自由度、右侧自由度都大于 1。上述标准相互独立，需要通过一个公式进行整合，即

$$score = co \cdot (H_{\text{left}} + H_{\text{right}}) \qquad (9.3)$$

也就是把凝固度和自由度相乘，作为每个片段的分数。这样只要其中一个标准的值比较低，总分就会比较低。

经过层层遴选之后，单词表初步成型了。

虽然正确率不高，但没有必要通过调高筛选标准的方法来进行更严格的过滤了。后续的分词算法将会解决单词没有被切开的问题。如果继续调高标准，可能会导致很多确实是单词的条目被去除。

运行 dict_creat.py 程序，输入文件为前文中生成的原文预处理后的文件 preprocessing.txt，输出字典文件为 dict.csv。

9.2.5 分词算法

运行 word_split.py 程序，输入文件为 9.2.2 节生成的预处理后的小说文件 preprocessing.txt，以及 9.2.4 节生成的字典文件 dict.csv，输出为 word_split.txt 分词结果文件。运行 word_split_chapters.py 程序，输入文件除 preprocessing.txt 外，还有 9.2.3 节生成的索引文件夹中的所有文件，输出为 chapter_split 文件夹，里面存放的是按索引文件进行分词的结果文件。

分词的思路是，制定一个评价切分方案的评分标准，然后找出评分最高的切分方案。最简单的标准是，把切分之后每个片段是单词的概率都乘起来，作为这个切分方案正确的概率，也就是评分标准。假设一个片段是单词的概率就是这个片段在原文中的出现频率。

有了评分标准之后，为找出分数最高的切分方案，可以用一个数学方法来简化计算，即维特比算法。

1.   维特比算法

维特比算法本质上就是一个动态规划算法。它的想法是：对于句子的某个局部来说，这一部分的最佳切分方案是固定的，不随上下文的变化而变化，如果把这个最佳切分方案保存起来，就能减少很多重复的计算。可以从第一个字开始，计算前两个字、前三个字、前四个字等的最佳切分方案，并且把这些方案保存起来。因为是依次计算的，所以每当增加一个字的时候，只要尝试切分最后一个单词的位置就可以了。这个位置前面的内容一定是已经计算过的，所以通过查询之前的切分方案即可计算出分数，这就是维特比算法的工作原理。

2.   算法调整

在构造单词表时，计算了每个片段有多么像单词，也就是分数。然而，后面的分词算法只考虑了片段出现的频率，而没有用到片段的分数。于是，把片段的分数加入算法中，把片段的频率乘以片段的分数，作为加权了的频率，这样那些更像单词的片段具有更高的权重，就更容易被切分出来。

此外，如果一个片段不在字典中，怎样计算它的频率呢？在需要外界提供字典的分词算法中，这是一个比较棘手的问题。不过在无字典（准确地说是自动构造字典）的算法中，这反而是一个比较容易解决的问题：任何要切分的片段一定会出现在后缀树中，因为这个片段是原文的一部分。因此，只需要通过后缀树查询这个片段的频数，就可以计算它在原文中的频率了。

最后还有一个优化技巧。一般中文单词的长度不会超过四个字，因此在程序枚举切分方法时，只需要尝试最后四个切分位置就可以了，这样就把最长的切分片段限制在了四个字以内，而且对于长句子来说也减少了很多不必要的尝试。

9.3 案例实战

9.3.1 词频统计

运行 word_count.py 程序，输入文件为 9.2.5 节生成的 word_split.txt 分词结果文件，输出为 word_count.csv 统计结果文件。运行 word_count_chapters.py 程序，针对 9.2.5 节生成的分词结果文件夹中的所有文件进行统计，输入为 9.2.5 节中生成的 chapter_split 文件夹中所有的文件，输出为 word_count_chapters.csv 统计结果文件。

完成分词以后，需要根据分词结果把片段切分开，去掉长度为 1 的片段（也就是单字），然后统计每一种片段的个数。

图 9-7 所示是出现次数排名前 20 的单词。

图 9-7
出现次数排名前 20
的单词（括号内为
频数）

行者(2427)、八戒(1673)、行者道(1593)、师父(1569)、三藏(1340)、大圣(1064)、一个(962)、唐僧(884)、沙僧(816)、笑道(772)、菩萨(765)、和尚(660)、长老(657)、不知(653)、我们(643)、怎么(521)、老孙(483)、两个(483)、甚么(482)、妖精(458)

可以跟之前只统计出现次数，不考虑切分问题的排名做对比（图 9-8）。

图 9-8
不考虑切分问题的
次数排名（括号内为
频数）

行者(4337)、八戒(1808)、师父(1633)、行者道(1612)、三藏(1382)、一个(1298)、大圣(1270)、唐僧(1005)、沙僧(816)、和尚(788)、菩萨(783)、那里(780)、怎么(774)、笑道(772)、不知(754)、我们(725)、长老(662)、妖精(634)、老孙(617)、两个(596)

通过分词后的词频，发现《西游记》中的人物戏份由多到少依次是孙悟空、猪八戒、唐僧、沙僧。然而，这个排名是有问题的，因为"三藏"这个词的出现次数有1 340 次，需要加到唐僧的戏份里，所以其实唐僧的戏份比猪八戒多。正确的排名应该是孙悟空、唐僧、猪八戒、沙僧。

此外，还可以发现《西游记》中的人物很爱笑，因为除了人名以外出现次数最多的单词就是"笑道"。

9.3.2 筛选特征词

在很多用主成分分析法（PCA）分析的案例中，大家都是用出现频率最高的词来分析的。然而问题是，万一频率最高的词是与情节变化相关的，就会影响结果。为剔除情节变化的影响，选出词频随情节变化最小的单词来作为每一章的特征。衡量词频变化的方法就是统计单词在每一回的词频，然后计算标准方差。为消除单词的常用程度对标准方差的影响，把标准方差除以该单词在每一回的平均频数，得到修正后的方差，然后利用这个标准来筛选特征词。

按照这个标准，与情节最无关的 20 个词如图 9-9 所示。

图 9-9
与情节最无关的 20
个词（括号内为修正
后的方差）

> 下回分解(0.27)、且听(0.50)、问道(0.51)、毕竟(0.52)、如何(0.55)、
> 不题(0.55)、在此(0.55)、只见(0.55)、那里(0.56)、观看(0.57)、
> 出来(0.58)、说者(0.58)、话说(0.59)、这里(0.61)、今日(0.63)、
> 只得(0.63)、不敢(0.64)、只是(0.64)、却说(0.65)、就是(0.66)

选择词频变化最小的 50 个词作为特征，每个词的修正后标准方差都小于 0.85。这 50 个词如图 9-10 所示。

图 9-10
词频变化最小的
50 个词

> 行者、八戒、行者道、师父、唐僧、我们、一个、怎么、甚么、等我、
> 那里、只是、与他、不知、与我、如今、这一、也不、原来、看他、
> 不得、就是、与你、想是、正是、叫道、上前、真个、这般、只见
> 那、闻言、见了、却说、不敢、十分、今日、欢喜、且听、下回分解、
> 问道、毕竟、如何、不题、在此、还不、又不、笑道、观看、不过、
> 只见

9.3.3 主成分分析（PCA）

运行 analysis.py 程序，输入为 9.3.1 节中生成的词频统计结果文件 word_count_chapters.csv，输出为 components.csv 结果文件。

理论上，有了特征之后，就可以比较各个章节的相似性了。然而问题是，现在有 50 个特征，也就是说现在的数据空间是 50 维的，这对于想象 4 维空间都难的人类来说是很难可视化的。对于高维数据的可视化问题来说，PCA 是一个很好用的数学工具。

1. 主成分分析概念

因为高维的数据空间很难想象，所以可以先想象一下低维的情况。例如，假设图 9-11 中的每个点都是一个数据，横坐标和纵坐标分别代表两个特征的值。

图 9-11
高维数据空间示意图

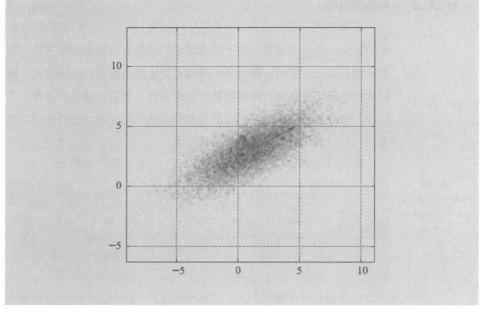

现在，如果让 PCA 程序把这两个特征压缩成一个特征，算法就会寻找一条直线，使得数据点投影到这条直线上后损失的信息最少（如果投影不好理解，可以想象用两块平行于直线的板子把数据点都挤压到一条线上）。在这个例子中，这条损失信息最少的线就是图中较长的那个箭头。这样，如果知道了一个数据点在直线上投影的位置，就能大致知道数据点在压缩之前的二维空间的位置了（如是在左上角还是右下角）。

以上是把二维数据空间压缩到一维的情况。三维压缩到二维的情况也是类似的：寻找一个二维平面，使得数据点投影到平面后损失的信息最少，然后把所有数据点投影到这个平面上去。三维压缩到一维就是把寻找平面改成寻找直线。

更高维度的情况依此类推，虽然难以想象，但是在数学上是一样的。

至于算法如何找到损失信息最少的二维平面（或者直线、三维平面等），会涉及一些数学知识，感兴趣的同学可以去查找相关的数学公式和证明，这里只要把这个算法当成一个黑箱就可以了。

2.　实验发现

利用 PCA，把 50 个词的词频所构成的 50 个维度压缩到二维平面上，把压缩后的数据点画出来，二维平面图如图 9-12 所示。

图 9-12 中，每个圆圈代表一个回目，圆圈内是回目编号，从 1 开始计数，浅色圆圈是 1 ~ 31 回，蓝色圆圈是 32 ~ 71 回，深色圆圈是 72 ~ 100 回。

31 回以前的内容有一部分集中在右侧，很明显地和其他章回区分开了，可以联想到开篇时作者布局是否不太一样。

接着从三维的角度来看（图 9-13）。

图 9-12
二维平面图

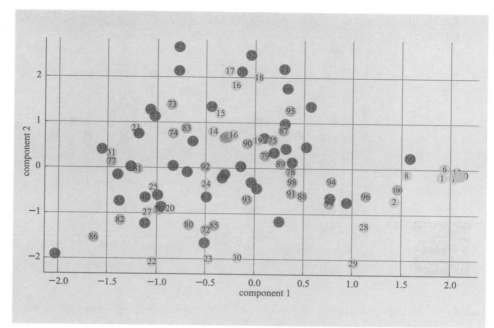

图 9-13
三维平面图 1

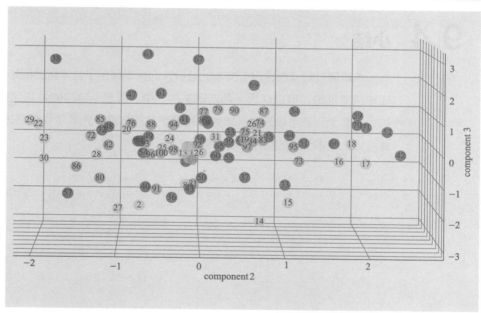

这里是把 component1 去掉，从 component2 和 component3 的角度去看，可以发现深色圆圈比蓝色、浅色都要集中一些，深色圆圈代表的是 72 ～ 100 回，可以试着解释一下，是不是《西游记》最后的章节情节是比较紧凑的。

接着再从 component1 和 component3 的角度来看（图 9-14）。

从这张图可以发现，最分散的点是蓝色的点，而蓝色的点代表的是《西游记》中 32 ～ 71 回，这可能是因为《西游记》中间部分铺设了大部分妖精的出场导致情节跨度大。

图 9-14

三维平面图 2

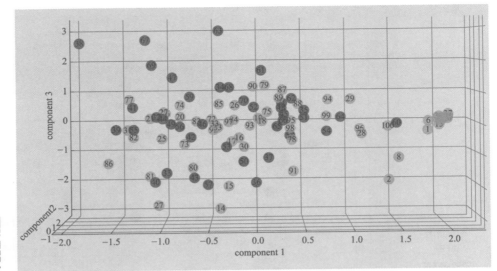

9.4 小结

　　本章通过对《西游记》文本的分析，向大家展示了文本数据的处理分析方法。从实验结果推论，可以认为《西游记》前、中、后三个阶段的特征区别还是非常明显的。实际上，还可以通过实验数据挖掘更多的信息（大家可以自己去动手操作）。由此可见，文本分析的功能是非常强大的。

第 10 章

旅游网站大数据分析案例

■ 本章以旅游网站大数据分析为背景，介绍数据获取、数据清洗、数据存储、数据分析和数据可视化等过程，从旅游网站上爬取网页开始，逐步实现数据获取、清洗与存储，并从旅行者关心的酒店价格和用户评价两个方面进行数据分析和可视化。

10.1 案例目标

（1）　**数据获取与清洗。** 使用网络爬虫获取各大旅游网站数据，在此基础上进行数据清洗。

（2）　**数据存储。** 把清洗完的数据存储到 HBase 中，为后续的数据分析提供基础。

（3）　**数据分析。** 对存储到本地 HBase 的数据结合相关业务需求进行计算统计。

（4）　**数据可视化。** 对数据分析得到的结果进行可视化，形成直观的图表展示。

10.2 案例准备

（1）　案例背景。

　　旅游出行都离不开酒店预订，而在互联网时代，在线预订成为广受欢迎的预订方式。酒店预订网站为满足用户的在线预订需求而生，并得到迅速发展。随着多年的积淀，酒店预订网站上蕴含了丰富的大数据，为从中挖掘有价值的信息提供了机遇。本案例面向酒店预订网站上的海量酒店信息，以大数据分析为牵引，把开始的数据获取和清洗到最后的数据分析可视化贯穿在一起，提炼应用了大数据技术常用的基础知识点和技能点，既可以让有一定基础的学习者通过项目实战将已学过的知识融会贯通、提高技术水平，又可以通过具体案例让其近距离体会到大数据应用在社会实践中的巨大优势与价值。

　　通过对该典型案例的学习，希望学习者能够触类旁通，利用大数据框架对其他的大数据网站进行数据抓取、存储、分析和可视化操作，从中挖掘信息、创造价值。

（2）　Jsoup 爬虫框架。

　　在本案例中，需要利用 Jsoup 爬虫框架来帮助抓取携程旅行网（以下简称携程网）的数据，解析并提取 HTML 元素，得到携程网全国城市信息，并且清洗 HTML 文档中无意义的数据。

　　Jsoup 是一款 Java 的 HTML 解析器，可直接解析某个 URL 地址和 HTML 文本内容。它提供了一套非常省力的 API，可通过 DOM、CSS 及类似于 jQuery 的操作方法来取出和操作数据。Jsoup 的主要功能如下。

①　从一个 URL、文件或字符串中解析 HTML。

②　使用 DOM 或 CSS 选择器来查找、取出数据。

③　可操作 HTML 元素、属性、文本。

　　Jsoup 拥有十分方便的 API 来处理 HTML 文档，如参考了 DOM 对象的文档遍历方法、参考了 CSS 选择器的用法等，因此可以使用 Jsoup 来完成爬取页面数据的步骤。

10.3 案例实战

10.3.1 实验数据

图 10-1
实验数据

实验数据选自全国 600 多所城市 60 GB 左右的携程网数据，如图 10-1 所示。

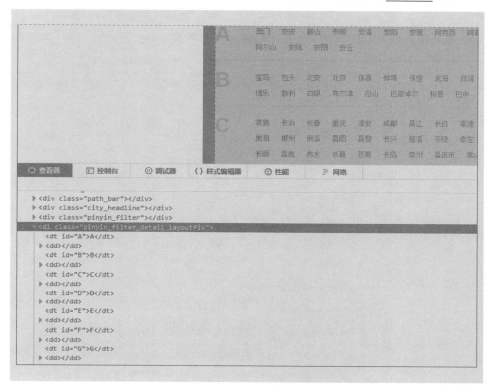

10.3.2 数据抓取

这一步骤需要抓取携程网的数据，解析并提取 HTML 元素，得到携程网全国城市信息，清洗 HTML 文档中无意义的数据。

Jsoup 使用起来比较简单，调用 Jsoup 可以直接获取网页的数据：

```java
Document root_document = Jsoup.parse(new URL("https://www.baidu.com"), 5000);
System.out.println(root_document.toString());
```

获取携程网整个页面的资源的代码如下：

```java
import java.io.File;

import java.io.IOException;

import org.jsoup.Jsoup;

import org.jsoup.nodes.Document;

public class Task {

    /**
```

```java
 * @param filePath    文件路径：backups/www.ctrip.com.txt/
 * @return
 * @throws IOException
 */
public Document getHtml1(String filePath) throws IOException{
    /*********    Begin    *********/
    File input = new File("./backups/www.ctrip.com.txt/");
    Document doc = Jsoup.parse(input,"UTF-8","http://www.educoder.net/");
    // Document doc = Jsoup.connect(url).get();
    return doc;
    /*********    End    *********/
}
/**
 *
 * @param filePath    文件路径：backups/hotels.ctrip.com_domestic-city-hotel.txt/
 * @return
 * @throws IOException
 */
public Document getHtml2(String filePath) throws IOException{
    File input = new File("./backups/hotels.ctrip.com_domestic-city-hotel.txt/");
    Document doc = Jsoup.parse(input,"UTF-8","http://www.educoder.net/");
    // Document doc = Jsoup.connect(url).get();
    return doc;
}
}
```

接着分别获取携程网所有带有 href 的 link 标签、第一次出现 class 为 "pop_attention" 的 div（可用 DOM 或 CSS 两种方式实现）以及所有 li 之后的 i 标签：

```java
import java.io.File;
import java.io.IOException;
import org.jsoup.Jsoup;
import org.jsoup.nodes.Document;
import org.jsoup.nodes.Element;
import org.jsoup.select.Elements;
public class Task {
    // 通过 filePath 文件路径获取 Document 对象
```

```java
public Document getDoc1(String filePath) throws IOException{
    /*********         Begin         *********/
    File input = new File("./backups/www.ctrip.com.txt");
    Document doc = Jsoup.parse(input,"UTF-8","http://www.educoder.net/");
    // Document doc=Jsoup.connect(url).get();
    return doc;
    /*********         End         *********/
}
public Document getDoc2(String filePath) throws IOException{
    /*********         Begin         *********/
    File input = new File("./backups/you.ctrip.com.txt");
    Document doc = Jsoup.parse(input,"UTF-8","http://www.educoder.net/");
    // Document doc=Jsoup.connect(url).get();
    return doc;
    /*********         End         *********/
}
// 获取所有链接
public Elements getLinks(Document doc){
    /*********         Begin         *********/
    return doc.select("link[href]");
    /*********         End         *********/
}
// 获取第一个 class 为 "pop_attention" 的 div
public Element getDiv(Document doc){
    /*********         Begin         *********/
    Element element = doc.getElementsByClass("pop_attention").first();
    //Element element = doc.select("div.pop_attention").first();
    return element;
    /*********         End         *********/
}
// 获取所有 li 之后的 i 标签
public Elements getI(Document doc){
    /*********         Begin         *********/
    return doc.select("li > i");
    /*********         Edn         *********/
```

```
    }
}
```

　　然后进一步找出携程网中所有链接、图片和其他辅助内容，即在解析获得一个
Document 实例对象，并查找到一些元素之后，取得在这些元素中的数据：

```java
import java.io.File;

import java.io.IOException;

import java.util.ArrayList;

import java.util.List;

import org.jsoup.Jsoup;

import org.jsoup.nodes.Document;

import org.jsoup.nodes.Element;

import org.jsoup.select.Elements;

public class Task {

    // 通过 filePath 文件路径获取 Document 对象

    public Document getDoc(String filePath) throws IOException{

        /********** Begin **********/

        File input = new File("./backups/hotel.ctrip.com.txt");

        Document doc = Jsoup.parse(input,"UTF-8","http://www.educoder.net/");

        //Document doc=Jsoup.connect(url).get();

        return doc;

        /********** End **********/

    }

    // 获取所有链接

    public List<String> getLinks(Document doc){

        /********** Begin **********/

        List<String> arrays=new ArrayList<>();

        Elements links = doc.select("a[href]");

        for (Element link : links) {

            arrays.add(link.tagName()+"$"+link.attr("abs:href")+"("+link.text()+")");

        }

        return arrays;

        /********** End **********/

    }

    // 获取图片

    public List<String> getMedia(Document doc){
```

```
        /**********      Begin      **********/
         List<String> arrays=new ArrayList<>();
        Elements media = doc.select("[src]");
        for (Element src : media) {
            if (src.tagName().equals("img")){
                arrays.add(src.tagName()+"$"+src.attr("abs:src"));
            }
        }
        return arrays;
        /**********      End      **********/
    }
    // 获取 link[href] 链接
    public List<String> getImports(Document doc){
        /**********      Begin      **********/
        List<String> arrays=new ArrayList<>();
        Elements imports = doc.select("link[href]");
        for (Element link : imports) {
            arrays.add(link.tagName()+"$"+link.attr("abs:href")+"("+link.attr("rel")+")");
        }
        return arrays;
        /**********      End      **********/
    }
}
```

使用 Jsoup 抓取携程网的全国城市信息，利用 Jsoup 解析并提取 HTML 元素知识，再结合 JavaBean 输出全国城市酒店：

```
import java.io.File;
import java.io.IOException;
import java.util.ArrayList;
import java.util.List;
import org.jsoup.Jsoup;
import org.jsoup.nodes.Document;
import org.jsoup.nodes.Element;
import org.jsoup.select.Elements;
public class Task {
    // 通过 filePath 文件路径获取 Document 对象
```

```java
public Document getDoc(String filePath) throws IOException{
    /**********     Begin     **********/
    File input = new File("./backups/hotels.ctrip.com_domestic-city-hotel.txt");
    Document doc = Jsoup.parse(input,"UTF-8","http://www.educoder.net/");
    // Document doc=Jsoup.connect(url).get();
    return doc;
    /**********     End     **********/
}
/**
* 获取所有城市返回城市信息集合
* @param doc
* @return
*/
public List<HotelCity> getAllCitys(Document doc){
    /**********     Begin     **********/
    List<HotelCity> cities = new ArrayList<HotelCity>();
    Elements pinyin_filter_elements = doc.getElementsByClass("pinyin_filter_detail
layoutfix");
    // 保证拿到的是第一个包含所有城市的 Element
    Element pinyin_filter = pinyin_filter_elements.first();
    // 拼音首字符 Elements
    Elements pinyins = pinyin_filter.getElementsByTag("dt");
    // 所有 dd 的 Elements
    Elements hotelsLinks = pinyin_filter.getElementsByTag("dd");
    for (int i = 0; i < pinyins.size(); i++) {
        Element head_pinyin = pinyins.get(i);// 当前字母
        Element head_hotelsLink = hotelsLinks.get(i);// 当前 dd
        Elements links = head_hotelsLink.children();// 当前 dd 下的所有孩子也就是
a 标签
        for (Element link : links) {
            String pinyin_cityId = link.attr("href").replace("/hotel/", "");
            String pinyin = pinyin_cityId.replace(StringUtil.getNumbers(link.
attr("href")), "");// 截取拼音
            HotelCity city = new HotelCity();
            city.setCityId(StringUtil.getNumbers(link.attr("href"))); // 截取 cityId
```

```
                    city.setCityName(link.text());

                    city.setHeadPinyin(head_pinyin.text());

                    city.setPinyin(pinyin);

                    cities.add(city);

                }

            }

        return cities;

        /**********    End    **********/

        }

}
```

会生成如下的输出：

```
HotelCity [cityId=59, cityName= 澳门 , headPinyin=A, pinyin=macau]

HotelCity [cityId=97, cityName= 阿里 , headPinyin=A, pinyin=ali]

HotelCity [cityId=171, cityName= 安康 , headPinyin=A, pinyin=ankang]

......

HotelCity [cityId=7605, cityName= 涿州 , headPinyin=Z, pinyin=zhuozhou]

HotelCity [cityId=7758, cityName= 邹平 , headPinyin=Z, pinyin=zouping]

HotelCity [cityId=7811, cityName= 彰化 , headPinyin=Z, pinyin=zhanghua]
```

10.3.3　数据存储

这一步会把清洗完的数据存储到 HBase 中，即保存酒店和城市数据及酒店评论信息。com.util.HBaseUtil 类封装了对应的创建 HBase 表方法 createTable，示例如下：

```
HBaseUtil.createTable("t_city_hotels_info",new String[]{"cityInfo","hotel_info"}); // 创建拥有两个列族 cityInfo、hotel_info 的表 t_city_hotels_info，每一个列族可以有任意数量的列。
```

com.util.HBaseUtil 类封装了对应的批量存储到 HBase 表 putByTable，示例如下：

```
List<Put> puts = new ArrayList<>();// 一个 PUT 代表一行数据，每个 Put 有唯一的 ROWKEY
Put put = new Put(Bytes.toBytes("5212")); // 创建 ROWKEY 为 5212 的 PUT
put.addColumn(Bytes.toBytes("hotel_info"),Bytes.toBytes("id"),Bytes.toBytes("2");// 在列族 `hotel_info` 中，增加字段名称为 `id`，值为 "2" 的元素
put.addColumn(Bytes.toBytes("hotel_info"),Bytes.toBytes("price"),
Bytes.toBytes(String.valueOf(2)));// 在列族 `hotel_info` 中，增加字段名称为 `price`，值为 2 的元素
puts.add(put);
HBaseUtil.putByTable("t_city_hotels_info",puts);// 批量保存数据到 t_city_hotels_info
```

酒店和城市数据的文件格式如下：

```
{
"address": " 澳门半岛友谊大马路回力球场，近罗理基博士大马路。（澳门半岛）",
"city_id": "59",
"city_name": " 澳门 ",
"collectionTime": 0,
"dpcount": 55,
"dpscore": 84,
"id": "6742485",
"img": "//dimg10.c-ctrip.com/images/20040s000000hwubf8021_R_300_225.jpg",
"isSingleRec": false,
"lat": 22.19438,
"lon": 113.56039,
"name": " 澳门回力酒店（Jai Alai Hotel）",
"pinyin": "macau",
"price": 561,
"score": 4.2,
"shortName": " ",
"star": "hotel_diamond02",
"stardesc": " 经济型 ",
"url": "/hotel/6742485.html?isFull=F#ctm_ref=hod_sr_map_dl_txt_1"
}, {
"address": " 路氹路氹连贯公路，近路氹金光大道。（氹仔）",
"city_id": "59",
"city name": " 澳门 ",
"collectionTime": 0,
"dpcount": 49483,
"dpscore" 98,
"id": "346382"
"img": "//dimg13.c-ctrip.com/images/200e0x0000001jt5w7502_R_300_225.jpg",
"isSingleRec": false,
"lat": 22.14118,
"lon": 113.569689,
"name": " 澳门喜来登金沙城中心大酒店（Sheraton Grand Macao Hotel, Cotai Central）",
"pinyin": "macau",
"price": 894,
"score": 4.7,
"shortName": " 喜来登 ",
"star" "hotel_diamond05",
"stardesc": " 豪华型 ",
"url": "/hotel/346382.html?isFull=F#ctm_ref=hod_sr_map_dl_txt_2"
}
```

创建拥有两个列族 cityInfo、hotel_info 的表 t_city_hotels_info，把文件 aomen. txt、hongkong.txt 中数据存到 HBase 表 t_city_hotels_info 中，代码如下：

```java
import java.io.InputStream;

import java.util.ArrayList;

import java.util.List;

import org.apache.commons.io.IOUtils;

import org.apache.hadoop.hbase.client.Put;

import org.apache.hadoop.hbase.util.Bytes;

import com.alibaba.fastjson.JSONObject;

import com.entity.Hotel;

import com.entity.HotelComment;

import com.util.HBaseUtil;

public class SaveData {

    /**

    * 获取并保存酒店和城市数据
```

```java
    */
    public static void saveCityAndHotelInfo() {
        /********** Begin **********/
        try {
            HBaseUtil.createTable("t_city_hotels_info", new String[] { "cityInfo", "hotel_
info" });
        } catch (Exception e) {
            //创建表失败
            e.printStackTrace();
        }
        List<Put> puts = new ArrayList<>();
        // 添加数据
        try {
            InputStream resourceAsStream = SaveData.class.getClassLoader().
getResourceAsStream("aomen.txt");
            String readFileToString = IOUtils.toString(resourceAsStream, "UTF-8");
            List<Hotel> parseArray = JSONObject.parseArray(readFileToString, Hotel.
class);
            String hongkong = IOUtils.toString(SaveData.class.getClassLoader().
getResourceAsStream("hongkong.txt"),
                    "UTF-8");
            List<Hotel> hongkongHotel = JSONObject.parseArray(hongkong, Hotel.
class);
            parseArray.addAll(hongkongHotel);
            for (Hotel hotel : parseArray) {
                String cityId = hotel.getCity_id();
                String hotelId = hotel.getId();
                Put put = new Put(Bytes.toBytes(cityId + "_" + hotelId));
                // 添加 city 数据
                put.addColumn(Bytes.toBytes("cityInfo"), Bytes.toBytes("cityId"), Bytes.
toBytes(cityId));
                put.addColumn(Bytes.toBytes("cityInfo"), Bytes.toBytes("cityName"),
                        Bytes.toBytes(hotel.getCity_name()));
                put.addColumn(Bytes.toBytes("cityInfo"), Bytes.toBytes("pinyin"), Bytes.
toBytes(hotel.getPinyin()));
```

```java
                    put.addColumn(Bytes.toBytes("cityInfo"), Bytes.
toBytes("collectionTime"),
                                Bytes.toBytes(hotel.getCollectionTime()));
                    // 添加 hotel 数据
                    put.addColumn(Bytes.toBytes("hotel_info"), Bytes.toBytes("id"),
Bytes.toBytes(hotel.getId()));
                    put.addColumn(Bytes.toBytes("hotel_info"), Bytes.toBytes("name"),
Bytes.toBytes(hotel.getName()));
                    put.addColumn(Bytes.toBytes("hotel_info"), Bytes.toBytes("price"),
Bytes.toBytes(String.valueOf(hotel.getPrice())));
                    put.addColumn(Bytes.toBytes("hotel_info"), Bytes.toBytes("lon"),
Bytes.toBytes(String.valueOf(hotel.getLon())));
                    put.addColumn(Bytes.toBytes("hotel_info"), Bytes.toBytes("url"),
Bytes.toBytes(hotel.getUrl()));
                    put.addColumn(Bytes.toBytes("hotel_info"), Bytes.toBytes("img"),
Bytes.toBytes(hotel.getImg()));
                    put.addColumn(Bytes.toBytes("hotel_info"), Bytes.toBytes("address"),
Bytes.toBytes(hotel.getAddress()));
                    put.addColumn(Bytes.toBytes("hotel_info"), Bytes.toBytes("score"),
Bytes.toBytes(String.valueOf(hotel.getScore())));
                    put.addColumn(Bytes.toBytes("hotel_info"), Bytes.toBytes("dpscore"),
Bytes.toBytes(String.valueOf(hotel.getDpscore())));
                    put.addColumn(Bytes.toBytes("hotel_info"), Bytes.toBytes("dpcount"),
Bytes.toBytes(String.valueOf(hotel.getDpcount())));
                    put.addColumn(Bytes.toBytes("hotel_info"), Bytes.toBytes("star"),
Bytes.toBytes(hotel.getStar()));
                    put.addColumn(Bytes.toBytes("hotel_info"), Bytes.toBytes("stardesc"),
                                Bytes.toBytes(hotel.getStardesc()));
                    put.addColumn(Bytes.toBytes("hotel_info"),
Bytes.toBytes("shortName"),
                                Bytes.toBytes(hotel.getShortName()));
                    put.addColumn(Bytes.toBytes("hotel_info"),
Bytes.toBytes("isSingleRec"),
                                Bytes.toBytes(hotel.getIsSingleRec()));
                    puts.add(put);
```

```
        }
        // 批量保存数据
        HBaseUtil.putByTable("t_city_hotels_info", puts);
    } catch (Exception e) {
        e.printStackTrace();
    }
    /**********    End    **********/
}
```

10.3.4 数据分析

这部分会统计每个城市的宾馆平均价格及酒店评论中词频较高的词。配置
HBase 的 MapReduce 类，使用 HBase 的 MapReduce 进行数据分析，使用
Java 分词组件的 word 进行分词：

```
import java.io.IOException;
import java.util.List;
import java.util.Scanner;
import org.apache.hadoop.conf.Configuration;
import org.apache.hadoop.conf.Configured;
import org.apache.hadoop.hbase.HBaseConfiguration;
import org.apache.hadoop.hbase.client.Connection;
import org.apache.hadoop.hbase.client.Put;
import org.apache.hadoop.hbase.client.Result;
import org.apache.hadoop.hbase.client.Scan;
import org.apache.hadoop.hbase.io.ImmutableBytesWritable;
import org.apache.hadoop.hbase.mapreduce.TableMapReduceUtil;
import org.apache.hadoop.hbase.mapreduce.TableMapper;
import org.apache.hadoop.hbase.mapreduce.TableReducer;
import org.apache.hadoop.hbase.util.Bytes;
import org.apache.hadoop.io.IntWritable;
import org.apache.hadoop.io.Text;
import org.apache.hadoop.mapreduce.Job;
import org.apache.hadoop.util.Tool;
import org.apache.hadoop.util.ToolRunner;
import org.apdplat.word.WordSegmenter;
import org.apdplat.word.segmentation.Word;
```

```java
import com.util.HBaseUtil;

import com.vdurmont.emoji.EmojiParser;


/**

 * 词频统计

 *

 */

public class WordCountMapReduce extends Configured implements Tool {


    public static class MyMapper extends TableMapper<Text, IntWritable> {

        private static byte[] family = "comment_info".getBytes();

        private static byte[] column = "content".getBytes();


        @Override

        protected void map(ImmutableBytesWritable rowKey, Result result, Context context)

                throws IOException, InterruptedException {

        /********** Begin **********/


        byte[] value = result.getValue(family, column);

            String word = new String(value,"utf-8");

            if(!word.isEmpty()){

                String filter = EmojiParser.removeAllEmojis(word);

                List<Word> segs = WordSegmenter.seg(filter);

                for(Word count : segs) {

                    Text text = new Text(count.getText());

                    IntWritable v = new IntWritable(1);

                    context.write(text,v);

                }

            }




        /********** End **********/
```

```java
        }
    }


    public static class MyReducer extends TableReducer<Text, IntWritable,
ImmutableBytesWritable> {
        private static byte[] family =  "word_info".getBytes();
        private static byte[] column = "count".getBytes();


        @Override
        public void reduce(Text key, Iterable<IntWritable> values, Context context) throws
IOException, InterruptedException {
            /********** Begin *********/


            int sum = 0;
                for (IntWritable value : values) {
                    sum += value.get();
                }
                Put put = new Put(Bytes.toBytes(key.toString()));
                put.addColumn(family,column,Bytes.toBytes(sum));
                context.write(null,put);




            /********** End *********/
        }


    }


    public int run(String[] args) throws Exception {
        // 配置 Job
        Configuration conf = HBaseConfiguration.create(getConf());
        conf.set("hbase.zookeeper.quorum", "127.0.0.1"); //hbase 服务地址
        conf.set("hbase.zookeeper.property.clientPort", "2181"); // 端口号
        Scanner sc = new Scanner(System.in);
```

```
        String arg1 = sc.next();

        String arg2 = sc.next();

        try {

            HBaseUtil.createTable("comment_word_count", new String[] {"word_info"});

        } catch (Exception e) {

            // 创建表失败

            e.printStackTrace();

        }

        Job job = configureJob(conf,new String[]{arg1,arg2});

        return job.waitForCompletion(true) ? 0 : 1;

    }


    private Job configureJob(Configuration conf, String[] args) throws IOException {

        String tablename = args[0];

        String targetTable = args[1];

        Job job = new Job(conf,tablename);

        Scan scan = new Scan();

        scan.setCaching(300);

        scan.setCacheBlocks(false);// 在 MapReduce 程序中千万不要设置允许缓存

        // 初始化 MapReduce 程序

        TableMapReduceUtil.initTableMapperJob(tablename,scan,MyMapper.class, Text.
class, IntWritable.class,job);

        TableMapReduceUtil.initTableReducerJob(targetTable,MyReducer.class,job);

        job.setNumReduceTasks(1);

        return job;

    }


}
```

预期输出如下：

```
word: 不错

word_info:count 344

word: 位置

word_info:count 159

word: 住
```

```
word_info:count 150
word: 免费
word_info:count 110
word: 入住
word_info:count 112
```

10.3.5 数据可视化

这部分将数据分析得到的结果进行可视化：获取酒店评论数据生成词云，进行词云的绘制和渲染，能直观地反映酒店评论数据。绘制一个简单的词云只需以下五个主要操作。

（1）　创建词频分析器，设置词频，此处的参数配置视情况而定：

```
FrequencyAnalyzer frequencyAnalyzer = new FrequencyAnalyzer();
frequencyAnalyzer.setWordFrequenciesToReturn(200);
```

（2）　加载文本文件路径，生成词频集合：

```
List<WordFrequency> wordFrequencyList = frequencyAnalyzer.load("wordcloud.txt");
```

（3）　设置图片分辨率：

```
Dimension dimension = new Dimension(500,312);
```

（4）　生成词云对象，此处的设置采用内置常量：

```
WordCloud wordCloud = new WordCloud(dimension,CollisionMode.PIXEL_PERFECT);
```

（5）　生成词云并写入图片：

```
wordCloud.build(wordFrequencies);
wordCloud.writeToFile("wordcloud.png");
```

词云渲染能够让词云更加美观，设置图片中字体样式为宋体粗斜体 24 磅：

```
java.awt.Font font = new java.awt.Font(" 宋体 ",3, 24);//3 表示粗斜体
wordCloud.setKumoFont(new KumoFont(font));
```

设置词组边界（词组拥挤不美观）：

```
wordCloud.setPadding(2);
```

设置背景颜色和背景图片：

```
wordCloud.setBackgroundColor(Color.black);
wordCloud.setBackground(new PixelBoundryBackground(" 背景图片地址 "));
```

词云的数据需要读取 HBase 表，使用连接对象获取表：

```
TableName tableName = TableName.valueOf(Bytes.toBytes(" 表名 ".toString()));
Table table = conn.getTable(tableName);
```

扫描表得到 ResultScanner：

```
ResultScanner scanner = table.getScanner( new Scan());
```

创建词频集合，并存储数据：

```
List<WordFrequency> words = new ArrayList<>();

for (Result result : scanner) {

    String word = new String(result.getRow(), "utf-8");

    int count = Bytes.toInt(result.getValue(" 列族 ".getBytes()," 字段名称 ".getBytes()));

    WordFrequency wordFrequency = new WordFrequency(word,count);

    if(count>10){

        words.add(wordFrequency);// 由于文件中词汇过多，将词频大于 10 的存进去将会大
量减少运行时间

    }

}
```

词云单词颜色渐变色设置，下面为红、蓝、绿三种颜色两两之间为 30 的渐变色，这样颜色会有一个渐变的过程：

```
wordCloud.setColorPalette(new LinearGradientColorPalette(Color.RED, Color.BLUE,
Color.GREEN, 30, 30));
```

最终生成词云的代码如下：

```
import com.kennycason.kumo.CollisionMode;

import com.kennycason.kumo.WordCloud;

import com.kennycason.kumo.WordFrequency;

import com.kennycason.kumo.bg.PixelBoundryBackground;

import com.kennycason.kumo.font.KumoFont;

import com.kennycason.kumo.image.AngleGenerator;

import com.kennycason.kumo.palette.LinearGradientColorPalette;

import com.kennycason.kumo.wordstart.CenterWordStart;

import com.util.HBaseUtil;

import org.apache.hadoop.hbase.TableName;

import org.apache.hadoop.hbase.client.*;

import org.apache.hadoop.hbase.client.Result;

import org.apache.hadoop.hbase.util.Bytes;

import java.awt.*;

import java.io.IOException;

import java.util.ArrayList;

import java.util.List;
```

```java
/**
 * 词云
 */
public class CommentWordCloud {

    public WordCloud get() throws IOException {
        Connection conn=HBaseUtil.getConnection();
        /*********    Begin    *********/
        //1. 读取 HBase 表中数据并显示
        TableName tableName = TableName.valueOf(Bytes.toBytes("comment_
word_count"));
        Table table = conn.getTable(tableName);
        Scan scan = new Scan();
        ResultScanner scanner = table.getScanner(scan);
        List<WordFrequency> words = new ArrayList<>();
        for (Result result : scanner) {
        String word = new String(result.getRow(), "utf-8");
        int count = Bytes.toInt(result.getValue("word_info".getBytes(),"count".
getBytes()));
        WordFrequency wordFrequency = new WordFrequency(word,count);
        if(count>10){
            words.add(wordFrequency);
        }
        }
            //2. 生成并渲染图片
        Dimension dimension = new Dimension(500,312);
        WordCloud wordCloud = new WordCloud(dimension, CollisionMode.PIXEL_
PERFECT);
        wordCloud.setPadding(2);
        Font font = new Font(" 宋体 ", 3, 24);
        wordCloud.setKumoFont(new KumoFont(font));
        wordCloud.setColorPalette(new LinearGradientColorPalette(Color.RED,
Color.BLUE, Color.GREEN, 30, 30));
        wordCloud.setBackgroundColor(Color.WHITE);
        wordCloud.setBackground(new PixelBoundryBackground("myImgs/whale_
```

```
small.png"));
        wordCloud.setWordStartStrategy(new CenterWordStart());
        wordCloud.setAngleGenerator(new AngleGenerator(0));
        wordCloud.build(words);
    /**********     End     **********/
        wordCloud.writeToFile("imgs/wordcloud_comment.png");
        return wordCloud;
    }
}
```

最终数据显示效果如图 10-2 所示。

图 10-2
最终数据显示效果

更清晰图片
请扫码

10.4 小结

　　本案例以旅游网站大数据分析为背景，涵盖了大数据处理中的数据获取、数据清洗、数据存储、数据分析、数据可视化几大关键步骤。通过全流程的操作实践，强化了使用最新的 Jsoup、HBase 等数据处理工具的能力，并且通过可视化应用，从海量数据中探寻规律，产生价值。

11

第 11 章

在线用户行为分析案例

■　随着时间推移和网络技术发展，电子商务市场活跃度迅速增加，在线服务、线上交易等互联网业务也得到越来越多的民众的认同，这使得网络平台中的信息不断增多。用户在海量信息中获取符合自己需要的内容较为困难，如何对在线用户行为进行分析并为用户提供个性化推荐服务显得尤为重要。

■　本章以某法律网站为研究对象，通过数据抽取、数据探索分析、数据预处理、模型构建等步骤介绍了协同过滤算法在电子商务领域的应用，实现了对用户的个性化推荐。

11.1 案例目标

信息过载现象已逐渐演变为互联网技术中的主要难题，为有效应对此问题，各类搜索引擎得到了研发和推广，如百度、搜狗、谷歌等。搜索引擎的出现能够较好应对所出现的信息过载现象，用户可在直接输入关键词之后，在网站页面中获得与该关键词有关的信息，但同时搜索引擎也往往难以有效解决用户其他个性化需求，如无法获得详细描述用户自身需要的关键词等。

推荐系统和搜索引擎存在一定差异，无须用户表述明确需求，而是基于对用户过往行为的分析，主动为用户提供符合其关注需要或实际需求的内容。这意味着对用户群体来说，推荐系统与搜索引擎之间存在一定的互补性。搜索引擎能够为具备明确需要的用户提供信息，而推荐系统可以根据用户兴趣推荐相关内容。总体而言，在电商领域运用推荐技术能够获得下述效果：首先，可以确保用户能够快速发现自身感兴趣的内容，节约用户时间成本，并切实提升用户体验感；其次，能够提升用户对电商网站的认可度，若推荐系统可以精准察觉用户关注点，并为用户带来合适资源，则用户会逐渐对该网站形成依赖感，这也有助于企业获得稳定的客户群体。

11.2 案例准备

本章研究对象为网络上某家法律网站，该网站属于在电子商务领域活跃度较高的大型网站，能够为用户群体带来全面的法律信息和充分的咨询服务，为律师事务所及其工作人员提供全方位的律师咨询方案。近年来，该法律网站点击量不断增加，数据信息规模也持续增长，这使得用户在海量信息前难以快速获取所需信息，造成信息使用效率下降，信息价值难以体现。由于信息搜索要耗费用户较多时间，还会造成用户体验感下降，导致用户流失率逐渐提高，因此企业面临较大的经济损失。为更好地顺应用户群体需要，可依照网站现有数据信息，探讨用户个性化需求，对用户行为偏好、兴趣内容做出分析，进而向用户提供对应的长尾网页，使得用户能够高效获得所需信息。网站如果能为用户群体带来精准、出色的个性化服务，可以拉近网站与用户间的关系，使得用户忠诚度大幅提升，并对网站形成依赖感。以提升服务效率的方式降低用户的交易成本，可以帮助企业充分发挥自身优势，并为企业后续稳定发展带来助推力。

当前互联网平台已具备推荐功能，如在进入主页之后，能够在婚姻家庭栏目下放出推荐的律师（图 11-1）。

图 11-1
主页热点推荐

用户进入网站页面之后，系统会对用户相应的访问记录、访问数据进行记录与梳理，且对用户 IP、访问时间段、访问具体内容做出信息归拢，并对各属性加以说明。

按照所获得的原始数据信息，可尝试做出下述分析。

（1） 根据地域不同，对用户访问网站的具体时间、点击内容、访问次数等做出分析，以充分掌握用户群体对网站信息的需要程度、关注侧重点及点击目的等。

（2） 根据用户群体访问记录，对用户访问习惯、需求偏好做出总结，并在服务页面加以推荐。

11.3 案例实战

本章案例的具体目标是向用户提供合适推荐，即采取相关途径使得用户和网页之间形成联系，进而为用户节省信息搜索和获取时间，确保用户能够从海量数据中高效获取所需内容，在现有较为单一的推荐系统中完成补充，可基于协同过滤算法完成推荐，推荐系统原理图如图 11-2 所示。

用户在进入网站之后所浏览的内容较多，若不对数据做出分类研判，或将全部记录均做出推荐，则会造成下述问题：一是数据量过大，导致物品数量、用户数量之间难以形成对应，这会造成在矩阵模型运行过程中面临设备内存消耗过大、内存空间不足等情形，且需耗费较长时间；二是用户群体所关注的信息并不相同，即便可以形成推荐结果，推荐效率也往往不高。为规避以上问题，需对网站访问记录等做出分类（图 11-3）。通常网站需对用户点击内容、兴趣偏好、实际需求等做出分类。由于在访问记录中并未记录访问某网页的具体时间，因此较难根据访问时间确定用户兴趣。本文在分析过程中，对用户点击的网页信息做出处理，具体方法为对用户点击的网页类型做出分类，随后对各类型的具体内容做出对应推荐。

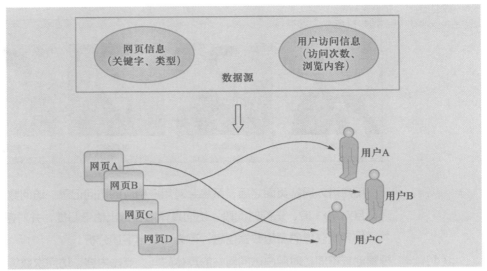

图 11-2
推荐系统原理图

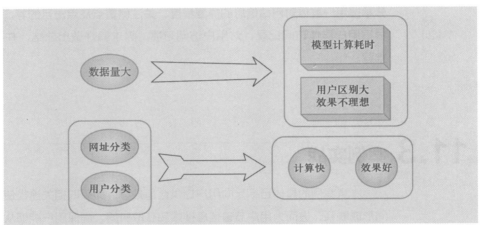

图 11-3
数据处理分析图

按照以上分析方法，根据本例中的原始数据信息和分析目标，能够得到完整的分析流程图（图 11-4），具体包括下述内容。

图 11-4
智能推荐系统
流程图

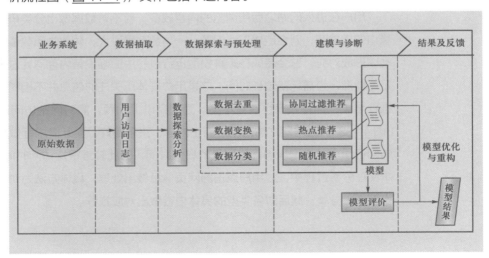

（1）　在系统中直接获得用户点击进入网站的最初记录。

（2）　对数据信息做出多维度探讨，对用户实际访问项目、用户流失情况、用户群体分类做出分析。

（3）　对现有数据做出预处理，包括去重、变换、分类等。

（4）　将用户所访问的 aspx 后缀网页视为关键条件，对其中的数据内容做出处理。

（5）　综合运用多类推荐算法做出推荐，采取模型评价的方式构建职能推荐模型，根据模型演变对样本数据信息做出预测，并形成推荐结果。

11.3.1　数据抽取

本次案例基于协同过滤算法开展，同时也兼用其他推荐算法。协同过滤算法在全球范围内运用较多，其特征是对历史数据信息做出分析，获得具有高度相似性的用户或相关网页。这意味着在实际数据抽取中，需尽量选用更多数据，以减少推荐结果存在的随机性，使得向用户提供的推荐结果具有高度准确性，并充分展现出长尾网页中的兴趣偏好。

以用户访问时间为具体条件，选择三个月时间内用户访问网站的数据，具体时间为 2020 年 2 月至 2020 年 4 月，并将这些数据作为原始数据集。不同地区用户群体访问习惯、兴趣偏好并不相同，本案例以长沙市为对象，对当地用户访问数据做出分析，共获得 857 654 条记录，具体内容覆盖用户账号、登录时间、访问页面、来源网页、标签、关键词等。

尽管 85 万多条记录对当前大数据领域而言并非非常大的数量，但该数据规模对配置相对较差的计算机而言仍存在一定的处理难度。本章介绍 Python 软件如何对大数据做出处理。

具体处理流程如下：首先建立数据库，随后导入相关数据内容，构建 Python 数据库操作环境，接着对数据做出分析，最后形成相关模型。Python 在操作过程中，可通过 Pandas 库对 read_sql() 函数做出运用，并以此对数据库进行读取，但需要以 SQLAlchemy 库为基础，且 SQLAlchemy 运行离不开 PyMySQL，因此需分别安装 PyMySQL 和 SQLAlchemy，这也为 Pandas 运行创造了良好环境。

在安装结束之后，可运用 Python 连接数据库。为便于数据处理，可直接使用 Pandas，但同时也需关注，Pandas 在进行数据读取时，会将所有数据均放置于内存中，无论之前属于何种格式，这都意味着在数据规模较大时无法实现该操作。但 Pandas 也支持 chunksize 参数运用，使用户可以通过分块渠道对大数据文件进行读取。Python 访问数据库如图 11-5 所示。

图 11-5
Python 访问数据库

```
import pandas as pd
from sqlalchemy import create_engine
new_engine = create_engine('mysql+pymysql://root:842078@127.0.0.1:3306/train?charset=utf8')
new_sql = pd.read_sql('table_data',new_engine,chunksize = 8000)
'''
用create_engine建立连接，以下为连接地址的意思：
mysql：数据库格式+pymysql：程序名+账号密码@地址端口/train：数据库名，编码格式为utf8；
new_sql：容器，没有真正读取数据，table_data：表名，new_engine：连接数据的引擎，chunksize：每次读取8千条记录。
'''
```

11.3.2　数据探索分析

通过对原始数据中包括的网页类型、排名及点击次数做出分析，探讨其中存在的规律，在运用数据验证之后，表述形成此结果的具体原因。

1.　网页类型分析

首先，对原始数据中网页类型做出统计，业内将网页类型的概念定义为"网址"中的前三位数字，在前面论述中提到，明确网页类型有助于"分块进行"，确保在实际操作时，可实现多线程计算，或根据实际需要进行分布式计算。可通过分块统计的方式体现出大数据技术运用的优势。本案例中的其他项目统计也以该方法为基础进行操作，这里不再重复表述，Python 访问数据库并进行分块统计如图 11-6 所示。

图 11-6
Python 访问数据库
并进行分块统计

```
count_web = [ i['full_URL_ID'].value_counts() for i in new_sql] #逐块统计
count_web = pd.concat(count_web).groupby(level=0).sum() #按index分组并求和
count_web = count_web.reset_index() #重新设置index，将原来的index作为counts的一列。
count_web.columns = ['index','num'] #重新设置列名，将第二列默认设置为0
count_web['type'] = count_web['index'].str.extract('(\d{3})') #提取前三个数字作为类别ID
count_web_type = count_web[['type','num']].groupby('type').sum() #按类别合并
count_web_type.sort('num',ascending = False) #降序排列
```

对网页类型进行统计，能够得到网页类型为 101 的网站占比最多，比重达到 48.46%；其次为网页类型为 199 的网站，比重为 24.78%；再次为网页类型为 107 的网站，比重为 21.91%；其他网页类型点击率均较小。由此可见，用户所点击的网页主要为咨询类网页（101）、知识类网页（107）、其他类网页（199）三种，法规类网页（301）、律师类网页（102）等点击率较小。因此，可初步获知相比篇幅较长的内容，用户更关注咨询或信息浏览。通过细化研究可以发现，在咨询类网页（101）中，绝大部分是网页类型为 101003 的网页，属于咨询内容页，占比高达 95.98%；其次是网页类型为 101002 的网页，属于咨询列表页，占比为 2.16%；再次为网页类型为 101001 的网页，属于咨询首页，占比为 1.43%。这表明用户倾向以浏览问题的方式获知自身所需信息，而非通过提问或阅读长篇知识的渠道获得。知识类型网页仅有 107001 这一类，因此可根据具体网址做出分类，其中，知识内容页点击率最高，占比为 90.16%，具体网址为 https://www.***.cn/laws/ 数字 .aspx；其次为知识首页，占比为 9.35%，具体网址为 https://www.****.cn/laws/。对其他（199）类型的页面做出分析可以发现，网址中具有"？"的网页占

比约为 33%，其余咨询有关的法规专题页面比重约为 41%，此外还包括地区和律师相关页面，比重约为 26%。综合上述三种情况能够发现，大多数用户所浏览的网页为咨询内容相关网页、知识内容相关网页、法规专题相关网页、咨询经验相关网页。本章选择比重最大的两种（咨询内容相关网页、知识内容相关网页）做模型研究。

2.　点击次数分析

对原始数据中存在的用户实际浏览网页次数做分析，分析基础为"真实 IP"，从获得结果中能够发现，点击次数为 1 次的用户数量为 13.42 万，占用户总数的 55.86%，占流量记录总数的 15.44%。通过计算可以发现，平均浏览次数约为 3.6 次，同时点击次数 7 次以上的用户数量为 1.51 万，占用户总数的 6.30%，占流量记录总数的 52.08%。Python 访问数据库并进行分块统计的代码如<u>图 11-7</u>所示。

图 11-7
Python 访问数据库
并进行分块统计

```
#统计点击次数
count_click = [i['real_IP'].value_counts() for i in new_sql]  #分块统计各个IP的出现次数
count_click_times = pd.concat(count_click).groupby(level = 0).sum()  #按index分组并求和
count_click_times = pd.DataFrame(count_click_times)  #Series转为DataFrame
count_click_times[1] = 1  #添加一列并全设置为1
count_click_times.groupby(0).sum()  #统计各个"不同的点击数"分别出现的次数
```

统计结果显示，74.74% 的用户点击次数为 1 次和 2 次，且这些用户所带来的浏览量约为 25.88%。在全部数据中可以发现，点击次数最高的数值为 41 630 次，经过律师助手判断，认定为律师浏览信息。<u>表 11-1</u> 为对浏览次数高于 7 次的用户点击情况做出分析，发现大多数用户点击次数为 8 ~ 100 次，超过 100 次的用户数量较少。

表 11-1
浏览 7 次以上的
用户分析表

点击次数	用户数
8 ~ 100	12 986
101 ~ 1 000	446
1 000 次以上	20

对浏览次数仅为 1 次的用户做深入研究，发现其中大部分用户访问的网页类型为 101003，即咨询内容网页，其次为 107001，即知识类型网页，且从记录来看，绝大部分均以搜索引擎为渠道进入。造成该情况的可能性主要包括下述两项：一是用户属于流失用户，在点击页面之后并未获得所需内容；二是用户从其他渠道获得了所需信息，因此选择退出。总体而言，可将点击次数为 1 次的用户统称为网页跳出率，为减少该项数值，可提高个性化推荐质量，使得用户能够获得所需的网页。

对仅点击 1 次的用户所浏览的网页做出分析，发现点击数较高的为知识类网页和咨询类网页，这表明大部分用户对这两类网页较为关注。

3. 网页排名

从上述分析内容能够发现，向用户提供的个性化推荐应是以 aspx 为后缀的网页，对该类型网页做出分析，可以获得点击率排名。从数据中发现，在前 20 名中，大多数为"法规专题"类网页，其他主要为"知识"类网页和"咨询"类网页。但在之前分析探讨中已经发现，咨询主题的网页占比较高。经过对业务深入了解后发现，专题类网页是知识大类中的一部分，对以 aspx 为后缀的网页进行类型点击率排名，所获得的结果见表 11-2，可以发现从总点击次数和用户数来看，咨询类网页较多，知识类网页较少，但从平均点击率来看，知识类网页较多，咨询类网页较少，这表明在咨询类页面浏览过程中存在一定的分散。

表 11-2
类型点击数

aspx网页类型	总点击次数	用户数	平均点击率 /%
知识类（包含专题和知识）	248 637	66 325	3.75
咨询类	453 692	187 436	2.42

11.3.3 数据预处理

本次案例分析基于原始数据展开，整理与分析目标并无关联以及模型使用需要处理的数据，具体预处理措施主要包括下述几项，即清洗、变换等，数据处理流程图如图 11-8 所示。

图 11-8
数据处理流程图

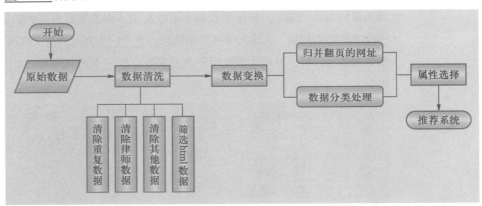

1. 数据清洗

在研究过程中察觉存在与目标并无关联的数据，主要包括中间页面、咨询发布成功页面、账户登录助手等，对这些数据进行直接删除，以完成数据清洗工作。

在经过数据清洗操作后，仍出现较多目录页面，这主要反映用户在浏览信息过程中的路径，但对于推荐系统而言，这些信息并无意义，且会对推荐精准性造成影响。按照分析目标和具体探索结果可以发现，业务主体方向为咨询类内容和知识类内容，因此可将这些数据列为模型运行所需的数据。

数据清洗过程中，Python 涉及的一部分代码如图 11-9 所示。

图 11-9

Python 访问
MariaDB（MySQL）
数据库进行清洗操作

```
import pandas as pd
from sqlalchemy import create_engine
new_engine = create_engine('mysql+pymysql://root:842078@127.0.0.1:3306/train?charset=utf8')
new_sql = pd.read_sql('table_data',new_engine,chunksize = 8000)
for i in new_sql:
    d = i[['real_IP','full_URL']] #只要网址列
    d = d[d['full_URL'].str.contains('\.aspx')].copy() #只要含有.aspx的网址
    #将数据保存到数据库的cleaned_data表中
    d.to_sql('cleaned_data',new_engine,index = False,if_exists = 'append')
```

2. 数据变换

用户在进行知识类页面访问时，会出现翻页情况，这表明一些不同网址实则是同一类型范围中的网页。因此，在数据处理阶段，需对类似网址做出处理，最方便的处理方式就是直接删掉，但同时不少用户的网站访问渠道为外部搜索引擎，这意味着这些用户的入口网页可能并非首页，若一味采取删除的处理方式会损失较多有价值数据，进而对推荐精准度造成影响。因此，在实际操作中，应首先对翻页网页做出识别和还原，随后按照访问途径完成去重操作。

与用户网页翻页相关的数据处理代码如图 11-10 所示。

图 11-10

Python 访问
MariaDB（MySQL）
数据库进行数据变换

```
import pandas as pd
from sqlalchemy import create_engine
new_engine = create_engine('mysql+pymysql://root:842078@127.0.0.1:3306/train?charset=utf8')
new_sql = pd.read_sql('table_data',new_engine,chunksize = 8000)
for i in new_sql: #逐块变换并删除重复记录
    d = i.copy()
    # 将下划线后面的部分去掉，规范为标准网址
    d['full_URL'] = d['full_URL'].str.replace('_\d{0,2}.aspx','.aspx')
    d = d.drop_duplicates() #删除重复记录
    d.to_sql('changed_data',new_engine,index = False,if_exists = 'append') #保存
```

在实际探索过程中可以了解到有一定比例网页的具体所属类别并不正确，因此需根据数据内容做出网址分类，由于本案例的分析目标为咨询类网页和知识类网页，因此可根据相应分类规则进行处理，网页类别规则见表 11-3，将包括“question”等关键词的网址归类于咨询类网页，将包括“laws”“tiaoli”等关键词的网址归类于知识类网页。

表 11-3
网页类别规则

类型	总记录数	百分比 /%	说明
咨询类	395 063	67.12	网址中包含“question”关键字
知识类	189 357	32.17	网址中包含“laws”“tiaoli”关键字

由于考虑需为用户群体带来个性化推荐，因此在实际数据处理时需对大类别做出细分（图 11-11），如将知识类内容分成婚姻、劳动、其他三项，并通过进一步细分的方式获得更为精准的内容，且可以结合业务，对网址构成做出分类。对用户访问记录做出分类见表 11-4，获得的分类结果见表 11-5。

图 11-11
网页分类图

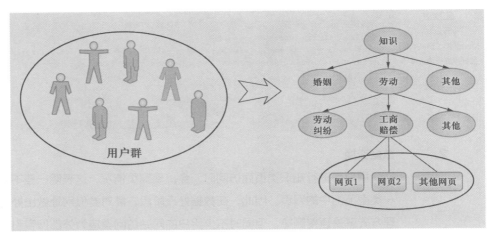

表 11-4
网页分类表

用户	网址
8674829267	https://www.****.cn/laws/laodonggongshang/ldht/
8674829267	https://www.****.cn/laws/hetongfa/htdl/
8674829267	https://www.****.cn/laws/jiaotongshigu/jtsgcl/

表 11-5
网页分类结果表

用户	类别 1	类别 2	类别 3
8674829267	laws	laodonggongshang	ldht
8674829267	laws	hetongfa	htdl
8674829267	laws	jiaotongshigu	jtsgcl

与网址分类相关的数据处理代码如图 11-12 所示。

图 11-12
Python 访问
MariaDB（MySQL）
数据库进行网址分类

```
import pandas as pd
from sqlalchemy import create_engine
new_engine = create_engine('mysql+pymysql://root:842078@127.0.0.1:3306/train?charset=utf8')
new_sql = pd.read_sql('table_data',new_engine,chunksize = 8000)
for i in new_sql:
    d = i.copy()
    d['type_1'] = d['full_URL']   #复制一列
    # 将含有question关键字的网址的类别归为咨询类
    d['type_1'][d['full_URL'].str.contains('question')] = 'zixun'
    d.to_sql('splited_data',engine,index = False,if_exists = 'append')   #保存
```

对各类记录做出统计，以知识类别中的婚姻子类别为例，所获得的婚姻知识点击次数统计表见表 11-6。由表中信息可以发现网页点击率能够基本符合二八定律，即 20% 的网页可以视作热点网页，点击率较高，其余网页用户点击率较低。这意味着在推荐时可做出针对性处理，以提高推荐效果。

表 11-6
婚姻知识点击次数
统计表

点击次数	网页个数（4 098）	网页百分比	记录数（22 422）	记录百分比 /%
1	2 059	50.24	2 059	9.18
2	817	19.94	1 634	7.29
3	358	8.73	1 074	4.79
4	215	5.25	860	3.84
5 ~ 4 712	649	15.84	16 795	74.9

3. **属性规约**

根据模型使用需要，需对经过处理之后的数据做出属性规约，使得数据能够有效输入模型中。本案例模型的数据属性可以分为两部分，即用户和用户浏览的网页，这表明可对其他属性的数据进行删除。

11.3.4 模型构建

在构建推荐模型时，可选择多种推荐方法。为提高推荐精准度，大多数情况下均需综合使用多种推荐方法得出推荐结果，一般在对推荐结果做出组合时，可运用串行法或并行法。本案例选用并行法（图 11-13）。

图 11-13
推荐系统流程图

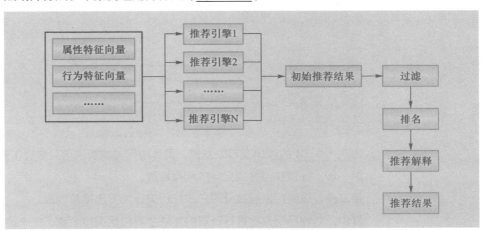

根据项目实际需要，对目标具体特点做出分析，包括长尾网页多、用户个性化偏好明显、推荐结果存在动态变化，且原始数据中网页数量显著少于用户数量。本案例结合物品协同过滤的方式提高推荐准确度，以满足用户个性化需要。由于基于用户过往历史操作，因此所形成的推荐结果能够较符合用户实际需要。

以用户为基础与以物品为基础的协同过滤算法存在一定差异：前者所获得的回答结果为"物品 A 向谁推荐？"，此处假定对应答案为用户 B；后者所获得的回答结果为"哪些物品向用户 B 推荐？"，基于之前假定，此处答案为物品 A。换言之，两种情况对应的问法存在差异，但所获得的结果实质是一致的。以用户为基础的协同过滤可以适用于用户数量较少、物品数量较多的情况；以物品为基础的协同过滤可以适用于用户数量较多、物品数量较少的情况。总体而言，其目的是降低运算量。在数学领域，两种方式的主要区别为在"用户—物品"评分矩阵中，是否需要做出数据输入转置。换言之，仅需转置，即可在两种方式中做出切换（简单而言，计算机无法对这两种方式做出直接识别）。

以物品为基础的协同过滤具体处理流程如下：将用户相关、物品相关的数据作为一个整体，根据用户具体浏览情况获得偏好物品，并对用户做出推荐。基于物品的推荐系统原理图如图 11-14 所示，用户 A 偏好物品 A 和 C，用户 B 偏好物品 A、

B 和 C，用户 C 偏好物品 A，通过分析历史喜好能够发现，物品 A 与物品 C 较为相似，且偏好物品 A 的人同时也往往偏好物品 C，因此可以判断用户 C 也较大概率偏好物品 C，因此需要向用户 C 推荐物品 C。

图 11-14
基于物品的推荐
系统原理图

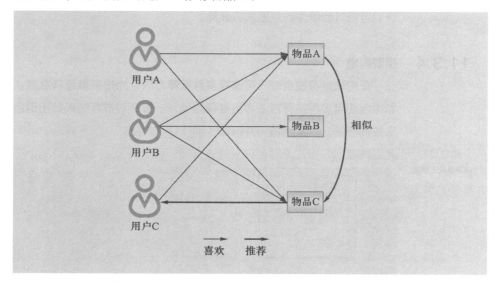

由图 11-14 的原理图可以发现，具体协同过滤算法可分成以下两步。

第一步，计算获得各物品间的相似程度。

第二步，按照相似程度及用户过往历史行为得出推荐列表。

其中，对物品相似度进行计算的方法主要包括夹角余弦、杰卡德相似系数和相关系数。通常可以将用户对于某物品的偏好程度或评分结果视为向量，如全部用户对于物品 1 的偏好程度或评分结果可以集合为 $A_1 = (x_{11}, x_{21}, x_{31}, \cdots, x_{n1})$，全部用户对于物品 M 的偏好程度或评分结果可以集合为 $A_M = (x_{1m}, x_{2m}, x_{3m}, \cdots, x_{nm})$，在此过程中，$m$ 表示物品，n 表示用户数。通过上述方法可以获知两个物品的相似度（表 11-7）。用户对应行为属于二元选择（0-1 型），因此本案例选用杰卡德相似系数法进行计算。

表 11-7
计算物品相似度
的方法

方法	公式	说明
夹角余弦	$$\text{sim}_{1m} = \frac{\sum\limits_{k=1}^{n} x_{k1} x_{km}}{\sqrt{\sum\limits_{k=1}^{n} x_{k1}^2} \sqrt{\sum\limits_{k=1}^{n} x_{km}^2}}$$ $$\left(\text{sim}_{1m} = \frac{A_1 \cdot A_M}{|A_1| \times |A_M|} \right)$$	取值范围为 [-1, 1]，当余弦值接近 ±1 时，表明两个向量有较强的相似性；当余弦值为 0 时，表示不相关
杰卡德相似系数	$$J(A_1, A_M) = \frac{|A_1 \cap A_M|}{|A_1 \cup A_M|}$$	分母 $|A_1 \cup A_M|$ 表示喜欢物品 1 与喜欢物品 M 的用户总数，分子 $|A_1 \cap A_M|$ 表示同时喜欢物品 1 和物品 M 的用户数

方法	公式	说明
相关系数	$sim_{1m} = \dfrac{\sum\limits_{k=1}^{n}(x_{k1}-\overline{A_1})(x_{km}-\overline{A_M})}{\sqrt{\sum\limits_{k=1}^{n}(x_{k1}-\overline{A_1})^2}\sqrt{\sum\limits_{k=1}^{n}(x_{km}-\overline{A_M})^2}}$	相关系数的取值范围是 [-1, 1]。相关系数的绝对值越大，则表明二者相关度越高

在进行协同过滤时可以发现用户行为可以包括是否点击网页、是否购买、是否评论、是否点赞或评分等。若运用同一途径整理和分析各项行为较为困难，则需要根据实际分析目标做出对应表示。在本案例中，原始数据仅记录用户浏览网页的情况，对是否购买、评论、点赞或评分并未涉及。

对各物品相似度做出计算之后，可以形成具有关联性的物品间相似度矩阵，在该矩阵中系统会向用户推荐与该物品相似度最高的几个物品，所运用的公式为 $P = sim \times R$。在该公式中，R 反映用户对于物品的具体兴趣，sim 反映各物品的相似度，P 反映用户对于物品的偏好程度。由于用户行为属于二元选择，即选择"是"或者选择"否"，因此矩阵数值为 0 或 1。

系统在推荐物品时，根据物品之间的相似度和过往用户历史行为，对用户对于某物品的兴趣度做出预测，并向用户推荐兴趣度较高的物品，这就需要在模型构建时设定合理的评测指标。这些指标通常将所获得的数据分成两类，其中大多数数据属于模型训练集，剩余数据属于测试集。经过训练获得模型，并在测试集中做出预测，结合指标评价分析预测结果是否合理。

Python 可以开展协同过滤，可借助 Numpy 进行，Python 实现协同过滤算法如图 11-15 所示。

图 11-15
Python 实现协同
过滤算法

```python
import numpy as np
def Jaccard(a, b):  #自定义杰卡德相似系数函数，仅对0-1矩阵有效
    return 1.0*(a*b).sum()/(a+b-a*b).sum()
class Recommender():
    sim = None  #相似度矩阵
    def similarity(self, x, distance):  #计算相似度矩阵的函数
        y = np.ones((len(x), len(x)))
        for i in range(len(x)):
            for j in range(len(x)):
                y[i, j] = distance(x[i], x[j])
        return y
    def fit(self, x, distance = Jaccard):  #训练函数
        self.sim = self.similarity(x, distance)
    def recommend(self, a):  #推荐函数
        return np.dot(self.sim, a)*(1-a)
```

本案例通过随机打乱数据的方式进行评测，流程如下：首先，基于 shuffle() 函数对原始数据的记录顺序进行打乱；然后，根据均匀分布的方式，将数据集分为 M 份，本案例中 M 的数值为 10，选出其中 1 份用于测试，其余 9 份用于构建模型，且

通过测试集完成测试，统计获得评测指标。为确保评测指标并非过拟合所获得的结果，需采取重复评测的方式确保测试结果精准度，且因在初始阶段已采取随机函数打乱，所以仅需数次试验即可获得所需的评测结果，并将这些试验的平均值视为最终指标数值。

1. 基于物品的协同过滤

协同过滤算法可以分为两种，即以用户为基础和以物品为基础。本章根据实际需要，选择以物品为基础的协同过滤算法，基于物品协同过滤建模流程图如图 11-16 所示。

在对数据集进行交叉验证之后可以获得训练集和测试集。采取协同过滤算法可以发现，在构建和完善推荐系统时，涉及的数据规模越大，则受数据随机性影响越小，获得的推荐结果能够小于数据量。但同时数据规模越大，则建模时间、计算时间也越长。本章以数据处理之后的婚姻类型、咨询类型为例进行分析（表 11-8）。在实际操作过程中，应运用大量数据建模，所获得的推荐结果能够更为精准。

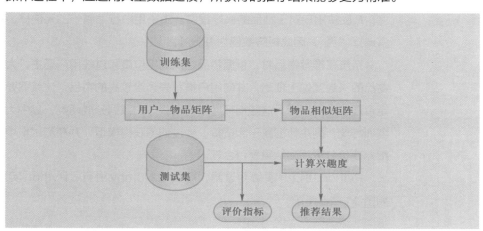

图 11-16
基于物品协同过滤建模流程图

表 11-8
模型数据统计表

数据类型	训练数据总数	物品个数	访问平均次数	测试数据总数
婚姻类型	17 600	4 739	3.71	1 963
咨询类型	9 699	4 652	2.08	976

在现有数据中，所涉及的物品数目非常多，因此用户物品矩阵及对应的物品相似度矩阵均属于较为复杂的矩阵。本案例基于用户物品矩阵，使用杰卡德相似系数法获得物品相似度，并完成矩阵构建，根据物品相似度矩阵运算及对用户行为做测试，可以获知用户对于物品的兴趣度，并由此得到具体推荐结果和相应评价指标。

推荐算法可分为个性化和非个性化两种，在案例分析时需对这两种推荐算法做出比较，具体选定两个非个性化算法（Random 和 Popular）和一个个性化算法（以物品为基础的协同过滤算法）进行建模，且根据模型特征完成评价。其中，Random（随机）算法主要是指每次均以随机的方式向用户推荐未点击浏览过的物品；Popular 算法主要是指根据当前物品的具体流行程度，向用户推荐未点击浏览过的物品中较为热门的物品。对上述三种算法进行交叉验证，对各项数据进行建模，通过模型运算获得最终结果。

2. 基于搜索内容过滤

基于搜索内容过滤推荐系统思路如下。

（1）　通过抓取每个法律专家的一系列特征来构建法律专家的个人档案。

（2）　通过用户访问的专家特征来构建基于内容的用户档案。

（3）　通过特定的相似度方程计算用户档案和专家档案的相似度。

（4）　推荐相似度最高的 *n* 个法律专家。

在系统中，用户档案和专家档案都以使用信息提取技术或信息过滤技术提取出的关键词集合来表示。鉴于两个档案都以权重向量的形式表示，系统采用余弦近似度方程和皮尔森相关系数等启发式方程来计算得到，最终通过用户和专家之间的相似度进行专家推荐。

3. 基于DNN方法的推荐模型

首先系统根据爬取回来的数据构建相关的特征工程，主要包含用户维度和专家维度。用户维度包括用户 id、性别、年龄和诉讼等特征；法律专家维度包括法律专家 id、类型和诉讼等特征。在此基础之上对 DNN 模型进行设计。

课题设计了用户（user）和专家（item）维度特征嵌入，各自的全连接网络结构及最顶层两个维度网络结构。因此，其最终目的是为用户推荐相似度高的专家。模型整体设计如图 11-17 所示。

图 11-17
模型整体设计

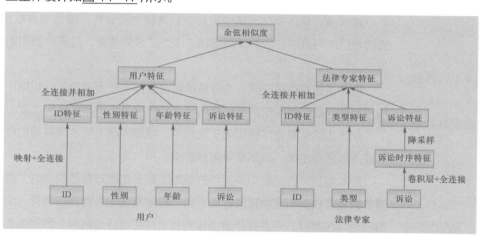

（1）　user 维度的网络结构，分别将四个特征 embedding，并输入全连接层，再将四个全连接输入到全连接层，并定义激活函数为 tanh。

（2）　item 维度网络结构，同 user 维度一样，分别将三个特征 embedding 后输入全连接层，再相加输入全连接层。

（3）　最顶层将 user 和 item 连接，cosine 距离代表了 user 和 item 的相似度，并且损失函数为 mse。

（4）　训练过程。通过数据载入模块将数据读入模型，训练的深度神经网络结构在相关的函数中进行配置。

通过上述方法就可以给用户推荐相关的法律专家。

4. 混合推荐方法

在完成不同的推荐方法实现之后，系统采用混合推荐的方式完成系统的集成。混合推荐系统的目的在于减少乃至克服基于内容过滤、协同过滤和基于 DNN 的推荐系统的局限。系统联合了协同过滤、基于内容过滤及基于 DNN 模型推荐来消除基于内容过滤技术中的特征缺乏和超特化问题及协同过滤中的增量更新问题。系统最后通过综合打分的方式获取最新的专家列表，达到推荐的目的。

5. 模型评价

在推荐系统形成和使用过程中如何对其做出评价？通常可将下述几项作为评价指标，如用户、物品提供者、网站等。科学有效的推荐系统可以满足用户群体实际需要，使得用户获得与自身兴趣偏好相匹配的物品。在实际进行物品推荐时，不应均为热门物品，也需按照用户过往行为和反馈建议进行推荐，并使得推荐系统更为完善。总体而言，出色的推荐系统不仅可以对用户后阶段行为做出预测，也可以主动向用户提供可能存在兴趣偏好的其他物品，且有助于商家基于长尾效应知悉哪些属于好商品，并将这些商品推荐至可能具有较高兴趣的用户群体。评测推荐系统在实践中会对各方造成较大影响，通常评测指标来自三个渠道，即离线测试、用户调查、在线实验，通过这三种方法可以提高指标合理性。

离线测试具体指在系统中进行数据集整合和分析，随后结合推荐算法完成测试，进而获得不同算法对应的评测指标。该方法较为便捷，且无须真实用户直接参与即能进行。

用户调查是指基于测试推荐系统对真实用户作出调查，获知用户行为，且向用户提出相关问题，根据用户操作及所反馈的信息分析推荐系统优劣度。

在线实验就是将系统运用于实践中，根据评测指标差异获得相应的算法结果，进而获得包括点击率、跳出率等指标数值。

在本案例分析过程中所使用的模型是基于离线数据集获得的，这表明可通过离线测试的途径获得相应的评测指标。由于数据集表现形式存在差异，因此所获得的评测指标也存在差别。所获得评测指标的具体方式可分为两种，即预测准确度和分类准确度，评测指标表见表 11-9。

表 11-9
评测指标表

数据表现方式	指标 1	指标 2	指标 3
预测准确度	$RMSE = \sqrt{\dfrac{1}{N} \sum (r_{ui} - \bar{r}_{ui})^2}$	$MAE = \dfrac{1}{N} \sum |r_{ui} - \bar{r}_{ui}|$	
相关系数	$precesion = \dfrac{TP}{TP + FP}$	$recall = \dfrac{TP}{TP + FN}$	$F_1 = \dfrac{2PR}{P+R}$

不少电商平台支持对物品打分，在此情况下若需对用户对于某物品的评分分值进行预测，可采取预测准确度的方式，具体评测指标可以分为 RMSE 和 MAE，其中前者通过均方根误差的方式获得结果，后者通过求平均绝对误差的方式获得结果。表 11-9 中，r_{ui} 为用户 u 对于物品 i 的评分，N 为接受用户评分的物品总数。

在电商平台中，用户仅能采取二元选择的方式进行评价，如表示喜欢或不喜欢，对该物品是否进行浏览等。对此类型数据做出预测，可采取分类准确度的方式，该方式的对应指标为准确率 (P) 和召回率 (R)。其中，前者是指用户对被推荐产品形成兴趣的概率，后者是指用户具有兴趣偏好的产品被推荐出的概率。F_1 指标可以对这两项指标进行综合分析，以最终获得算法优劣程度的评价。分类准确度指标说明表具体见表 11-10。

表 11-10
分类准确度指标
说明表

		预测		合计
		推荐物品数（正）	未被推荐物品数（负）	
实际	用户喜欢物品数（正）	TP	FN	TP+FN
	用户不喜欢物品数（负）	FP	TN	FP+TN
合计		TP+FP	FN+TN	

在以上指标之外，也可以参照其他评价指标使用。

（1）　**真正率 (TPR)**。具体公式为 $TPR = TP/(TP+FN)$，是指正样本预测结果数与正样本实际数之间的比值。

（2）　**假正率 (FPR)**。具体公式为 $FP/(FP+TN)$，是指被预测为正的负样本结果数与负样本实际数之间的比值。

在本案例中，用户所实施的行为具有二元选择特征，这就需要将分类准确度指标作为模型使用的主要指标。在构建数据模型时，可采用三种推荐算法，即随机推荐算法、Popular 算法和基于物品的协同过滤算法，并结合不同 K 值（指前 K 项推荐结果）对准确率（P）和召回率（R）做出评价，其中 K 值可以取 3、5、10、15、20、30。通过模型分析可以发现，婚姻知识类对应的评价指标中，在 Popular 算法中，当 K 值增加，则出现 R 上升、P 下降的情况。在基于物品的协同过滤算法中，当 K 值增加，则出现 P、R 均上升的情况。在超过临界点之后，P 与 K 之间存在负相关关系，即 K 值增加，P 下降。对比各种算法能够发现，随机推荐所能起到的作用最不明显，在 K 值为 3 和 5 时，相比协同过滤算法，Popular 算法更为出色，但随着 K 值不断增加，协同过滤算法体现出的效果更加明显，更具备稳定性。

三种算法在运用于咨询类数据分析时，随机算法和 Popular 算法所对应的指标结果均较差，而协同过滤算法相对较好。造成该现象的主要原因是数据信息存在一定特点，如咨询类数据规模相对较小。就业务层面而言，咨询页面较多，较少出现大规模点击的页面。总体而言，协同过滤算法能够展现出更好的效果。

6.　结果分析

以项目为基础的协同过滤算法可以对不同用户做出个性化推荐，将相似度较高的项目推荐给用户（表 11-11、表 11-12）。

用户	访问网址	推荐律师
116110	https://www.****.cn/laws/hunyinjiating/lihun/	[1] https://huangjinglawyer.****.cn/ [2] https://liqianglvshi888.****.cn/
117156	https://uuwen.****.cn/laws/hunyinjiating/hunyinjiatingjtbl/jtblcs/ https://www.****.cn/laws/1590333.aspx	[1] https://liuwen1.****.cn/ [2] https://pxxlawyer.****.cn/ [3] https://huying1.****.cn/ [4] https://wangttlvs.****.cn/
12639	https://www.****.cn/laws/1568861.aspx	null

用户	访问网址	推荐律师
23736264	https://www.****.cn/question/34466492.aspx	[1] https://zjlawyer1.****.cn/ [2] https://huangxiaoping.****.cn/ [3] https://wanghuiying.****.cn/ [4] https://liuxin1.****.cn/
39652017	https://www.****.cn/question/34405365.aspx https://www.****.cn/question/34258580.aspx	[1] https://zhuyuangui.****.cn/ [2] https://xujun1.****.cn/ [3] https://shenjiaolin.****.cn/
22016837	https://www.****.cn/question/34467791.aspx	null

就上述两个表中的结果可以发现，按照用户具体访问的网址可以对用户做出推荐。但推荐结果出现 null，造成该现象的主要原因是在现有数据集中，浏览该网址的用户仅有 1 人，这使得协同过滤算法在运用过程中判断其相似度结果为 0，因此形成无法推荐的结果。通常对这种情况，可通过非个性化推荐的方式向用户推荐，如以关键字为推荐标准，为用户进行相关推荐。

本案例运用协同过滤算法构建模型，所获得的模型结果具有初步效果，在实践中需根据当前业务完成分析，并以此为基础对模型作出优化。通常情形下，热门物品"相似性"较为明显。如较为热门的网址受到大多数用户关注，因此在进行物品相似度计算时，可分析哪些网页与热门网页存在较多关联。对热门网址做出处理的具体方法包括下述两种：一是降低热门网址在相似度计算时的权重配比，如采取相似度对数化的方式进行计算；二是直接过滤热门网址，或以点击排行榜的方式做出整体推荐。

协同过滤计算中，判定两个物品存在相似是因为这些物品能够一同存在于大量用户关注列表中，换言之，不同用户的兴趣列表并不一样，所形成的相似度差异也存在不同，但并非所有用户对应的贡献度均一致。一般来说，活跃度较低的用户或是新用户，或是浏览网站次数非常少的老用户。在具体分析过程中，通常认为新用户更热衷于关注热门物品，这主要是由于对网站熟悉度不足，因此侧重浏览热门物品，而老用户群体会更多关注冷门物品。由此可见，活跃度较高的用户对于物品相似度带来的影响应小于活跃度较低的用户。因此，在模型优化时可使用下列公式，其中分子为用户活跃程度对数的倒数，即

$$J\left(A_1, A_M\right) = \frac{\sum_{N \in |A_1 \cap A_M|} \dfrac{1}{\log(1 + A(N))}}{|A_1 \cup A_M|}$$

在实际使用过程中，为尽可能提升推荐精准度，可对相似度矩阵进行最大值归一化处理，使得用户能够获得更为精准的推荐内容，切实满足用户个性化需要。本案例推荐以某项数据为参考，并不存有类间多样性，因此本章对此不做探讨。

但在个性化推荐列表之外，还可以通过相关推荐列表的方式进行推荐。具有电商平台网购经验的网民能够认知到，当在电商平台中采购一项商品时，往往会在该商品下方进行信息展示。这些信息主要包括两部分：一是与该商品相似的其他商品；二是浏览或购买过该商品的用户较大可能选购的其他商品。二者信息推荐的方法并不相同，是以不同用户为参照做出相似性参照。

11.3.5　上机实验

1.　实验目的

获知协同过滤算法在互联网电商领域的使用和实践过程。

获知 Python 连接数据库的具体方法，并完成各项操作，如 MariaDB、PyMySQL 和 SQLAlchemy 安装，Pandas 读取数据库。

2.　实验内容

按照本案例分析目标，通过数据抽取、数据处理的方式获得用户及其浏览网页相关的记录，以婚姻知识类、婚姻咨询类网页为对象，结合 Python 完成推荐系统模型。

由于数据规模较大，因此可通过 Python 连接数据库的途径完成数据抽取和操作。

用户对网页进行浏览能够反映出用户对于某网页的重视程度，通过协同过滤算法可以计算获得与所浏览网页相似度较高的其他网页，进而向用户推荐尚未浏览但较大概率存在兴趣的网页。

3.　实验方法与步骤

（1）　实验一。运用 Python 软件直接连接 MariaDB（MySQL）数据库，以完成数据查询、数据增删等操作。

①　打开 Python 软件，并安装 PyMySQL 和 SQLAlchemy，然后根据本章代码对数据库做出连接。在此过程中也可不使用 Python，直接运用 PyMySQL 或

SQLAlchemy 完成数据库操作，使用 Pandas 主要是因为能够更为高效地完成数据分析，仅从数据库操作角度来说，PyMySQL 或 SQLAlchemy 也可以完成任务。

② 数据库包括中文内容，因此需准确设置对应的连接编码。

③ 以 Pandas 进行数据库连接之后，实施的操作行为与基于 read_csv()、read_excel() 函数进行数据读取一致。

④ 运用 to_sql() 渠道，将获得处理之后的数据保存于数据库。

⑤ Pandas 中的 sql 操作便捷性较高，用户在熟悉之后可结合教程，直接以 PyMySQL 或 SQLAlchemy 的方式完成数据库操作，以提升对这两项工具的认知度。

（2）实验二。运用 Python 软件形成推荐系统模型，并预测推荐结果，实现模型评价。

① 协同过滤算法相对简单，用户可较好掌握该算法，且可以参照本章提出的代码，编辑出相应的协同过滤算法代码。

② 结合自行编辑获得的代码，形成对应的预测推荐结果。

③ 基于三种模型对所输入的数据完成建模，采用随机打乱数据的方式进行验证，获得各模型在推荐存在差异的情形下的指标结果，并通过公式计算获得相关指标。

④ 画出三种模型对应的准确率、召回率指标数据变化图，并保存至文本中。

4. 思考与实验总结

（1）如何基于 Python 系统对数据库中文编码进行操作？

（2）如何运用相似度计算法获得结果，如何通过余弦方法完成物品间相似度计算？

11.3.6　拓展思考

本案例所分析的具体内容为婚姻知识类、婚姻咨询类相关的记录，所获得的推荐效果与传统的推荐方法相比更为出色。通过对相关网页数据进行统计后发现，现阶段网页咨询记录规模较大，因此需重点对咨询类页面推荐做出优化，具体需要关注以下几个问题。

首先需关注如何应对冷启动问题，在出现新用户后，考虑如何更好完成推荐。然后在相似度设计阶段，重点关注热门网址如何推荐，并对难以获得推荐结果的网页做出分析。原始数据中各网页均对应一个标题，因此可采取文本挖掘的方式进行处理。文本挖掘可以获得不同网页文本中对应的隐含语义，且对这些隐含语义做出分析，使用户与网页网址进行关联，相关算法通常包括 LSI、pLSA、LDA 和 Topic Model 等。此外，也可直接基于 TF-IDF 法对关键字重新做出权重配比，随后运用最近邻方法获得难以进入推荐列表的结果。由此可见，对本案例中的具体数据，以隐含语义模型的方式完成运算和推荐，基于离线方法完成测试，可以对不同推荐方法的最终评价指标结果做出比较，最后根据实际需要做出推荐组合。

11.4 小结

    本章主要介绍了协同过滤算法在电子商务领域中的应用，实现了对用户的个性化推荐。通过对用户访问日志的数据进行分析与处理，采用基于物品的协同过滤算法对处理好的数据进行建模分析，最后通过模型评价与结果分析，发现基于物品的协同过滤算法的优缺点，同时对其缺点提出改进的方法。

参考文献

[1] 朝乐门. 数据科学 [M]. 北京：清华大学出版社，2016.

[2] 朝乐门. 数据科学理论与实践 [M]. 2 版. 北京：清华大学出版社，2019.

[3] 刘鹏. 大数据 [M]. 北京：电子工业出版社，2017.

[4] 陈明. 大数据技术概论 [M]. 北京：中国铁道出版社，2019.

[5] 宁兆龙，孔祥杰，杨卓，等. 大数据导论 [M]. 北京：科学出版社，2017.

[6] 林子雨. 大数据技术原理与应用 [M]. 2 版. 北京：人民邮电出版社，2017.

[7] 周志华. 机器学习 [M]. 北京：清华大学出版社，2016.

[8] LEE Y W, PIPINO L L, FUNK J D, et al. 数据质量征途 [M]. 黄伟，王嘉寅，苏秦，等，译. 北京：高等教育出版社，2015.

[9] SCHUTT R, O'NEIL C. 数据科学实战 [M]. 冯凌秉，王群锋，译. 北京：人民邮电出版社，2015.

教学支持说明

  建设立体化精品教材，向高校师生提供整体教学解决方案和教学资源，是高等教育出版社"服务教育"的重要方式。为支持相应课程教学，我们专门为本书研发了配套教学课件及相关教学资源，并向采用本书作为教材的教师免费提供。

  为保证该课件及相关教学资源仅为教师获得，烦请授课教师清晰填写如下开课证明并拍照后，发送至邮箱：yangshj@hep.com.cn，也可加入 QQ 群：184315320 索取。编辑电话：010-58556042。

证 明

兹证明_____大学_____学院/系第_____学年开设的_____课程，采用高等教育出版社出版的《_____》（_____主编）作为本课程教材，授课教师为_____，学生_____个班，共_____人。授课教师需要与本书配套的课件及相关资源用于教学使用。

授课教师联系电话：_____ E-mail：_____

学院/系主任：_____（签字）

（学院/系办公室盖章）

20_____年_____月_____日

大数据技术基础

DASHUJU JISHU JICHU

策划编辑 杨世杰
责任编辑 杨世杰
封面设计 姜 磊
版式设计 姜 磊
插图绘制 黄云燕
责任校对 刘 莉
责任印制 刘思涵

出版发行 高等教育出版社
社址 北京市西城区德外大街 4 号
邮政编码 100120
印刷 唐山市润丰印务有限公司
开本 787 mm×1092 mm 1/16
印张 19.5
字数 380千字
购书热线 010-58581118
咨询电话 400-810-0598

网址 http://www.hep.edu.cn
　　　 http://www.hep.com.cn
网上订购 http://www.hepmall.com.cn
　　　　 http://www.hepmall.com
　　　　 http://www.hepmall.cn

版次 2022 年 9 月第 1 版
印次 2022 年 9 月第 1 次印刷
定价 45.00 元

本书如有缺页、倒页、脱页等质量问题，
请到所购图书销售部门联系调换

版权所有 侵权必究
物 料 号 57962-00

图书在版编目（ＣＩＰ）数据

大数据技术基础 / 唐九阳，赵翔主编. -- 北京：高等教育出版社，2022.9
ISBN 978-7-04-057962-8

Ⅰ．①大… Ⅱ．①唐… ②赵… Ⅲ．①数据处理—高等学校—教材 Ⅳ．①TP274

中国版本图书馆CIP数据核字(2022)第013231号